本书的出版受到河南省高等学校青年骨干教师培养计划（2019GGJS192）的支持

受扰网络系统
与时延复杂系统的分析与综合

姚合军　著

科学技术文献出版社
SCIENTIFIC AND TECHNICAL DOCUMENTATION PRESS
·北京·

图书在版编目（CIP）数据

受扰网络系统与时延复杂系统的分析与综合 / 姚合军著. —北京：科学技术文献出版社，2022. 9
ISBN 978-7-5189-8663-7

Ⅰ. ①受…　Ⅱ. ①姚…　Ⅲ. ①计算机网络—自动控制系统—研究　Ⅳ. ① TP273

中国版本图书馆 CIP 数据核字（2021）第 247743 号

受扰网络系统与时延复杂系统的分析与综合

策划编辑：张　丹　　责任编辑：张　丹　邱晓春　　责任校对：王瑞瑞　　责任出版：张志平

出 版 者　科学技术文献出版社
地　　址　北京市复兴路15号　邮编 100038
出 版 部　(010) 58882952，58882087（传真）
发 行 部　(010) 58882868，58882870（传真）
官方网址　www.stdp.com.cn
发 行 者　科学技术文献出版社发行　全国各地新华书店经销
印 刷 者　北京厚诚则铭印刷科技有限公司
版　　次　2022 年 9 月第 1 版　2022 年 9 月第 1 次印刷
开　　本　710 × 1000　1/16
字　　数　209千
印　　张　13
书　　号　ISBN 978-7-5189-8663-7
定　　价　58.00元

前　言

随着现代工业的持续发展，对控制系统中应用共享数据网络的需求也与日俱增，尤其是德国提出的“工业 4.0”更是强调普遍的互联互通，复杂网络控制系统应运而生。将通信网络应用于控制系统是控制领域的一大进步，更是当前国家技术发展的重要课题。近年来，越来越多的学者加入到网络系统的研究上来，总结出了网络环境中复杂系统研究的三大核心内容：网络时延的补偿算法；网络拥塞对系统性能的影响；网络系统的动力学控制算法。当前，大多数研究集中在网络诱导时延、时变传输周期、数据包乱序与丢失、网络调度、时钟同步、网络带宽受限等方面，然而在实际应用过程中，由于网络媒介的存在，极易出现各种外部扰动现象，而且人们更关心的是系统的暂态性能，因此受扰复杂网络系统的分析与综合研究迫在眉睫。笔者针对执行器饱和受限的网络系统进行有限时间稳定性分析，把饱和系统理论、有限时间控制理论应用到复杂网络系统，建立执行器饱和受限复杂网络系统有限时间分析与控制的理论和方法。

非完整系统由于其在移动机器人、轮式车辆和欠驱动卫星等领域的重要应用而受到广泛关注。由于物理限制和性能要求，许多实际系统在运行过程中通常会受到状态/输出约束。受约束的系统的控制设计已成为一个重要的研究课题。而且，在许多实际应用中，人们期望系统轨迹在有限时间内收敛到平衡点。为此，笔者通过设计新颖的 tan－型障碍 Lyapunov 函数来处理时变输出约束，解决具有非匹配不确定性和时变输出约束的链式非完整系统的镇定问题。在满足输出约束下，所设计控制器使得系统状态在固定时间内收敛到零点。另外，切换非线性系统作为典型的混杂动态系统，由于其在电力系统、机械系统、飞机和交通系统控制中的广泛应用，在过去几十年受到广泛关注。许多实际应用如导弹制导，都期望有预先设定的收敛时间。笔者研究了具有切换有理数幂阶的一般切换非线性系统的全局预设时间控制与镇定问题。首次开展切换非线性系统的全局预设时间镇定研究，提出了新的时标变换，并给出了基于公共坐标变换的系统设计方法。

本书的出版受到河南省重点研发与推广专项（科技攻关）项目、河南省高等学校青年骨干教师培养计划（2019GGJS192）、河南省高等学校重点科研项目（23B110001）的支持。本书可作为信息与控制类专业研究生学习参考，也适用于其他相关领域研究生参考，还可供信息与控制及相关专业高等院校高年级大学生、教师和广大科技工作者、工程技术人员参考。

本书主要总结了笔者的主要研究工作，也借鉴了袁付顺教授、高芳征博士的部分工作，在此一并表示感谢！

由于笔者水平有限，不足之处在所难免，恳请读者批评指正。

姚合军

2022 年 8 月

目　　录

第1章 绪 论

20 世纪人类所取得的全部造诣中，最具说服力的即是机器人的降生和机器人学的创建和发展，同时亦是20 世纪全世界的所有成就中最重要的科研成果之一，21 世纪更是机器人技术蓬勃发展的时期。而且，随着人类对未知领域探索的深入，越来越需要机械设备的帮助。单独的机械设备在面对新鲜事物时不能很好地处理，在这样的背景下，基于网络的遥操作系统得到了广大学者的认可和大力研究。近几年，针对机器人系统的研究引发了全世界科学家的极大热情。我国也非常重视这方面的技术发展。2015 年 5 月，国务院正式印发《中国制造 2025》，标志着以互联网和制造业结合为亮点的工业 4. 0 即将迎来一轮发展大潮，这也表明机器人产业将成为未来最具发展前景的产业之一。因此，对基于网络的复杂系统的研究不仅是国内外广大研究人员关注的研究热点之一，更是当前国家技术发展的重要课题。

1. 1 基于网络的复杂系统的研究现状

在国际上，许多国际学术会议都以研究基于网络的复杂机器人系统为中心，如国际工业机器人会议（Conference on Industrial Robot Technology, CIRT)、国际工业机器人学会（International Society for Industrial Robotics, ISIR）与国际机器人联合会（International Federation of Robotics）等。同时，在国际上也出现了许多以研究机器人为核心的学术期刊，如 *Robotics Research*、*Robotics* 和 *Robotics and Automation* 等。我国的机器人研究起步较晚，在 1985 年，几个国内的学会内部各自建立了机器人专业委员会。1987 年起，由中国人工智能学会等多家学术机构定期召开国家性的机器人技术科学研讨会。1981 年，我国成立了中国人工智能学会及智能机器人学会。此外，我国也发行了许多关于机器人科学的专业期刊，如《机器人技术与应用》和《机器人》等。当前，我国的机器人学这一新兴学科已形成相当的规模。例如，2004 年，哈尔滨工业大学研究并开发出的迎宾服务机器人

"飘雪"面世。2007年，中国科学院沈阳自动化研究所、中国极地科学研究中心、北京航空航天大学联合研制的"冰雪面移动机器人"登陆南极。在2010年中控科技集团与浙江大学联合研制的"海宝机器人"面世。2013年，"玉兔号"的成功发射，标志着我国移动机器人技术的一大跨越。

在理论研究上，越来越多的学者加入到基于网络的复杂机器人控制系统的研究上来，对系统的稳定性与控制设计进行了大量的研究，取得了一系列成果，得到了很多可行的设计方法，如鲁棒控制、滑模控制、自适应控制、智能控制等[1-3]。也正因为如此，随着计算机技术、网络通信技术的迅猛发展及控制系统规模的日益扩大，网络系统已经成为国内外学术界和工业界的研究热点之一。自1999年Walsh提出Networked control systems，这一概念很快得到国内外学者的一致好评并沿用至今。IEEE汇刊相继于2001年、2004年和2007年出版了关于网络系统研究的专刊，另外国际自动控制领域著名杂志*IEEE Transaction on Automatic Control*、*Automatica*等都发表了大量的网络系统方面的研究成果[4-6]。大多数的研究主要集中在网络诱导时延、时变传输周期、数据包乱序与丢失、网络调度、时钟同步和网络带宽受限等方面，而且出现了大量的研究成果。

1.2　网络系统与复杂系统研究的热点问题

1.2.1　时延、数据包丢失、网络拥塞等问题

尽管现有文献在网络遥操作系统的控制器设计和性能分析中取得了一系列很好的研究成果，但仍存在一些亟待解决的问题。例如，网络遥操作系统中由于网络的引入，不可避免地出现网络诱导时延、数据包丢失、网络拥塞等现象，也同时为系统控制设计带来极大的困难。因此，对网络系统的进一步研究是遥操作系统研究的前提和基础。

1.2.2　执行器饱和问题

在实际应用过程中，由于网络媒介的存在，当网络系统发生故障时，极易出现执行器饱和现象，轻则导致系统性能下降，重则导致重大灾难性事故。因此，执行器饱和网络系统的分析与综合问题具有重要的研究价值和实际意义。

执行器饱和问题是控制领域由来已久的问题。1964 年，Fuller[7] 首次提出饱和控制系统，并指出如果输入饱和系统的积分长度大于或等于 2，则不存在饱和线性反馈控制器使得系统全局渐近稳定。1990 年，Sontag 等[8] 在一定程度上验证了 Fuller 的结论，并进一步给出新的结论。最近，Kar 等[9] 对具有时变时滞的执行器饱和的离散时间系统通过抗饱和策略研究了稳定域特性，获得了时滞依赖的稳定性条件。在国内，胡亭淑、林宗利、曹永岩、苏宏业、杨光红、魏爱荣、赵克友、陈东彦等对饱和系统都进行了深入的研究，基于 Lyapunov 稳定性理论和线性矩阵不等式方法，得到系统全局渐近稳定和区域渐近稳定的判断方法。通过运用组合 Lyapunov 函数、饱和关联 Lyapunov 函数、分段 Lyapunov 函数等手段，减小了吸引域估计的保守性，同时胡亭淑提出了一种处理饱和非线性的新方法——凸包法。这些结果主要针对的是传统的点对点系统，而关于执行器饱和网络系统方面的研究在最近几年刚刚起步[10-13]。有关受限机器人控制系统的研究主要集中在输出受限和输入死区方面。在参考文献［14］中，一种 Lyapunov 直接法被用来处理对条件受限的机器人的阻抗控制。一种基于力 l 位置的混合控制策略在参考文献［15］中被提出来解决受限机器人的控制问题。在参考文献［16］中，作者采用了一种自适应的位置/力来保证了系统的不确定约束的轨迹跟踪问题。然而，有关于输入饱和受限方面的研究并不多见。针对多输入多输出的非线性系统，参考文献［17］提出了一种控制算法同时解决了输入死区和输入饱和的非线性问题。在参考文献［18］中，作者提出了一种基于神经网络的冗余系统来处理带输入受限的多输入多输出系统的控制问题。当前，对执行器饱和受限的网络系统的研究不够成熟，尚缺乏行之有效的抗饱和策略。

1.2.3 有限时间控制问题

此外，当前针对网络系统研究的主流是 Lyapunov 意义下的渐近稳定性，关注的是系统的稳态性能，而对系统的暂态性能研究的偏少。而在实际工程中，尤其是机器人系统的工作时间一般比较短暂，人们除了对系统的渐近稳定性感兴趣外，更关心的往往是系统满足一定的暂态性能要求。而且通过大量的研究发现，系统的暂稳态性能对其实际应用具有重要的意义。

为了研究系统的暂态性能，参考文献［19］最早提出了短时间稳定的概念，即有限时间稳定性的概念，并利用 Lyapunov 函数方法给出了该问题存在解的充分条件。参考文献［20］研究了一类串级网络控制系统的有限时间有界性和耗散度分析。Tuan 等[21]研究了线性离散时滞系统的有限时间控制问题。利用线性矩阵不等式方法解决了区间时变时滞系统的有限时间稳定性问题，得到了在范数有界性干扰下的有限时间稳定的充分条件。在国内，关新平、武玉强、沈艳军、李世华、丁世宏、刘飞、洪奕光、孙甲冰、冯俊娥等对有限时间控制问题都进行了深入的研究。例如，参考文献［22］研究了一类具有时变、有限能量外部扰动的线性离散时间系统的有限时间控制问题，以线性矩阵不等式形式给出了问题的可解的充分条件。Wu 等[23]研究了不确定非完整系统的输入饱和有限时间镇定问题。然而，上述研究成果主要针对传统的点对点系统，有关于网络遥操作机器人系统的有限时间稳定性分析及控制方面的结果却极少见报道。参考文献［24］研究了基于参数估计误差的非线性机器人系统自适应参数估计与控制问题。通过引入一组辅助滤波变量来获得参数估计误差表达式的框架。在此基础上，提出了 3 种新的由估计误差驱动的自适应律，证明了在传统的持续激励条件下的指数误差收敛性，避免了系统状态时间导数的直接测量。参考文献［25］研究了一类具有参数不确定性的 p－正规型非线性系统的全局有限时间镇定问题。采用 backstepping 方法提出了一种构造性的控制设计方法，并以连续时不变反馈的形式得到了自适应有限时间控制律，实现了有限时间稳定。参考文献［26］研究了一类具有输入死区非线性的未知纯反馈系统的全局鲁棒有限时间镇定问题，给出了一种鲁棒有限时间稳定器，它可以保证闭环系统平凡解的全局有限时间稳定性。现有针对网络系统的控制策略通常只能保证渐近或指数收敛，而对系统的暂态及稳态性能如系统的超调量、收敛时间、收敛精度等考虑较少。因此对网络系统的有限时间控制、固定时间控制、预设时间控制等方面的研究亟待开展。

1.3 本书的研究目的

以往对网络系统的研究要么关注的是执行器饱和对系统的影响，要么关注的是系统的有限时间控制问题。然而，实际工程实践中，尤其是基于网络的复杂系统往往在受到执行器饱和受限约束的同时，需要考虑系统的有限时间镇定问题。因此研究执行器饱和受限网络系统的有限时间稳定性分析与综合问题具有很强的实际意义。在理论分析过程中，如果同时把执行器饱和约束与有限时间理论引入到网络系统的分析与设计中，将会使系统的研究变得更加复杂，给系统控制的研究带来新的挑战。正因为此，本书将针对执行器饱和受限的网络系统进行有限时间稳定性分析，试图把饱和系统理论、有限时间控制理论融入网络系统的研究中，建立执行器饱和受限网络系统有限时间分析与控制的理论和方法，并把所得到的理论成果应用到基于网络的复杂系统，目的在于为减少执行器饱和约束对系统的影响、提高系统有限时间暂态性能、设计抗饱和控制等问题提供有效方法与途径。

1.4 本书的主要内容

第 1 章简要介绍了网络系统与复杂系统的研究现状，前沿、热点问题及控制设计常用的方法。主要包含网络诱导时延、数据包丢失、网络拥塞、执行器饱和等因素对网络系统性能的影响。针对复杂系统，提出了有限时间控制、固定时间控制和设定时间控制等问题。

第 2 章研究了一类具有状态时延的网络系统的有限时间镇定问题。基于 Lyapunov 函数法，得到线性矩阵不等式形式的状态反馈控制器设计的充分条件，该状态反馈控制器使得网络控制系统有限时间稳定。

第 3 章在充分考虑状态时延和网络诱导时延的基础上，建立了受外界干扰影响的网络控制系统模型。利用有限时间稳定性理论分析了网络系统的暂态稳定性能。通过设计带有参数矩阵的 Lyapunov 函数，利用恰当的矩阵不等式变换，以线性矩阵不等式形式给出了系统有限时间稳定的充分条件，并在此基础上设计了系统的状态反馈控制。把所得方法应用到 2 自由度振动系统并与 PID 控制方法进行了比较，验证了该方法的可行性与有效性。

第 4 章在网络环境下，研究了带有网络诱导时延的 T-S 模糊系统的有限时间稳定及控制设计问题。通过利用模糊逼近原理，把基于网络的非线性控制系统建模为 T-S 型模糊网络系统。利用 Lyapunov 稳定性理论和线性矩阵不等式方法，得到系统有限时间稳定性条件和状态反馈的模糊控制器设计方法。通过数值仿真和模拟对比验证了该方法的有效性和优越性。

第 5 章针对一类带有不确定性和状态时延的网络系统，利用变结构控制方法，研究了系统的保成本性能控制问题。通过引入恰当的离散型时延补偿器，利用线性矩阵不等式方法设计了带有补偿器的新型滑模流形，并证明了滑模流形的稳定性。然后，设计了系统的保成本控制器，并通过数值算例验证了该方法的有效性。

第 6 章首先研究了一类执行器饱和受限的时延系统的抗饱和控制问题。通过引入恰当的变量代换，建立了一个具有执行器饱和的时延系统模型。基于 Lyapunov 稳定性理论，利用线性矩阵不等式方法得到了系统的稳定性条件和抗饱和控制器设计方法。通过在 Lyapunov 函数中引入松弛矩阵，所得到的稳定性条件比以往结果具有较小的保守性。

第 7 章利用线性矩阵不等式方法，研究了具有饱和的海洋浮游生态混杂系统的抗饱和控制问题。建立了一个新的海洋浮游生态系统的数学模型。通过对模型动态性能特性的分析，利用线性矩阵不等式方法得到了模型稳定的充分条件，并给出了抗饱和控制器的设计方法。

第 8 章研究了含水饱和度约束下的生态系统建模与稳定性分析问题。采用信号分析和系统分析相结合的方法对生态系统进行建模。通过考虑含水饱和度约束，建立了一个新的生态系统模型。利用线性矩阵不等式方法，给出了系统全局渐近稳定条件的一个充分条件。通过在 Lyapunov 函数中引入参数矩阵，降低了稳定性条件的保守性。最后通过仿真实例验证了该方法的有效性和合理性。

第 9 章研究了不确定离散时滞大系统的滑模控制问题。系统带有时滞和满足范数有界条件的非匹配不确定性。采用线性矩阵不等式方法设计滑模面。然后设计了满足到达条件的滑模控制器。克服了传统滑模控制方法中要求不确定性满足匹配条件的弊端。

第 10 章在 Logistic 模型的基础上，考虑到捕捞行为、污染对浮游生物的弱化作用和浮游生物生态系统的自净能力，建立了一个新的海洋浮游生物生态系统非线性动力学模型。采用自适应模糊变结构控制方法对模型的动态特性进行了分析，得到了海洋浮游生态系统的稳定条件，设计了系统的自适应模糊变结构控制。最后，通过数值模拟验证了该方法的可行性和有效性。

第 11 章研究一类具有非匹配不确定和时变输出约束的链式非完整系统的固定时间镇定问题。首先，通过引入一个新颖的 tan－型障碍 Lyapunov 函数（BLF）来处理时变输出约束。然后，在所考虑的系统有/无输出约束的统一框架下，借助于加幂积分器（API）技术和切换控制策略构造构造状态控制器，保证闭环系统的状态在不违反约束的情况下，在给定的固定时间内收敛到零点。最后，通过仿真验证了所提控制方法的有效性。

第 12 章研究了一类 p－规范型不确定切换非线性系统的全局预设时间

镇定问题。本书所考虑的系统具有切换有理数幂阶，并且期望系统状态在预定有限时间内收敛到零点的特征。为此，提出了一种新的时标变换方法，将传统的非奇异预设时间镇定问题转化为新时变系统的有限时间镇定问题。在此基础上，利用基于共同公共 Lyapunov 函数的加幂积分器技术，建立了切换非线性系统的预设时间状态反馈镇定的新研究框架。证明了闭环系统状态在对于任意切换下和给定的有限时间内收敛到零点，并通过一个液位系统的仿真实例，验证了所提控制方法的有效性。

第 13 章利用增广 Lyapunov 函数方法，研究了模糊系统的指数稳定性控制问题。在考虑满足伯努利分布的随机输入时延的基础上，引入一个新的随机变量，建立了 T-S 模糊系统。通过设计带有指数项的加权 Lyapunov 函数，利用线性矩阵不等式方法，得到了基于随机输入时延界的指数稳定条件，给出了基于随机输入时延的状态反馈模糊控制器。通过算例验证了结果的有效性。

第 14 章研究了非线性复杂系统的指数稳定性分析与控制设计问题。利用 T-S 模糊方法建立了非线性复杂系统的模糊模型，分析了随机时延对系统性能的影响。结合 Lyapunov 稳定性理论和线性矩阵不等式方法设计了系统均方指数稳定的充分条件，并在此基础上设计了系统的状态反馈模糊控制器。仿真算例说明了所得方法的有效性。

参 考 文 献

[1] KONG R, DONG X C, LIU X. Position and force control of teleoperation system based on PHANTOM omni robots [J]. International journal of mechanical engineering & robotics research, 2016, 5 (1): 57-61.

[2] SOYGUDER S, ABUT T. Haptic industrial robot control with variable time delayed bilateral teleoperation [J]. Industrial robot: an international journal, 2016, 43 (4): 390-402.

[3] SUN D, NAGHDY F, DU H. Wave-variable-based passivity control of four-channel nonlinear bilateral teleoperation system under time delays [J]. IEEE/ASME transactions on mechatronics, 2016, 21 (1): 238-253.

[4] WANG Y L, YU S H. An improved dynamic quantization scheme for uncertain linear networked control systems [J]. Automatica, 2018, 92: 244-248.

[5] LI Y J, LIU G P, SUN S L, et al. Prediction-based approach to finite-time stabilization of networked control systems with time delays and data packet dropouts [J]. Neurocomputing,

2019, 329: 320 - 328.

[6] CHEN G, XIA J, ZHUANG G. Improved delay-dependent stabilization for a class of networked control systems with nonlinear perturbations and two delay components [J]. Applied mathematics and computation, 2018, 316 (1): 1 - 17.

[7] FULLER A T. In-the-large stability of relay and saturating control systems with linear controllers [J]. International journal of control, 2007, 10 (4): 457 - 480.

[8] SONTAG E D, SUSSMANN H J. Nonlinear output feedback design for linear systems with saturating controls [C] //Proceedings of the 29th IEEE Conference, 1990, 6: 3414 - 3416.

[9] KAR H, PURWAR S, NEGI R. Delay-dependent stability analysis of discrete time delay systems with actuator saturation [J]. Intelligent control and automation, 2012 (1): 34 - 43.

[10] ZHAO L, XU H, YUAN Y, et al. Stabilization for networked control systems subject to actuator saturation and network-induced delays [J]. Neurocomputinng, 2017, 267: 354 - 361.

[11] QI W H, KAO Y G, GAO X W, et al. Controller design for time-delay system with stochastic disturbance and actuator saturation via a new criterion [J]. Applied mathematics and computation, 2018, 320: 535 - 546.

[12] SONG G, LAM J, XU S. Quantized feedback stabilization of continuous time-delay systems subject to actuator saturation [J]. Nonlinear analysis: hybrid systems, 2018, 30: 1 - 13.

[13] YANG T, HUANG W, ZHAO Y X. A dynamic allocation strategy of bandwidth of networked control systems with bandwidth constraints [J]. Advanced information management, communicates, electronic & automation control, 2017, 25: 1153 - 1158.

[14] LI Z, GE S S, WIJESOMA W. Robust adaptive control of uncertain force/motion constrained nonholonomic mobile manipulators [J]. Automatica, 2008, 44 (3): 776 - 784.

[15] TEE K P, GE S S, TAY E H. Barrier Lyapunov functions for the control of output-constrained nonlinear systems [J]. Automatica, 2009, 45 (1): 918 - 927.

[16] TEE K P, RENB, GE S S. Control of nonlinear systems with time-varying output constraints [J]. Automatica, 2011, 47: 2511 - 2516.

[17] CHEN M, GE S S, How B. Robust adaptive neural network control for a class of uncertain MIMO nonlinear systems with input nonlinearities [J]. IEEE transactions on neural networks, 2010, 21 (5): 796 - 812.

[18] CHEN M. Adaptive tracking control of uncertain MIMO nonlinear systems with input

constraints [J]. Automatica, 2011, 47 (3): 452 - 465.

[19] KAMENKOV G, LEBEDEV A. Remarks on the paper on stability in finite time interval [J]. Journal of applied mathematics and mechanics, 1954, 18: 512 - 520.

[20] MATHIYALAGAN K, PARK J, SAKTHIVEL R. Finite-time boundedness and dissipativity analysis of networked cascade control systems [J]. Nonlinear dynamics, 2016, 84: 364 - 372.

[21] TUAN A, PHAT N. Finite-time stability and H_∞ control of linear discrete-time delay systems with norm-bounded disturbances [J]. Acta mathematica vietnamica, 2015, 15: 155 - 163.

[22] SHEN Y J. Finite-time control of linear parameter-varying systems with norm-bounded exogenous disturbance [J]. Journal of control theory and application, 2008, 6 (2): 184 - 188.

[23] WU Y Q, GAO F Z, ZHANG Z C. Saturated finite-time stabilization of uncertain nonholonomic systems in feedforward-like form and its application [J]. Nonlinear dynamics, 2016, 84: 1609 - 1622.

[24] NA J, MAHYUDDIN M N, HERRMANN G, et al. Robust adaptive finite-time parameter estimation and control for robotic systems [J]. International journal of robust & nonlinear control, 2014, 25 (16): 3045 - 3071.

[25] HONG Y G, WANG J K, CHENG D Z. Adaptive finite-time control of nonlinear systems with parametric uncertainty [J]. IEEE transactions on automatic control, 2006, 51 (5): 858 - 862.

[26] HOU M Z, ZHANG Z K, DENG Z Q, et al. Global robust finite-time stabilisation of unknown pure-feedback systems with input dead-zone non-linearity [J]. IET control theory & applications, 2016, 10 (2): 234 - 243.

第2章 时延网络系统的有限时间镇定与控制

网络控制系统（Networked Control Systems，NCSs）是一类分布式的控制系统，其中传感器、执行器和控制器通过网络连接。与传统的点对点控制系统比较，网络控制系统具有连线少、结构简单、成本低和易于维护等诸多优点[1-3]。正因如此，网络控制系统得到较为广泛的研究，得到了一系列研究成果[4-5]，并被应用到航空航天等许多的复杂系统。然而，由于控制闭环中通信网络的引入，使得网络控制系统的研究变得异常复杂。而且，通信媒介改变，在传感器、执行器和控制器之间不可避免地会出现网络诱导时延[6-8]。众所周知，网络诱导时延往往会使系统性能下降，甚至会使系统不稳定。因此，网络控制系统的稳定性分析与控制器设计问题得到越来越多的关注[7-12]。

大多数的研究结果主要集中在无限时间区域上的稳定性分析与控制器设计方面。然而，在实际应用过程中，动力系统的状态行为往往主要集中在有限时间区间内[13]。因此，有限时间稳定性应运而生[14]。最近，利用Lyapunov 函数法研究网络系统有限时间稳定的结果也不断出现[15-22]。

参考文献［20］研究了线性系统的有限时间稳定性分析问题，以线性矩阵不等式形式给出系统输出反馈控制器的充分条件，该反馈控制器使得闭环系统有限时间稳定。时延型函数微分方程的有限时间镇定问题得到越来越多的关注。利用 Lyapunov 函数法，得到了有限时间稳定的理论性结果。针对输入中带有时延的线性系统，利用推广的 Artstein 模型，研究了系统的有限时间镇定问题[21]。参考文献［22］研究了离散系统的有限时间控制问题，得到了系统有限时间稳定的充分必要条件，并给出了使系统有限时间稳定的输出反馈控制器设计方法。

但是，上述针对网络系统的研究主要集中在 Lyapunov 稳定意义下的渐近稳定性，而有关网络系统的有限时间稳定方面的研究结果却鲜有报道。本章就是在前人研究的基础上，考虑带有状态时延和通信时延的网络系统的有限时间镇定问题。在假设系统状态可测的条件下，以线性矩阵不等式形式给出网络系统有限时间镇定的充分条件。2.1 节给出了所要解决的问题；2.2 节给出了使系统有限时间稳定的状态反馈控制器设计的充分条件；2.3 节给出一个数值算例说明该方法的有效性；2.4 节总结了全部的研究内容。

2.1　问题描述

考虑式（2.1）带有状态时延的网络控制系统，如图 2.1 所示。

$$\dot{\boldsymbol{x}}(t)=\boldsymbol{A}\boldsymbol{x}(t)+\boldsymbol{A}_h\boldsymbol{x}(t-h)+\boldsymbol{B}\boldsymbol{u}(t)+\boldsymbol{B}_1\boldsymbol{\omega}(t), \tag{2.1}$$

其中，$\boldsymbol{A},\boldsymbol{A}_h\in\mathbf{R}^{n\times n},\boldsymbol{B}\in\mathbf{R}^{n\times m},\boldsymbol{B}_1\in\mathbf{R}^{n\times l}$ 是常数矩阵。$\boldsymbol{x}(t)\in\mathbf{R}^n$ 是系统状态，$\boldsymbol{u}(t)\in\mathbf{R}^m$ 是控制输入，h 代表系统状态时延，$\boldsymbol{\omega}(t)\in\mathbf{R}^l$ 是外部干扰并满足

$$\int_0^T\boldsymbol{\omega}^{\mathrm{T}}(t)\boldsymbol{\omega}(t)\mathrm{d}t\leqslant d,d\geqslant 0, \tag{2.2}$$

其中，T 是时间，d 是常数。

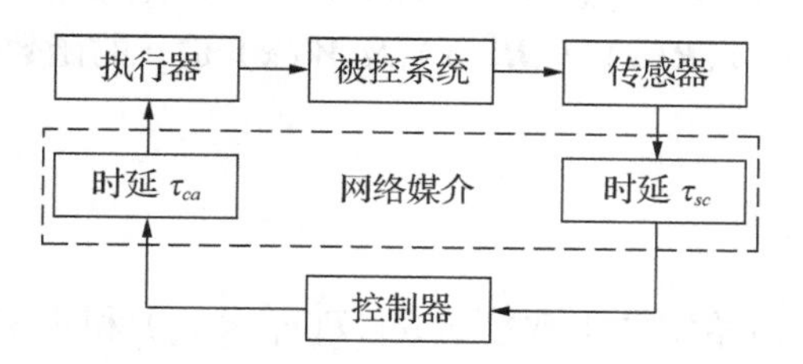

图 2.1　典型的网络控制系统

为方便分析做如下假设：

假设 2.1.1　传感器是时间驱动的，执行器和控制器是事件驱动的。传感器 - 控制器、控制器 - 执行器之间的时延分别用 τ_{sc} 和 τ_{ca} 表示，从而通信时延为 $\tau=\tau_{sc}+\tau_{ca}$ 。

由于通信时延的引入，网络控制系统（2.1）化为：

$$\dot{\boldsymbol{x}}(t)=\boldsymbol{A}\boldsymbol{x}(t)+\boldsymbol{A}_h\boldsymbol{x}(t-h)+\boldsymbol{B}\boldsymbol{u}(t-\tau)+\boldsymbol{B}_1\boldsymbol{\omega}(t), \tag{2.3}$$

本章旨在设计如下状态反馈控制器

$$\boldsymbol{u}(t)=\boldsymbol{K}\boldsymbol{x}(t), \tag{2.4}$$

其中，$\boldsymbol{K}$ 是增益矩阵。把控制器（2.4）代入到系统（2.3）得到闭环系统

$$\dot{\boldsymbol{x}}(t)=\boldsymbol{A}\boldsymbol{x}(t)+\boldsymbol{A}_h\boldsymbol{x}(t-h)+\boldsymbol{B}\boldsymbol{K}\boldsymbol{x}(t-\tau)+\boldsymbol{B}_1\boldsymbol{\omega}(t)。 \tag{2.5}$$

定义 2.1.1（有限时间稳定）　对给定的正常数 $c_1,c_2,T\,(c_1<c_2)$ 和正

定矩阵 $\boldsymbol{R}$，时延网络控制系统（2.3）（设 $\boldsymbol{\omega}(t)\equiv\boldsymbol{0}$）是 $(c_1,c_2,T,\boldsymbol{R})$ 有限时间稳定的，如果

$$\boldsymbol{x}^{\mathrm{T}}(0)\boldsymbol{R}\boldsymbol{x}(0)\leqslant c_1\Rightarrow\boldsymbol{x}^{\mathrm{T}}(t)\boldsymbol{R}\boldsymbol{x}(t)<c_2,\forall t\in[0,T]。\tag{2.6}$$

定义 2.1.2（有限时间有界） 对给定的正常数 c_1,c_2,T（$c_1<c_2$），正定矩阵 $\boldsymbol{R}$ 和输入信号 $\boldsymbol{u}(t)$，时延网络控制系统是 $(c_1,c_2,\boldsymbol{u},T,\boldsymbol{R},d)$ 有限时间有界的，如果对 $\forall\boldsymbol{u}(t)\in\mathbf{R}^m$ 条件（2.6）满足。

定义 2.1.3（状态反馈有限时间镇定） 对给定的正常数 c_1,c_2,T（$c_1<c_2$）和正定矩阵 $\boldsymbol{R}$，如果存在状态反馈控制器（2.4）使得条件（2.6）成立，则时延网络控制系统（2.3）是可 (c_1,c_2,T,R,d) 有限时间镇定的。

引理 2.1.1[3] 线性矩阵不等式

$$\begin{bmatrix}\boldsymbol{Y}(x) & \boldsymbol{W}(x)\\ \boldsymbol{W}^{\mathrm{T}}(x) & \boldsymbol{R}(x)\end{bmatrix}>0,$$

等价于

$$\boldsymbol{R}(x)>0,\boldsymbol{Y}(x)-\boldsymbol{W}(x)\boldsymbol{R}^{-1}(x)\boldsymbol{W}^{\mathrm{T}}(x)>0,$$

其中，$\boldsymbol{Y}(x)=\boldsymbol{Y}^{\mathrm{T}}(x),\boldsymbol{R}(x)=\boldsymbol{R}^{\mathrm{T}}(x)$ 及 $\boldsymbol{W}(x)$ 是 x 的函数。

2.2 主要结果

定理 2.2.1 对给定的正常数 $c_1,c_2,T(c_1<c_2)$ 和正定矩阵 $\boldsymbol{R}$，如果存在常数 $\alpha\geqslant0$，正定矩阵 $\boldsymbol{P}\in\mathbf{R}^{n\times n}$，$\boldsymbol{Q}\in\mathbf{R}^{n\times n}$，$\boldsymbol{T}\in\mathbf{R}^{n\times n}$，$\boldsymbol{S}\in\mathbf{R}^{l\times l}$ 和矩阵 $\boldsymbol{K}\in\mathbf{R}^{m\times n}$ 使得下面矩阵不等式成立

$$\begin{bmatrix}\boldsymbol{\Xi} & \boldsymbol{PA}_h & \boldsymbol{PBK} & \boldsymbol{PB}_1\\ * & -\boldsymbol{Q} & \boldsymbol{0} & \boldsymbol{0}\\ * & * & -\boldsymbol{T} & \boldsymbol{0}\\ * & * & * & -\alpha\boldsymbol{S}\end{bmatrix}<0,\tag{2.7}$$

$$\frac{c_1[\lambda_{\max}(\tilde{\boldsymbol{P}})+h\lambda_{\max}(\tilde{\boldsymbol{Q}})+\tau\lambda_{\max}(\tilde{\boldsymbol{T}})]+d\lambda_{\max}(\boldsymbol{S})(1-\mathrm{e}^{-\alpha T})}{\lambda_{\min}(\tilde{\boldsymbol{P}})}<c_2\mathrm{e}^{-\alpha T},\tag{2.8}$$

其中，$\boldsymbol{\Xi}=\boldsymbol{PA}+\boldsymbol{A}^{\mathrm{T}}\boldsymbol{P}+\boldsymbol{Q}+\boldsymbol{T}-\alpha\boldsymbol{P}$，$\tilde{\boldsymbol{P}}=\boldsymbol{R}^{-1/2}\boldsymbol{PR}^{-1/2}$，$\tilde{\boldsymbol{Q}}=\boldsymbol{R}^{-1/2}\boldsymbol{QR}^{-1/2}$，$\tilde{\boldsymbol{T}}=\boldsymbol{R}^{-1/2}\boldsymbol{TR}^{-1/2}$，$\lambda_{\max}(\cdot)$ 和 $\lambda_{\min}(\cdot)$ 分别代表最大、最小特征值，则时延网络控制系统（2.3）是可 $(c_1,c_2,T,\boldsymbol{R},d)$ 有限时间镇定的。

证明：选取 Lyapunov 泛函如下：

$$V(\boldsymbol{x}(t)) = \boldsymbol{x}^{\mathrm{T}}(t)\boldsymbol{P}\boldsymbol{x}(t) + \int_{t-h}^{t}\boldsymbol{x}^{\mathrm{T}}(\theta)\boldsymbol{Q}\boldsymbol{x}(\theta)\mathrm{d}\theta + \int_{t-\tau}^{t}\boldsymbol{x}^{\mathrm{T}}(\theta)\boldsymbol{T}\boldsymbol{x}(\theta)\mathrm{d}\theta, \tag{2.9}$$

沿闭环系统（2.5）的状态轨迹，对 $V(\boldsymbol{x}(t))$ 求导

$$\begin{aligned}\dot{V}(\boldsymbol{x}(t)) &= \boldsymbol{x}^{\mathrm{T}}(t)(\boldsymbol{PA}+\boldsymbol{A}^{\mathrm{T}}\boldsymbol{P})\boldsymbol{x}(t) + 2\boldsymbol{x}^{\mathrm{T}}(t)\boldsymbol{PA}_h\boldsymbol{x}(t-h) + \\ &\quad 2\boldsymbol{x}^{\mathrm{T}}(t)\boldsymbol{PBKx}(t-\tau) + 2\boldsymbol{x}^{\mathrm{T}}(t)\boldsymbol{PB}_1\boldsymbol{\omega}(t) + \boldsymbol{x}^{\mathrm{T}}(t)\boldsymbol{Qx}(t) + \\ &\quad \boldsymbol{x}^{\mathrm{T}}(t-h)\boldsymbol{Qx}(t-h) + \boldsymbol{x}^{\mathrm{T}}(t)\boldsymbol{Tx}(t) + \boldsymbol{x}^{\mathrm{T}}(t-\tau)\boldsymbol{Tx}(t-\tau) \\ &= \boldsymbol{x}^{\mathrm{T}}(t)(\boldsymbol{PA}+\boldsymbol{A}^{\mathrm{T}}\boldsymbol{P}+\boldsymbol{Q}+\boldsymbol{T})\boldsymbol{x}(t) + 2\boldsymbol{x}^{\mathrm{T}}(t)\boldsymbol{PA}_h\boldsymbol{x}(t-h) + \\ &\quad 2\boldsymbol{x}^{\mathrm{T}}(t)\boldsymbol{PBKx}(t-\tau) + 2\boldsymbol{x}^{\mathrm{T}}(t)\boldsymbol{PB}_1\boldsymbol{\omega}(t) + \boldsymbol{x}^{\mathrm{T}}(t-h)\boldsymbol{Qx}(t-h) + \\ &\quad \boldsymbol{x}^{\mathrm{T}}(t-\tau)\boldsymbol{Tx}(t-\tau) \\ &= \begin{bmatrix}\boldsymbol{x}(t)\\ \boldsymbol{x}(t-h)\\ \boldsymbol{x}(t-\tau)\\ \boldsymbol{\omega}(t)\end{bmatrix}^{\mathrm{T}} \boldsymbol{\Pi} \begin{bmatrix}\boldsymbol{x}(t)\\ \boldsymbol{x}(t-h)\\ \boldsymbol{x}(t-\tau)\\ \boldsymbol{\omega}(t)\end{bmatrix}\end{aligned}$$

其中，

$$\boldsymbol{\Pi} = \begin{bmatrix}\boldsymbol{PA}+\boldsymbol{A}^{\mathrm{T}}\boldsymbol{P}+\boldsymbol{Q}+\boldsymbol{T} & \boldsymbol{PA}_h & \boldsymbol{PBK} & \boldsymbol{PB}_1\\ * & -\boldsymbol{Q} & \boldsymbol{0} & \boldsymbol{0}\\ * & * & -\boldsymbol{T} & \boldsymbol{0}\\ * & * & * & \boldsymbol{0}\end{bmatrix}。$$

由条件（2.7），得到

$$\dot{V}(\boldsymbol{x}(t)) < \alpha\boldsymbol{x}^{\mathrm{T}}(t)\boldsymbol{Px}(t) + \alpha\boldsymbol{\omega}^{\mathrm{T}}(t)\boldsymbol{S\omega}(t) < \alpha V(\boldsymbol{x}(t)) + \alpha\boldsymbol{\omega}^{\mathrm{T}}(t)\boldsymbol{S\omega}(t), \tag{2.10}$$

在式（2.10）左右两边乘以 $\mathrm{e}^{-\alpha t}$，得到

$$\mathrm{e}^{-\alpha t}\dot{V}(\boldsymbol{x}(t)) - \mathrm{e}^{-\alpha t}\alpha V(\boldsymbol{x}(t)) < \alpha\mathrm{e}^{-\alpha t}\boldsymbol{\omega}^{\mathrm{T}}(t)\boldsymbol{S\omega}(t),$$

从而

$$\frac{\mathrm{d}}{\mathrm{d}t}(\mathrm{e}^{-\alpha t}V(\boldsymbol{x}(t))) < \alpha\mathrm{e}^{-\alpha t}\boldsymbol{\omega}^{\mathrm{T}}(t)\boldsymbol{S\omega}(t),$$

从 0 到 t，对上式两边进行积分得到

$$\mathrm{e}^{-\alpha t}V(\boldsymbol{x}(t)) - V(\boldsymbol{x}(0)) < \int_0^t \alpha\mathrm{e}^{-\alpha\theta}\boldsymbol{\omega}^{\mathrm{T}}(\theta)\boldsymbol{S\omega}(\theta)\mathrm{d}\theta, \tag{2.11}$$

由 $\alpha \geqslant 0$，令

$$\tilde{\boldsymbol{P}} = \boldsymbol{R}^{-1/2}\boldsymbol{PR}^{-1/2},\ \tilde{\boldsymbol{Q}} = \boldsymbol{R}^{-1/2}\boldsymbol{QR}^{-1/2},\ \tilde{\boldsymbol{T}} = \boldsymbol{R}^{-1/2}\boldsymbol{TR}^{-1/2},$$

得到如下结果

$$
\begin{aligned}
\boldsymbol{x}^{\mathrm{T}}(t)\boldsymbol{P}\boldsymbol{x}(t) &\leqslant \boldsymbol{V}(\boldsymbol{x}(t)) \\
&< \mathrm{e}^{\alpha t}\boldsymbol{V}(\boldsymbol{x}(0)) + \alpha d\lambda_{\max}(\boldsymbol{S})\mathrm{e}^{\alpha t}\int_0^t \mathrm{e}^{-\alpha\theta}\mathrm{d}\theta \\
&< \mathrm{e}^{\alpha t}[\boldsymbol{x}^{\mathrm{T}}(0)\boldsymbol{P}\boldsymbol{x}(0) + \int_{-h}^0 \boldsymbol{x}^{\mathrm{T}}(\theta)\boldsymbol{Q}\boldsymbol{x}(\theta)\mathrm{d}\theta + \\
&\quad \int_{-\tau}^0 \boldsymbol{x}^{\mathrm{T}}(\theta)\boldsymbol{T}\boldsymbol{x}(\theta)\mathrm{d}\theta + d\lambda_{\max}(\boldsymbol{S})(1-\mathrm{e}^{-\alpha t})] \\
&< \mathrm{e}^{\alpha t}[\boldsymbol{x}^{\mathrm{T}}(0)\boldsymbol{R}^{1/2}\tilde{\boldsymbol{P}}\boldsymbol{R}^{1/2}\boldsymbol{x}(0) + \int_{-h}^0 \boldsymbol{x}^{\mathrm{T}}(\theta)\boldsymbol{R}^{1/2}\tilde{\boldsymbol{Q}}\boldsymbol{R}^{1/2}\boldsymbol{x}(\theta)\mathrm{d}\theta + \\
&\quad \int_{-\tau}^0 \boldsymbol{x}^{\mathrm{T}}(\theta)\boldsymbol{R}^{1/2}\tilde{\boldsymbol{T}}\boldsymbol{R}^{1/2}\boldsymbol{x}(\theta)\mathrm{d}\theta + d\lambda_{\max}(\boldsymbol{S})(1-\mathrm{e}^{-\alpha t})] \\
&< \mathrm{e}^{\alpha t}[\lambda_{\max}(\tilde{\boldsymbol{P}})\boldsymbol{x}^{\mathrm{T}}(0)\boldsymbol{R}\boldsymbol{x}(0) + \lambda_{\max}(\tilde{\boldsymbol{Q}})\int_{-h}^0 \boldsymbol{x}^{\mathrm{T}}(\theta)\boldsymbol{R}\boldsymbol{x}(\theta)\mathrm{d}\theta + \\
&\quad \lambda_{\max}(\tilde{\boldsymbol{T}})\int_{-\tau}^0 \boldsymbol{x}^{\mathrm{T}}(\theta)\boldsymbol{R}\boldsymbol{x}(\theta)\mathrm{d}\theta + d\lambda_{\max}(\boldsymbol{S})(1-\mathrm{e}^{-\alpha t})] \\
&< \mathrm{e}^{\alpha T}[c_1(\lambda_{\max}(\tilde{\boldsymbol{P}}) + h\lambda_{\max}(\tilde{\boldsymbol{Q}}) + \tau\lambda_{\max}(\tilde{\boldsymbol{T}})) + \\
&\quad d\lambda_{\max}(\boldsymbol{S})(1-\mathrm{e}^{-\alpha t})]。
\end{aligned} \tag{2.12}
$$

另一方面，容易知道

$$
\boldsymbol{x}^{\mathrm{T}}(t)\boldsymbol{P}\boldsymbol{x}(t) = \boldsymbol{x}^{\mathrm{T}}(t)\boldsymbol{R}^{1/2}\tilde{\boldsymbol{P}}\boldsymbol{R}^{1/2}\boldsymbol{x}(t) \geqslant \lambda_{\min}(\tilde{\boldsymbol{P}})\boldsymbol{x}^{\mathrm{T}}(t)\boldsymbol{R}\boldsymbol{x}(t), \tag{2.13}
$$

由式（2.12）和式（2.13）可得

$$
\boldsymbol{x}^{\mathrm{T}}(t)\boldsymbol{R}\boldsymbol{x}(t) < \frac{\mathrm{e}^{\alpha T}[c_1(\lambda_{\max}(\tilde{\boldsymbol{P}}) + h\lambda_{\max}(\tilde{\boldsymbol{Q}}) + \tau\lambda_{\max}(\tilde{\boldsymbol{T}})) + d\lambda_{\max}(\boldsymbol{S})(1-\mathrm{e}^{-\alpha T})]}{\lambda_{\min}(\tilde{\boldsymbol{P}})}, \tag{2.14}
$$

由条件（2.8）和不等式（2.14）易知

$$
\boldsymbol{x}^{\mathrm{T}}(t)\boldsymbol{R}\boldsymbol{x}(t) \leqslant c_2, \forall t \in [0,T]。
$$

定理 2.2.2 对给定的正常数 c_1, c_2, T（$c_1 < c_2$），正定矩阵 $\boldsymbol{R}$，如果存在常数 $\alpha \geqslant 0, \lambda_i > 0, i = 1,2,3,4$，矩阵 $\bar{\boldsymbol{K}} \in \mathbf{R}^{m\times n}$，正定矩阵 $\boldsymbol{X} \in \mathbf{R}^{n\times n}$，$\bar{\boldsymbol{Q}} \in \mathbf{R}^{n\times n}$，$\bar{\boldsymbol{T}} \in \mathbf{R}^{n\times n}$，$\boldsymbol{S} \in \mathbf{R}^{l\times l}$ 使得下面线性矩阵不等式成立：

$$
\begin{bmatrix}
\boldsymbol{\Theta} & \boldsymbol{A}_h\boldsymbol{X} & \boldsymbol{B}\bar{\boldsymbol{K}} & \boldsymbol{B}_1 \\
* & -\bar{\boldsymbol{Q}} & \boldsymbol{0} & \boldsymbol{0} \\
* & * & -\bar{\boldsymbol{T}} & \boldsymbol{0} \\
* & * & * & -\alpha\boldsymbol{S}
\end{bmatrix} < 0, \tag{2.15}
$$

$$
\lambda_1\boldsymbol{R}^{-1} < \boldsymbol{X} < \boldsymbol{R}^{-1}, \tag{2.16}
$$

$$\lambda_2\bar{\boldsymbol{Q}} < \lambda_1\boldsymbol{X}, \tag{2.17}$$

$$\lambda_3\bar{\boldsymbol{T}} < \lambda_1\boldsymbol{X}, \tag{2.18}$$

$$0 < \boldsymbol{S} < \lambda_4\boldsymbol{I}, \tag{2.19}$$

$$\begin{bmatrix} d\lambda_4(1-\mathrm{e}^{-\alpha T}) - c_2\mathrm{e}^{-\alpha T} & \sqrt{c_1} & \sqrt{h} & \sqrt{\tau} \\ * & -\lambda_1 & 0 & 0 \\ * & * & -\lambda_2 & 0 \\ * & * & * & -\lambda_3 \end{bmatrix} < 0, \tag{2.20}$$

其中，

$$\boldsymbol{\Theta} = \boldsymbol{AX} + \boldsymbol{XA}^{\mathrm{T}} + \bar{\boldsymbol{Q}} + \bar{\boldsymbol{T}} - \alpha\boldsymbol{X}。$$

取状态反馈控制器 $\boldsymbol{u}(t) = \bar{\boldsymbol{K}}\boldsymbol{X}^{-1}\boldsymbol{x}(t)$，则时延网络控制系统（2.3）是可（$c_1,c_2,T,\boldsymbol{R},d$）有限时间镇定的。

证明：下面证明条件（2.7）等价于不等式（2.15）。

在不等式（2.7）两边左乘和右乘分块对角矩阵 $\mathrm{diag}\{\boldsymbol{P}^{-1},\boldsymbol{P}^{-1},\boldsymbol{P}^{-1},\boldsymbol{I}\}$，则不等式（2.7）等价于

$$\begin{bmatrix} \boldsymbol{\Sigma} & \boldsymbol{A}_h\boldsymbol{P}^{-1} & \boldsymbol{BKP}^{-1} & \boldsymbol{B}_1 \\ * & -\boldsymbol{P}^{-1}\boldsymbol{QP}^{-1} & \boldsymbol{0} & \boldsymbol{0} \\ * & * & -\boldsymbol{P}^{-1}\boldsymbol{TP}^{-1} & \boldsymbol{0} \\ * & * & * & -\alpha\boldsymbol{S} \end{bmatrix} < 0, \tag{2.21}$$

其中，$\boldsymbol{\Sigma} = \boldsymbol{AP}^{-1} + \boldsymbol{P}^{-1}\boldsymbol{A}^{\mathrm{T}} + \boldsymbol{P}^{-1}\boldsymbol{QP}^{-1} + \boldsymbol{P}^{-1}\boldsymbol{TP}^{-1} - \alpha\boldsymbol{P}^{-1}$。

假设 $\boldsymbol{X} = \boldsymbol{P}^{-1}, \bar{\boldsymbol{K}} = \boldsymbol{KP}^{-1}, \bar{\boldsymbol{Q}} = \boldsymbol{P}^{-1}\boldsymbol{QP}^{-1}, \bar{\boldsymbol{T}} = \boldsymbol{P}^{-1}\boldsymbol{TP}^{-1}$，不等式（2.21）等价于不等式（2.15）。

令 $\tilde{\boldsymbol{X}} = \boldsymbol{R}^{-1/2}\boldsymbol{XR}^{-1/2}, \tilde{\boldsymbol{Q}} = \boldsymbol{R}^{-1/2}\boldsymbol{QR}^{-1/2}, \tilde{\boldsymbol{T}} = \boldsymbol{R}^{-1/2}\boldsymbol{TR}^{-1/2}$，容易知道

$$\lambda_{\max}(\boldsymbol{X}) = \frac{1}{\lambda_{\min}(\boldsymbol{P})},$$

由不等式（2.16）—式(2.19）易得

$$1 < \lambda_{\min}(\tilde{\boldsymbol{P}}), \lambda_{\max}(\tilde{\boldsymbol{P}}) < \frac{1}{\lambda_1}, \lambda_{\max}(\tilde{\boldsymbol{Q}}) < \frac{\lambda_1}{\lambda_2}\lambda_{\max}(\tilde{\boldsymbol{P}}),$$

$$\lambda_{\max}(\tilde{\boldsymbol{T}}) < \frac{\lambda_1}{\lambda_3}\lambda_{\max}(\tilde{\boldsymbol{P}}), \lambda_{\max}(\boldsymbol{S}) < \lambda_4。 \tag{2.22}$$

由引理 2.1.1 可知，不等式（2.20）等价于

$$d\lambda_4(1-\mathrm{e}^{-\alpha T}) - c_2\mathrm{e}^{-\alpha T} + \frac{c_1}{\lambda_1} + \frac{h}{\lambda_2} + \frac{\tau}{\lambda_3} < 0, \tag{2.23}$$

由式（2.22），条件（2.10）化为

$$\frac{c_1(\lambda_{\max}(\tilde{P}) + h\lambda_{\max}(\tilde{Q}) + \tau\lambda_{\max}(\tilde{T})) + d\lambda_{\max}(S)(1 - e^{-\alpha T})}{\lambda_{\min}(\tilde{P})} <$$

$$d\lambda_4(1 - e^{-\alpha T}) + \frac{c_1}{\lambda_1} + \frac{h}{\lambda_2} + \frac{\tau}{\lambda_3}, \tag{2.24}$$

把不等式（2.23）代入式（2.24），不等式（2.8）成立。

2.3 数值算例

算例 2.3.1

考虑如下网络控制系统

$$\dot{\boldsymbol{x}}(t) = \begin{bmatrix} -1 & 2 \\ 0 & -1 \end{bmatrix}\boldsymbol{x}(t) + \begin{bmatrix} -0.1 & 0.2 \\ 0 & -0.2 \end{bmatrix}\boldsymbol{x}(t-h) +$$

$$\begin{bmatrix} 0 \\ 1 \end{bmatrix}\boldsymbol{u}(t-\tau) + \begin{bmatrix} 0.1 \\ 0.2 \end{bmatrix}\boldsymbol{\omega}(t),$$

其中，选择 $c_1 = 0.25, \alpha = 1, T = 2, \boldsymbol{R} = \boldsymbol{I}_2$, $d = 4, \tau = 0.5, h = 0.8$ 。求解线性矩阵不等式（2.16）—式(2.21)，得到状态反馈控制器

$$\boldsymbol{u}(t) = \bar{\boldsymbol{K}}\boldsymbol{X}^{-1}\boldsymbol{x}(t) = (-6.5421, 7.3927)\boldsymbol{x}(t),$$

选取初始状态

$$\boldsymbol{x}(0) = \begin{bmatrix} 0.5 \\ -0.5 \end{bmatrix},$$

可得到系统状态的仿真结果如图 2.2 所示。

由图可知，网络控制系统是有限时间稳定的。

算例 2.3.2

考虑如式（2.3）的时延网络控制系统

$$\dot{\boldsymbol{x}}(t) = \boldsymbol{A}\boldsymbol{x}(t) + \boldsymbol{A}_h\boldsymbol{x}(t-h) + \boldsymbol{B}\boldsymbol{u}(t-\tau) + \boldsymbol{B}_1\boldsymbol{\omega}(t),$$

其中，

$$\boldsymbol{A} = \begin{bmatrix} -2 & 1 \\ 0 & -3 \end{bmatrix}, \boldsymbol{A}_h = \begin{bmatrix} -0.2 & 0.1 \\ 0 & -0.1 \end{bmatrix}, \boldsymbol{B} = \begin{bmatrix} 0 \\ 1 \end{bmatrix}, \boldsymbol{B}_1 = \begin{bmatrix} 0 \\ 0.2 \end{bmatrix},$$

应用本章的有限时间镇定控制器设计策略，选取有限时间稳定参数为 $\alpha = 1$, $c_1 = 0.5$, $T = 25$, $\boldsymbol{R} = \boldsymbol{I}_2$, $d = 4$ 。求解线性矩阵不等式（2.16）—式(2.21)，得到

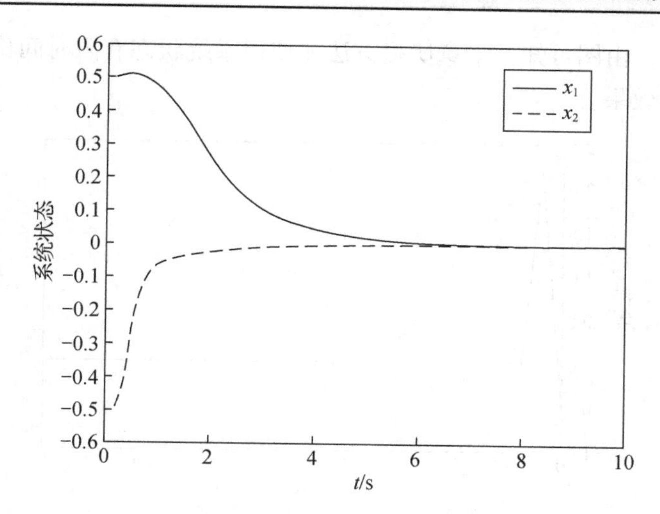

图 2.2 系统状态仿真结果

$$X=\begin{bmatrix}2.3834 & 0.2363\\0.2363 & 1.7823\end{bmatrix},\ \bar{Q}=\begin{bmatrix}1.5634 & 0.3411\\0.3411 & 2.5229\end{bmatrix},$$

$$\bar{T}=\begin{bmatrix}1.9824 & 1.2859\\1.2859 & 2.3585\end{bmatrix},\ \bar{K}=(-2.8737,5.6824),\ S=3.2156,$$

从而，得到状态反馈控制器为

$$u(t)=\bar{K}X^{-1}x(t)=(-1.5421,3.3927)x(t)。$$

当系统初始状态选取为

$$x(0)=\begin{bmatrix}1\\-0.5\end{bmatrix},$$

选取采样时刻 k 的范围为 0～25，可得网络系统的仿真响应曲线如图 2.3 和

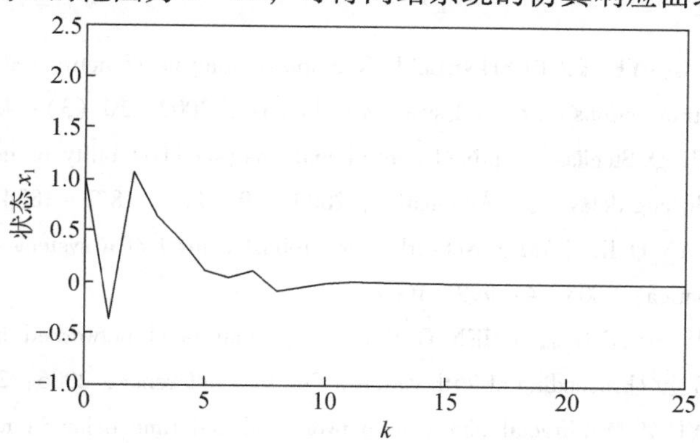

图 2.3 系统状态 x_1 响应曲线

图 2.4 所示，由图可知，本章所提方法能使得系统状态有限时间稳定，具有较好的控制效果。

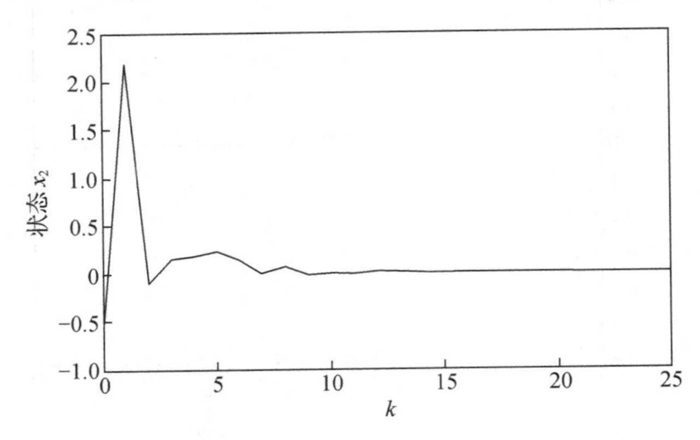

图 2.4　系统状态 x_2 响应曲线

2.4　小结

本章研究了一类具有状态时延的网络系统的有限时间镇定问题。利用线性矩阵不等式方法，基于有限时间稳定性理论，得到使闭环系统有限时间稳定的状态反馈控制器设计策略。

参 考 文 献

[1] WALSH G C，BELDIMAN O，BUSHNELL L G. Asymptotic behavior of nonlinear networked control systems [J]. IEEE transactions on automatic control，2001，46 (7)：1093 - 1097.

[2] WALSH G C，YE H，BUSHNELL L G. Stability analysis of networked control systems [J]. IEEE transactions on control systems technology，2002，10 (3)：438 - 446.

[3] HU S，ZHU Q. Stochastic optimal control and analysis of stability of networked control systems with long delay [J]. Automatica，2003，39 (11)：1877 - 1884.

[4] YUE D，HAN Q L，LAM J. Network-based robust control of a systems with uncertainty [J]. Automatica，2005，4：999 - 1007.

[5] GUAN Z-H，HUANG J，CHEN G R. Stability analysis of networked impulsive control systems [C] //Proceeding of 25th Chinese Control Conference，2006：2041 - 2044.

[6] TIAN Y，YU Z. Multifractal nature of network induced time delay in networked control systems [J]. Physics letter a，2007，361：103 - 107.

[7] DACIC D, NESIC D. Observer design for wired linear networked control systems using matrix inequalities [J]. Automatica, 2008, 44: 2840 - 2848.

[8] VATANSKI N. Networked control with delay measurement and estimation [J]. Control engineering practice, 2009, 17: 231 - 244.

[9] YAN H C, HUANG X H, WANG M, et al. Delay-dependent stability criteria for a class of networked control systems with multi-input and multi-output [J]. Chaos, solitons & fractals, 2007, 34: 997 - 1005.

[10] JIANG X F, HAN Q-L, LIU S R, et al. A new H_∞ stabilization criterion for networked control systems [J]. IEEE transactions on automatic control, 2008, 53 (4): 1025 - 1032.

[11] GAO H J, CHEN T W, LAM J. A new delay system approach to network-based control [J]. Automatica, 2008, 44: 39 - 52.

[12] HONG M W, LIN C L, SHIU B M. Stabilizing network control for pneumatic systems with time-delays [J]. Mechatronics, 2009, 19: 399 - 409.

[13] EI-GOHARY A. Optimal control of an angular motion of a rigid body during infinite and finite-time intervals [J]. Applied mathematics and computation, 2003, 141: 541 - 551.

[14] DORATO P. Short time stability in linear time-varying systems [C] //Proceeding of IRE international convention record, 1961, 4: 83 - 87.

[15] WEISS L, INFANTE E F. Finite time stability under perturbing forces and on product spaces [J]. IEEE transactions on automatic control, 1967, 12 (1): 54 - 59.

[16] AMATO F, ARIOLA M, DORATE P. Finite-time control of linear systems subject to parametric uncertainties and disturbances [J]. Automatica, 2001, 37: 1459 - 1463.

[17] EL-GOHARY A, S AL-RUZAIZA A S. Optimal control of non-homogenous prey-predator models during infinite and finite-time intervals [J]. Applied mathematics and computation, 2003, 146 (2/3): 495 - 508.

[18] AMATO F, ARIOLA M. Finite-time control of discrete-time linear system [J]. IEEE transactions on automatic control, 2005, 50 (5): 724 - 729.

[19] MOULAY E, PERRUQUETTI W. Finite time stability and stabilization of a class of continuous systems [J]. Journal of mathematical analysis and applications, 2006, 323 (2): 1430 - 1443.

[20] AMATO F, ARIOLA M, COSENTINO C. Finite-time stabilization via dynamic output feedback [J]. Automatica, 2006, 42: 337 - 342.

[21] MOULAY E, DAMBRINE M, YEGANEFAR N, et al. Finite-time stability and stabilization of time-delay systems [J]. Systems and control letters, 2008, 57 (7): 561 - 566.

[22] AMATO F, ARIOLA M, COSENTINO C. Finite-time control of discrete-time linear systems: analysis and design conditions [J]. Automatica, 2010, 46: 919 - 924.

第3章　受扰不确定网络系统的有限时间稳定性分析与控制

伴随着通信网络的发展，网络被引入控制系统中来，不仅减少了系统连线，而且降低了系统成本，网络控制系统也应运而生并成为国内外控制界研究的热点之一[1-5]。针对网络系统的研究大多数在于对网络诱导时延、数据包丢失、网络带宽受限等方面[6-7]，而且关于网络系统稳定方面的研究主要采用 Lyapunov 稳定性理论研究系统的渐近稳定性，对系统的有限时间稳定性的研究却较少[8]。在实际工程中，由于网络系统的工作时间一般比较短暂，人们除了对系统的渐近稳定性感兴趣外，更关心的往往是系统满足一定的暂态性能要求。因此，对网络系统的有限时间性能分析与控制综合就显得尤为重要。

20 世纪 50 年代，Kamenkov 等[9]率先提出了短时间稳定的概念。随后，Garrand 等[10]在有限时间理论中引入线性矩阵不等式方法，极大地推动了有限时间理论的发展。参考文献［11］将网络控制系统定义为带有丢包和时延等网络缺陷的控制系统，利用伯努利分布白序列对带有随机丢包的网络系统进行建模。在此基础上，利用线性矩阵不等式方法，得到系统有限时间有界的充分条件。Tuan 等[12]建立了具有范数有界扰动的线性离散时延系统鲁棒有限时间稳定的充分条件，并利用线性矩阵不等式方法给出了时延相关的充分条件。在国内，武玉强、沈艳军、关新平、洪奕光等都对有限时间稳定有深入的研究。例如，Wu 等[13]研究了不确定非完整系统的有限时间镇定问题。上述研究成果主要针对传统的点对点系统，有关于网络系统有限时间稳定性分析及控制方面的结果却极少见报道。在参考文献［14］中，关新平等研究了一类具有短时变时延和采样抖动的网络系统的有限时间控制问题，利用鲁棒控制方法解决有限时间稳定性问题。Li 等[15]把预测控制方法引入到网络系统中，得到了有限时间稳定的充分条件。

然而，以往为数不多的关于网络系统有限时间控制的研究结果也是针对确定性网络系统的研究，缺少对外界干扰、网络诱导时延、数据包丢失等因素的分析。因此，研究受扰网络系统的有限时间稳定性分析与控制问题具有较强的实际意义。正因为此，本章旨在研究外界干扰影响下网络系统的暂态性能分析与控制设计问题。利用有限时间理论和线性矩阵不等式方法，探寻系统有限时间稳定性条件及控制器设计方法，为减少外界干扰对网络系统的影响、提高系统暂态性能提供有效方法与途径。

3.1　时延网络系统模型建立

考虑第 2 章中图 2.1 所示的不确定网络控制系统

$$\begin{aligned}\dot{\boldsymbol{x}}(t) = &(\boldsymbol{A} + \Delta\boldsymbol{A}(t))\boldsymbol{x}(t) + (\boldsymbol{A}_h + \Delta\boldsymbol{A}_h(t))\boldsymbol{x}(t-h) + \\ &(\boldsymbol{B} + \Delta\boldsymbol{B}(t))\boldsymbol{u}(t) + (\boldsymbol{B}_1 + \Delta\boldsymbol{B}_1(t))\boldsymbol{\omega}(t),\end{aligned} \tag{3.1}$$

其中，常数矩阵 $\boldsymbol{A},\boldsymbol{A}_h \in \mathbf{R}^{n\times n},\boldsymbol{B} \in \mathbf{R}^{n\times m},\boldsymbol{B}_1 \in \mathbf{R}^{n\times l}$ 是系统的状态矩阵和控制矩阵。$\boldsymbol{x}(t) \in \mathbf{R}^n$ 代表系统状态，$\boldsymbol{u}(t) \in \mathbf{R}^m$ 代表控制，h 代表系统状态时延。$\boldsymbol{\omega}(t) \in \mathbf{R}^l$ 代表满足下面不等式条件的外部干扰

$$\boldsymbol{\omega}^{\mathrm{T}}(t)\boldsymbol{\omega}(t) \leqslant d,d \geqslant 0。 \tag{3.2}$$

$\Delta\boldsymbol{A}(t)$、$\Delta\boldsymbol{A}_h(t) \in \mathbf{R}^{n\times n},\Delta\boldsymbol{B}(t) \in \mathbf{R}^{n\times m},\Delta\boldsymbol{B}_1(t) \in \mathbf{R}^{n\times l}$ 是代表不确定性的未知矩阵且满足

$$\begin{aligned}\Delta\boldsymbol{A}(t) &= \boldsymbol{D}_1\boldsymbol{F}(t)\boldsymbol{E}_1,\Delta\boldsymbol{A}_h(t) = \boldsymbol{D}_2\boldsymbol{F}(t)\boldsymbol{E}_2,\\ \Delta\boldsymbol{B}(t) &= \boldsymbol{D}_3\boldsymbol{F}(t)\boldsymbol{E}_3,\Delta\boldsymbol{B}_1(t) = \boldsymbol{D}_4\boldsymbol{F}(t)\boldsymbol{E}_4,\end{aligned}$$

其中，$\boldsymbol{D}_1,\boldsymbol{D}_2,\boldsymbol{D}_3,\boldsymbol{D}_4,\boldsymbol{E}_1,\boldsymbol{E}_2,\boldsymbol{E}_3,\boldsymbol{E}_4$ 是具有合适维数的常数矩阵，$\boldsymbol{F}(t)$ 是具有合适维数的未知时变矩阵且满足

$$\boldsymbol{F}^{\mathrm{T}}(t)\boldsymbol{F}(t) \leqslant \boldsymbol{I}。$$

由于网络媒介的引入，不可避免会出现网络诱导时延 $\tau = \tau_{sc} + \tau_{ca}$，因此网络系统（3.1）变为

$$\begin{aligned}\dot{\boldsymbol{x}}(t) = &(\boldsymbol{A} + \Delta\boldsymbol{A}(t))\boldsymbol{x}(t) + (\boldsymbol{A}_h + \Delta\boldsymbol{A}_h(t))\boldsymbol{x}(t-h) + \\ &(\boldsymbol{B} + \Delta\boldsymbol{B}(t))\boldsymbol{u}(t-\tau) + (\boldsymbol{B}_1 + \Delta\boldsymbol{B}_1(t))\boldsymbol{\omega}(t)。\end{aligned} \tag{3.3}$$

设计网络系统（3.3）的状态反馈控制器如下

$$\boldsymbol{u}(t) = K\boldsymbol{x}(t), \tag{3.4}$$

其中，K 是待定的未知常数。从而，闭环系统为

$$\dot{\boldsymbol{x}}(t) = \bar{\boldsymbol{A}}\boldsymbol{x}(t) + \bar{\boldsymbol{A}}_h\boldsymbol{x}(t-h) + \bar{\boldsymbol{B}}K\boldsymbol{x}(t-\tau) + \bar{\boldsymbol{B}}_1\boldsymbol{\omega}(t), \tag{3.5}$$

其中，

$$\bar{\boldsymbol{A}} = \boldsymbol{A} + \Delta\boldsymbol{A}(t),\bar{\boldsymbol{A}}_h = \boldsymbol{A}_h + \Delta\boldsymbol{A}_h(t),\bar{\boldsymbol{B}} = \boldsymbol{B} + \Delta\boldsymbol{B}(t),\bar{\boldsymbol{B}}_1 = \boldsymbol{B}_1 + \Delta\boldsymbol{B}_1(t)。$$

3.2 主要结果

引理 3.2.1[16] 已知常量 $\varepsilon>0$ 和矩阵 $\boldsymbol{D}$，$\boldsymbol{E}$，$\boldsymbol{F}$，且满足 $\boldsymbol{F}^{\mathrm{T}}\boldsymbol{F}\leqslant\boldsymbol{I}$，则下面不等式成立

$$\boldsymbol{DEF}+\boldsymbol{E}^{\mathrm{T}}\boldsymbol{F}^{\mathrm{T}}\boldsymbol{D}^{\mathrm{T}}\leqslant\varepsilon\boldsymbol{DD}^{\mathrm{T}}+\varepsilon^{-1}\boldsymbol{E}^{\mathrm{T}}\boldsymbol{E}。$$

引理 3.2.2 线性时不变系统 $\dot{\boldsymbol{x}}(t)=\boldsymbol{Ax}(t)+\boldsymbol{G\omega}(t)$ 是 (c_1,c_2,T,R,d) 有限时间有界的，令 $\tilde{\boldsymbol{Q}}_1=\boldsymbol{R}^{-(1/2)}\boldsymbol{Q}_1\boldsymbol{R}^{-(1/2)}$，如果存在一个正标量 α 和 2 个正定矩阵 $\boldsymbol{Q}_1\in\mathbf{R}^{n\times n}$ 和 $\boldsymbol{Q}_2\in\mathbf{R}^{n\times n}$，使得

$$\begin{bmatrix}\boldsymbol{A}\tilde{\boldsymbol{Q}}_1+\tilde{\boldsymbol{Q}}_1\boldsymbol{A}^{\mathrm{T}}-\alpha\tilde{\boldsymbol{Q}}_1 & \boldsymbol{GQ}_2\\ * & -\alpha\boldsymbol{Q}_2\end{bmatrix}<0,$$

$$\frac{c_1}{\lambda_{\min}(\boldsymbol{Q}_1)}+\frac{d}{\lambda_{\min}(\boldsymbol{Q}_2)}<\frac{c_2\mathrm{e}^{-\alpha T}}{\lambda_{\max}(\boldsymbol{Q}_1)},$$

其中，$\lambda_{\min}(\cdot)$ 和 $\lambda_{\max}(\cdot)$ 分别表示参数的最小和最大特征值。

3.2.1 有限时间镇定条件

定理 3.2.1 对已知常数 $c_1,c_2,T>0(c_1<c_2)$ 和正定矩阵 $\boldsymbol{R}$，网络系统 (3.3) 是 (c_1,c_2,T,R,d) 有限时间镇定的，如果存在非负常数 $\alpha\geqslant0$，正定矩阵 $\boldsymbol{P}\in\mathbf{R}^{n\times n}$，$\boldsymbol{Q}\in\mathbf{R}^{n\times n}$，$\boldsymbol{T}\in\mathbf{R}^{n\times n}$，$\boldsymbol{S}\in\mathbf{R}^{l\times l}$ 和矩阵 $\boldsymbol{K}\in\mathbf{R}^{m\times n}$ 满足不等式

$$\begin{bmatrix}\boldsymbol{\Xi} & \boldsymbol{P}\bar{\boldsymbol{A}}_h & \boldsymbol{P}\bar{\boldsymbol{B}}\boldsymbol{K} & \boldsymbol{P}\bar{\boldsymbol{B}}_1\\ * & -\boldsymbol{Q} & \boldsymbol{0} & \boldsymbol{0}\\ * & * & -\boldsymbol{T} & \boldsymbol{0}\\ * & * & * & -\alpha\boldsymbol{S}\end{bmatrix}<0, \tag{3.6a}$$

$$\frac{c_1(\lambda_{\max}(\tilde{\boldsymbol{P}})+h\lambda_{\max}(\tilde{\boldsymbol{Q}})+\tau\lambda_{\max}(\tilde{\boldsymbol{T}}))+d\lambda_{\max}(\boldsymbol{S})(1-\mathrm{e}^{-\alpha T})}{\lambda_{\min}(\tilde{\boldsymbol{P}})}<c_2\mathrm{e}^{-\alpha T}, \tag{3.6b}$$

其中，$\lambda_{\max}(\cdot)$ 和 $\lambda_{\min}(\cdot)$ 分别代表最大、最小特征值，

$$\boldsymbol{\Xi}=\boldsymbol{P}\bar{\boldsymbol{A}}+\bar{\boldsymbol{A}}^{\mathrm{T}}\boldsymbol{P}+\boldsymbol{Q}+\boldsymbol{T}-\alpha\boldsymbol{P},\tilde{\boldsymbol{P}}=\boldsymbol{R}^{-\frac{1}{2}}\boldsymbol{PR}^{-\frac{1}{2}},$$

$$\tilde{\boldsymbol{Q}}=\boldsymbol{R}^{-\frac{1}{2}}\boldsymbol{QP}^{-\frac{1}{2}},\tilde{\boldsymbol{T}}=\boldsymbol{R}^{-\frac{1}{2}}\boldsymbol{TR}^{-\frac{1}{2}}。$$

证明：对网络系统（3.3），选取如下 Lyapunov 泛函

$$V(\boldsymbol{x}(t)) = \boldsymbol{x}^{\mathrm{T}}(t)\boldsymbol{P}\boldsymbol{x}(t) + \int_{t-h}^{t}\boldsymbol{x}^{\mathrm{T}}(\theta)\boldsymbol{Q}\boldsymbol{x}(\theta)\mathrm{d}\theta + \int_{t-\tau}^{t}\boldsymbol{x}^{\mathrm{T}}(\theta)\boldsymbol{T}\boldsymbol{x}(\theta)\mathrm{d}\theta, \tag{3.7}$$

沿闭环系统（3.5）的状态轨迹，有

$$\begin{aligned}\dot{V}(\boldsymbol{x}(t)) &= \boldsymbol{x}^{\mathrm{T}}(t)(\boldsymbol{P}\bar{\boldsymbol{A}} + \bar{\boldsymbol{A}}^{\mathrm{T}}\boldsymbol{P})\boldsymbol{x}(t) + 2\boldsymbol{x}^{\mathrm{T}}(t)\boldsymbol{P}\bar{\boldsymbol{A}}_h\boldsymbol{x}(t-h) + \\ &\quad 2\boldsymbol{x}^{\mathrm{T}}(t)\boldsymbol{P}\bar{\boldsymbol{B}}\boldsymbol{K}\boldsymbol{x}(t-\tau) + 2\boldsymbol{x}^{\mathrm{T}}(t)\boldsymbol{P}\bar{\boldsymbol{B}}_1\boldsymbol{\omega}(t) + \boldsymbol{x}^{\mathrm{T}}(t)\boldsymbol{Q}\boldsymbol{x}(t) + \\ &\quad \boldsymbol{x}^{\mathrm{T}}(t-h)\boldsymbol{Q}\boldsymbol{x}(t-h) + \boldsymbol{x}^{\mathrm{T}}(t)\boldsymbol{T}\boldsymbol{x}(t) + \boldsymbol{x}^{\mathrm{T}}(t-\tau)\boldsymbol{T}\boldsymbol{x}(t-\tau) \\ &= \boldsymbol{x}^{\mathrm{T}}(t)(\boldsymbol{P}\bar{\boldsymbol{A}} + \bar{\boldsymbol{A}}^{\mathrm{T}}\boldsymbol{P} + \boldsymbol{Q} + \boldsymbol{T})\boldsymbol{x}(t) + 2\boldsymbol{x}^{\mathrm{T}}(t)\boldsymbol{P}\bar{\boldsymbol{A}}_h\boldsymbol{x}(t-h) + \\ &\quad 2\boldsymbol{x}^{\mathrm{T}}(t)\boldsymbol{P}\bar{\boldsymbol{B}}\boldsymbol{K}\boldsymbol{x}(t-\tau) + 2\boldsymbol{x}^{\mathrm{T}}(t)\boldsymbol{P}\bar{\boldsymbol{B}}_1\boldsymbol{\omega}(t) + \boldsymbol{x}^{\mathrm{T}}(t-h)\boldsymbol{Q}\boldsymbol{x}(t-h) + \\ &\quad \boldsymbol{x}^{\mathrm{T}}(t-\tau)\boldsymbol{T}\boldsymbol{x}(t-\tau) \\ &= \begin{bmatrix}\boldsymbol{x}(t)\\ \boldsymbol{x}(t-h)\\ \boldsymbol{x}(t-\tau)\\ \boldsymbol{\omega}(t)\end{bmatrix}^{\mathrm{T}} \boldsymbol{\Pi} \begin{bmatrix}\boldsymbol{x}(t)\\ \boldsymbol{x}(t-h)\\ \boldsymbol{x}(t-\tau)\\ \boldsymbol{\omega}(t)\end{bmatrix},\end{aligned}$$

其中，

$$\boldsymbol{\Pi} = \begin{bmatrix}\boldsymbol{P}\bar{\boldsymbol{A}} + \bar{\boldsymbol{A}}^{\mathrm{T}}\boldsymbol{P} + \boldsymbol{Q} + \boldsymbol{T} & \boldsymbol{P}\bar{\boldsymbol{A}}_h & \boldsymbol{P}\bar{\boldsymbol{B}}\boldsymbol{K} & \boldsymbol{P}\bar{\boldsymbol{B}}_1 \\ * & -\boldsymbol{Q} & \boldsymbol{0} & \boldsymbol{0} \\ * & * & -\boldsymbol{T} & \boldsymbol{0} \\ * & * & * & \boldsymbol{0}\end{bmatrix}。$$

由条件（3.6a），可得

$$\dot{V}(\boldsymbol{x}(t)) < \alpha\boldsymbol{x}^{\mathrm{T}}(t)\boldsymbol{P}\boldsymbol{x}(t) + \alpha\boldsymbol{\omega}^{\mathrm{T}}(t)\boldsymbol{S}\boldsymbol{\omega}(t) < \alpha V(\boldsymbol{x}(t)) + \alpha\boldsymbol{\omega}^{\mathrm{T}}(t)\boldsymbol{S}\boldsymbol{\omega}(t)。 \tag{3.8}$$

在式（3.8）左右两边乘以 $\mathrm{e}^{-\alpha t}$ 得到

$$\mathrm{e}^{-\alpha t}\dot{V}(\boldsymbol{x}(t)) - \mathrm{e}^{-\alpha t}\alpha V(\boldsymbol{x}(t)) < \alpha\mathrm{e}^{-\alpha t}\boldsymbol{\omega}^{\mathrm{T}}(t)\boldsymbol{S}\boldsymbol{\omega}(t),$$

从而，

$$\frac{\mathrm{d}}{\mathrm{d}t}(\mathrm{e}^{-\alpha t}V(\boldsymbol{x}(t))) < \alpha\mathrm{e}^{-\alpha t}\boldsymbol{\omega}^{\mathrm{T}}(t)\boldsymbol{S}\boldsymbol{\omega}(t)。$$

从 0 到 t 对上式两边进行积分得到

$$\mathrm{e}^{-\alpha t}V(\boldsymbol{x}(t)) - V(\boldsymbol{x}(0)) < \int_0^t \alpha\mathrm{e}^{-\alpha\theta}\boldsymbol{\omega}^{\mathrm{T}}(\theta)\boldsymbol{S}\boldsymbol{\omega}(\theta)\mathrm{d}\theta, \tag{3.9}$$

由 $\alpha \geqslant 0$，做变换

$$\tilde{\boldsymbol{P}} = \boldsymbol{R}^{-\frac{1}{2}}\boldsymbol{P}\boldsymbol{R}^{-\frac{1}{2}},\ \tilde{\boldsymbol{Q}} = \boldsymbol{R}^{-\frac{1}{2}}\boldsymbol{Q}\boldsymbol{R}^{-\frac{1}{2}},\ \tilde{\boldsymbol{T}} = \boldsymbol{R}^{-\frac{1}{2}}\boldsymbol{T}\boldsymbol{R}^{-\frac{1}{2}},$$

得到如下不等式：

$$
\begin{aligned}
\boldsymbol{x}^{\mathrm{T}}(t)\boldsymbol{P}\boldsymbol{x}(t) &\leqslant \boldsymbol{V}(\boldsymbol{x}(t)) \\
&< \mathrm{e}^{\alpha t}\boldsymbol{V}(\boldsymbol{x}(0)) + \alpha d\lambda_{\max}(\boldsymbol{S})\mathrm{e}^{\alpha t}\int_0^t \mathrm{e}^{-\alpha\theta}\mathrm{d}\theta \\
&< \mathrm{e}^{\alpha t}\Big[\boldsymbol{x}^{\mathrm{T}}(0)\boldsymbol{P}\boldsymbol{x}(0) + \int_{-h}^{0}\boldsymbol{x}^{\mathrm{T}}(\theta)\boldsymbol{Q}\boldsymbol{x}(\theta)\mathrm{d}\theta + \int_{-\tau}^{0}\boldsymbol{x}^{\mathrm{T}}(\theta)\boldsymbol{T}\boldsymbol{x}(\theta)\mathrm{d}\theta + \\
&\quad d\lambda_{\max}(\boldsymbol{S})(1-\mathrm{e}^{-\alpha t})\Big] \\
&< \mathrm{e}^{\alpha t}\Big[\boldsymbol{x}^{\mathrm{T}}(0)\boldsymbol{R}^{1/2}\tilde{\boldsymbol{P}}\boldsymbol{R}^{1/2}\boldsymbol{x}(0) + \int_{-h}^{0}\boldsymbol{x}^{\mathrm{T}}(\theta)\boldsymbol{R}^{1/2}\tilde{\boldsymbol{Q}}\boldsymbol{R}^{1/2}\boldsymbol{x}(\theta)\mathrm{d}\theta + \\
&\quad \int_{-\tau}^{0}\boldsymbol{x}^{\mathrm{T}}(\theta)\boldsymbol{R}^{1/2}\tilde{\boldsymbol{T}}\boldsymbol{R}^{1/2}\boldsymbol{x}(\theta)\mathrm{d}\theta + d\lambda_{\max}(\boldsymbol{S})(1-\mathrm{e}^{-\alpha t})\Big] \\
&< \mathrm{e}^{\alpha t}\Big[\lambda_{\max}(\tilde{\boldsymbol{P}})\boldsymbol{x}^{\mathrm{T}}(0)\boldsymbol{R}\boldsymbol{x}(0) + \lambda_{\max}(\tilde{\boldsymbol{Q}})\int_{-h}^{0}\boldsymbol{x}^{\mathrm{T}}(\theta)\boldsymbol{R}\boldsymbol{x}(\theta)\mathrm{d}\theta + \\
&\quad \lambda_{\max}(\tilde{\boldsymbol{T}})\int_{-\tau}^{0}\boldsymbol{x}^{\mathrm{T}}(\theta)\boldsymbol{R}\boldsymbol{x}(\theta)\mathrm{d}\theta + d\lambda_{\max}(\boldsymbol{S})(1-\mathrm{e}^{-\alpha t})\Big] \\
&< \mathrm{e}^{\alpha T}\Big[c_1\big(\lambda_{\max}(\tilde{\boldsymbol{P}}) + h\lambda_{\max}(\tilde{\boldsymbol{Q}}) + \tau\lambda_{\max}(\tilde{\boldsymbol{T}})\big) + \\
&\quad d\lambda_{\max}(\boldsymbol{S})(1-\mathrm{e}^{-\alpha t})\Big]。
\end{aligned}
\tag{3.10}
$$

另外，容易知道

$$
\boldsymbol{x}^{\mathrm{T}}(t)\boldsymbol{P}\boldsymbol{x}(t) = \boldsymbol{x}^{\mathrm{T}}(t)\boldsymbol{P}^{1/2}\tilde{\boldsymbol{P}}\boldsymbol{R}^{1/2}\boldsymbol{x}(t) \geqslant \lambda_{\min}(\tilde{\boldsymbol{P}})\boldsymbol{x}^{\mathrm{T}}(t)\boldsymbol{R}\boldsymbol{x}(t), \tag{3.11}
$$

由式（3.10）和式（3.11）可得

$$
\boldsymbol{x}^{\mathrm{T}}(t)\boldsymbol{R}\boldsymbol{x}(t) < \frac{\mathrm{e}^{\alpha T}\big[c_1(\lambda_{\max}(\tilde{\boldsymbol{P}}) + h\lambda_{\max}(\tilde{\boldsymbol{Q}}) + \tau\lambda_{\max}(\tilde{\boldsymbol{T}})) + d\lambda_{\max}(\boldsymbol{S})(1-\mathrm{e}^{-\alpha T})\big]}{\lambda_{\min}(\tilde{\boldsymbol{P}})}, \tag{3.12}
$$

由条件（3.6b）和不等式（3.12）得到

$$
\boldsymbol{x}^{\mathrm{T}}(t)\boldsymbol{R}\boldsymbol{x}(t) \leqslant c_2, \forall t \in [0,T]。
$$

注 3.1 基于有限时间稳定性理论，利用线性矩阵不等式方法，把网络系统（3.1）有限时间稳定性条件转化为定理 3.2.1 中的矩阵不等式（3.6a）和一个不等式约束（3.6b）。然而，由于矩阵不等式（3.6a）是非线性的，因此不能借助 MATLAB 软件进行直接求解，需要进一步进行等价变换。

3.2.2 有限时间控制设计

定理 3.2.2 对已知常数 $c_1,c_2,T > 0(c_1 < c_2)$，正定矩阵 $\boldsymbol{R}$，选取状

态反馈控制器 $\boldsymbol{u}(t)=\bar{\boldsymbol{K}}\boldsymbol{X}^{-1}\boldsymbol{x}(t)$，如果存在常数 $\alpha\geqslant 0,\lambda_i>0,i=1,2,3,4$，$n\times n$ 矩阵 $\boldsymbol{X}>0$，$\bar{\boldsymbol{Q}}>0$，$\bar{\boldsymbol{T}}>0$，$l\times l$ 矩阵 $\boldsymbol{S}$ 和 $m\times n$ 矩阵 $\bar{\boldsymbol{K}}$ 使得如下线性矩阵不等式成立，

$$\begin{bmatrix} \boldsymbol{\Theta} & \boldsymbol{A}_h\boldsymbol{X} & \boldsymbol{B}\bar{\boldsymbol{K}} & \boldsymbol{B}_1 & \boldsymbol{X}\boldsymbol{E}_1^{\mathrm{T}} & \boldsymbol{0} & \boldsymbol{0} & \boldsymbol{0} \\ * & -\bar{\boldsymbol{Q}} & \boldsymbol{0} & \boldsymbol{0} & \boldsymbol{0} & \boldsymbol{X}\boldsymbol{E}_2^{\mathrm{T}} & \boldsymbol{0} & \boldsymbol{0} \\ * & * & -\bar{\boldsymbol{T}} & \boldsymbol{0} & \boldsymbol{0} & \boldsymbol{0} & \bar{\boldsymbol{K}}^{\mathrm{T}}\boldsymbol{E}_3^{\mathrm{T}} & \boldsymbol{0} \\ * & * & * & -\alpha\boldsymbol{S} & \boldsymbol{0} & \boldsymbol{0} & \boldsymbol{0} & \boldsymbol{E}_4^{\mathrm{T}} \\ * & * & * & * & -\varepsilon_1\boldsymbol{I} & \boldsymbol{0} & \boldsymbol{0} & \boldsymbol{0} \\ * & * & * & * & * & -\varepsilon_2\boldsymbol{I} & \boldsymbol{0} & \boldsymbol{0} \\ * & * & * & * & * & * & -\varepsilon_3\boldsymbol{I} & \boldsymbol{0} \\ * & * & * & * & * & * & * & -\varepsilon_4\boldsymbol{I} \end{bmatrix}<0 \tag{3.13a}$$

$$\lambda_1\boldsymbol{R}^{-1}<\boldsymbol{X}<\boldsymbol{R}^{-1}, \tag{3.13b}$$

$$\lambda_2\bar{\boldsymbol{Q}}<\lambda_1\boldsymbol{X}, \tag{3.13c}$$

$$\lambda_3\bar{\boldsymbol{T}}<\lambda_1\boldsymbol{X}, \tag{3.13d}$$

$$0<\boldsymbol{S}<\lambda_4\boldsymbol{I}, \tag{3.13e}$$

$$\begin{bmatrix} d\lambda_4(1-\mathrm{e}^{-\alpha T})-c_2\mathrm{e}^{-\alpha T} & \sqrt{c_1} & \sqrt{h} & \sqrt{\tau} \\ * & -\lambda_1 & 0 & 0 \\ * & * & -\lambda_2 & 0 \\ * & * & * & -\lambda_3 \end{bmatrix}<0, \tag{3.13f}$$

则网络系统（3.3）是 $(c_1,c_2,T,\boldsymbol{R},d)$ 有限时间镇定的，其中，

$$\boldsymbol{\Theta}=\boldsymbol{A}\boldsymbol{X}+\boldsymbol{X}\boldsymbol{A}^{\mathrm{T}}+\bar{\boldsymbol{Q}}+\bar{\boldsymbol{T}}-\alpha\boldsymbol{X}+\varepsilon_1\boldsymbol{D}_1\boldsymbol{D}_1^{\mathrm{T}}+\varepsilon_2\boldsymbol{D}_2\boldsymbol{D}_2^{\mathrm{T}}+\varepsilon_3\boldsymbol{D}_3\boldsymbol{D}_3^{\mathrm{T}}+\varepsilon_4\boldsymbol{D}_4\boldsymbol{D}_4^{\mathrm{T}}。$$

证明：下面主要证明矩阵不等式（3.6a）等价于线性矩阵不等式（3.13a）。

把式（3.5）代入式（3.6a）得到

$$\begin{bmatrix} \boldsymbol{\Xi} & \boldsymbol{P}\boldsymbol{A}_h+\boldsymbol{P}\Delta\boldsymbol{A}_h(t) & \boldsymbol{P}\boldsymbol{B}\boldsymbol{K}+\boldsymbol{P}\Delta\boldsymbol{B}(t)\boldsymbol{K} & \boldsymbol{P}\boldsymbol{B}_1+\boldsymbol{P}\Delta\boldsymbol{B}_1(t) \\ * & -\boldsymbol{Q} & \boldsymbol{0} & \boldsymbol{0} \\ * & * & -\boldsymbol{T} & \boldsymbol{0} \\ * & * & * & -\alpha\boldsymbol{S} \end{bmatrix}<0,$$

其中，

$$\boldsymbol{\Xi}=\boldsymbol{PA}+\boldsymbol{A}^{\mathrm{T}}\boldsymbol{P}+\boldsymbol{Q}+\boldsymbol{T}-\alpha\boldsymbol{P}+\boldsymbol{P}\Delta\boldsymbol{A}(t)+\Delta\boldsymbol{A}^{\mathrm{T}}(t)\boldsymbol{P}。$$

由引理 3. 2. 1 可知上述不等式等价于

$$\begin{bmatrix} \boldsymbol{\Delta} & \boldsymbol{PA}_h & \boldsymbol{PBK} & \boldsymbol{PB}_1 \\ * & -\boldsymbol{Q}+\frac{1}{\varepsilon_2}\boldsymbol{E}_2^{\mathrm{T}}\boldsymbol{E}_2 & \boldsymbol{0} & \boldsymbol{0} \\ * & * & -\boldsymbol{T}+\frac{1}{\varepsilon_3}\boldsymbol{K}^{\mathrm{T}}\boldsymbol{E}_3^{\mathrm{T}}\boldsymbol{E}_3\boldsymbol{K} & \boldsymbol{0} \\ * & * & * & -\alpha\boldsymbol{S}+\frac{1}{\varepsilon_4}\boldsymbol{E}_4^{\mathrm{T}}\boldsymbol{E}_4 \end{bmatrix}<0,$$

其中，

$$\boldsymbol{\Delta}=\boldsymbol{PA}+\boldsymbol{A}^{\mathrm{T}}\boldsymbol{P}+\boldsymbol{Q}+\boldsymbol{T}-\alpha\boldsymbol{P}+\varepsilon_1\boldsymbol{PD}_1\boldsymbol{D}_1^{\mathrm{T}}\boldsymbol{P}+\varepsilon_2\boldsymbol{PD}_2\boldsymbol{D}_2^{\mathrm{T}}\boldsymbol{P}+ \varepsilon_3\boldsymbol{PD}_3\boldsymbol{D}_3^{\mathrm{T}}\boldsymbol{P}+\varepsilon_4\boldsymbol{PD}_4\boldsymbol{D}_4^{\mathrm{T}}\boldsymbol{P}+\frac{1}{\varepsilon_1}\boldsymbol{E}_1^{\mathrm{T}}\boldsymbol{E}_1$$

由引理 2. 1. 1 可知上述不等式等价于

$$\begin{bmatrix} \boldsymbol{\Lambda} & \boldsymbol{PA}_h & \boldsymbol{PBK} & \boldsymbol{PB}_1 & \boldsymbol{E}_1^{\mathrm{T}} & \boldsymbol{0} & \boldsymbol{0} & \boldsymbol{0} \\ * & -\boldsymbol{Q} & \boldsymbol{0} & \boldsymbol{0} & \boldsymbol{0} & \boldsymbol{E}_2^{\mathrm{T}} & \boldsymbol{0} & \boldsymbol{0} \\ * & * & -\boldsymbol{T} & \boldsymbol{0} & \boldsymbol{0} & \boldsymbol{0} & \boldsymbol{K}^{\mathrm{T}}\boldsymbol{E}_3^{\mathrm{T}} & \boldsymbol{0} \\ * & * & * & -\alpha\boldsymbol{S} & \boldsymbol{0} & \boldsymbol{0} & \boldsymbol{0} & \boldsymbol{E}_4^{\mathrm{T}} \\ * & * & * & * & -\varepsilon_1\boldsymbol{I} & \boldsymbol{0} & \boldsymbol{0} & \boldsymbol{0} \\ * & * & * & * & * & -\varepsilon_2\boldsymbol{I} & \boldsymbol{0} & \boldsymbol{0} \\ * & * & * & * & * & * & -\varepsilon_3\boldsymbol{I} & \boldsymbol{0} \\ * & * & * & * & * & * & * & -\varepsilon_4\boldsymbol{I} \end{bmatrix}<0,$$

其中，

$$\boldsymbol{\Lambda}=\boldsymbol{PA}+\boldsymbol{A}^{\mathrm{T}}\boldsymbol{P}+\boldsymbol{Q}+\boldsymbol{T}-\alpha\boldsymbol{P}+\varepsilon_1\boldsymbol{PD}_1\boldsymbol{D}_1^{\mathrm{T}}\boldsymbol{P}+ \varepsilon_2\boldsymbol{PD}_2\boldsymbol{D}_2^{\mathrm{T}}\boldsymbol{P}+\varepsilon_3\boldsymbol{PD}_3\boldsymbol{D}_3^{\mathrm{T}}\boldsymbol{P}+\varepsilon_4\boldsymbol{PD}_4\boldsymbol{D}_4^{\mathrm{T}}\boldsymbol{P}。$$

在上述不等式两边分别乘以分块对角矩阵

$$\mathrm{diag}\{\boldsymbol{P}^{-1},\boldsymbol{P}^{-1},\boldsymbol{P}^{-1},\boldsymbol{I},\boldsymbol{I},\boldsymbol{I},\boldsymbol{I},\boldsymbol{I}\},$$

可知不等式（3. 6a）等价于

$$\begin{bmatrix} \boldsymbol{\Sigma} & \boldsymbol{A}_h\boldsymbol{P}^{-1} & \boldsymbol{BKP}^{-1} & \boldsymbol{B}_1 & \boldsymbol{P}^{-1}\boldsymbol{E}_1^{\mathrm{T}} & 0 & 0 & 0 \\ * & -\boldsymbol{P}^{-1}\boldsymbol{QP}^{-1} & 0 & 0 & 0 & \boldsymbol{P}^{-1}\boldsymbol{E}_2^{\mathrm{T}} & 0 & 0 \\ * & * & -\boldsymbol{P}^{-1}\boldsymbol{TP}^{-1} & 0 & 0 & 0 & \boldsymbol{P}^{-1}\boldsymbol{K}^{\mathrm{T}}\boldsymbol{E}_3^{\mathrm{T}} & 0 \\ * & * & * & -\alpha\boldsymbol{S} & 0 & 0 & 0 & \boldsymbol{E}_4^{\mathrm{T}} \\ * & * & * & * & -\varepsilon_1\boldsymbol{I} & 0 & 0 & 0 \\ * & * & * & * & * & -\varepsilon_2\boldsymbol{I} & 0 & 0 \\ * & * & * & * & * & * & -\varepsilon_3\boldsymbol{I} & 0 \\ * & * & * & * & * & * & * & -\varepsilon_4\boldsymbol{I} \end{bmatrix} < 0, \tag{3.14}$$

其中，

$$\boldsymbol{\Sigma} = \boldsymbol{AP}^{-1} + \boldsymbol{P}^{-1}\boldsymbol{A}^{\mathrm{T}} + \boldsymbol{P}^{-1}\boldsymbol{QP}^{-1} + \boldsymbol{P}^{-1}\boldsymbol{TP}^{-1} - \alpha\boldsymbol{P}^{-1} + \varepsilon_1\boldsymbol{D}_1\boldsymbol{D}_1^{\mathrm{T}} + \varepsilon_2\boldsymbol{D}_2\boldsymbol{D}_2^{\mathrm{T}} + \varepsilon_3\boldsymbol{D}_3\boldsymbol{D}_3^{\mathrm{T}} + \varepsilon_4\boldsymbol{D}_4\boldsymbol{D}_4^{\mathrm{T}}。$$

令 $\boldsymbol{X} = \boldsymbol{P}^{-1}, \bar{\boldsymbol{K}} = \boldsymbol{KP}^{-1}, \bar{\boldsymbol{Q}} = \boldsymbol{P}^{-1}\boldsymbol{QP}^{-1}, \bar{\boldsymbol{T}} = \boldsymbol{P}^{-1}\boldsymbol{TP}^{-1}$，则不等式（3.14）等价于式（3.13a）。另外，令 $\tilde{\boldsymbol{X}} = \boldsymbol{R}^{-1/2}\boldsymbol{XR}^{-1/2}, \tilde{\boldsymbol{Q}} = \boldsymbol{R}^{-1/2}\boldsymbol{QR}^{-1/2}, \tilde{\boldsymbol{T}} = \boldsymbol{R}^{-1/2}\boldsymbol{TR}^{-1/2}$，由于 $\boldsymbol{R}$ 是正定矩阵，因此

$$\lambda_{\max}(\boldsymbol{X}) = \frac{1}{\lambda_{\min}(\boldsymbol{P})}, \lambda_{\min}(\boldsymbol{X}) = \frac{1}{\lambda_{\max}(\boldsymbol{P})},$$

由不等式（3.13b）—（3.13e）可知

$$1 < \lambda_{\min}(\tilde{\boldsymbol{P}}), \lambda_{\max}(\tilde{\boldsymbol{P}}) < \frac{1}{\lambda_1}, \lambda_{\max}(\tilde{\boldsymbol{Q}}) < \frac{\lambda_1}{\lambda_2}\lambda_{\max}(\tilde{\boldsymbol{P}}),$$

$$\lambda_{\max}(\tilde{\boldsymbol{T}}) < \frac{\lambda_1}{\lambda_3}\lambda_{\max}(\tilde{\boldsymbol{P}}), \lambda_{\max}(\boldsymbol{S}) < \lambda_4。 \tag{3.15}$$

由引理 2.1.1 可知不等式（3.13f）等价于

$$d\lambda_4(1 - \mathrm{e}^{-\alpha T}) - c_2\mathrm{e}^{-\alpha T} + \frac{c_1}{\lambda_1} + \frac{h}{\lambda_2} + \frac{\tau}{\lambda_3} < 0, \tag{3.16}$$

由式（3.15）和式（3.6b）可得

$$\frac{c_1(\lambda_{\max}(\tilde{\boldsymbol{P}}) + h\lambda_{\max}(\tilde{\boldsymbol{Q}}) + \tau\lambda_{\max}(\tilde{\boldsymbol{T}})) + d\lambda_{\max}(\boldsymbol{S})(1 - \mathrm{e}^{-\alpha T})}{\lambda_{\min}(\tilde{\boldsymbol{P}})} < d\lambda_4(1 - \mathrm{e}^{-\alpha T}) + \frac{c_1}{\lambda_1} + \frac{h}{\lambda_2} + \frac{\tau}{\lambda_3}。 \tag{3.17}$$

由不等式（3.16）、式（3.17），容易知道式（3.6b）成立。

注 3.2　在定理 3.2.2 中，利用矩阵不等式技术把定理 3.2.1 中的非线

性矩阵不等式等价转化为线性矩阵不等式组（3.13a)—(3.13f)，从而可以借助 MATLAB 软件直接求解，也正因为此，定理 3.2.2 的结论更加方便地适用于工程实际，具有一定的实际应用价值。

3.3 仿真算例

算例 3.3.1

在不确定网络系统（3.3）中选取系统参数如下

$$\boldsymbol{A}=\begin{bmatrix}-3 & 0\\0 & -2\end{bmatrix},\boldsymbol{A}_h=\begin{bmatrix}-2 & 0.5\\-0.5 & -2\end{bmatrix},\boldsymbol{B}=\begin{bmatrix}1\\2\end{bmatrix},\boldsymbol{B}_1=\begin{bmatrix}0\\1\end{bmatrix},$$

$$\boldsymbol{\omega}(t)=0.1\sin t,\boldsymbol{F}(t)=\cos t,\boldsymbol{D}_1=\boldsymbol{D}_2=\boldsymbol{D}_3=\boldsymbol{D}_4=\begin{bmatrix}0.1\\0\end{bmatrix},$$

$$\boldsymbol{E}_1=\boldsymbol{E}_2=\boldsymbol{E}_3=\boldsymbol{E}_4=(1,0.2),h=0.2。$$

选取 $c_1=0.5,\alpha=0.8,T=2,\boldsymbol{R}=\boldsymbol{I}_2$，求解线性矩阵不等式（3.13），得到状态反馈控制器

$$\boldsymbol{u}(t)=\bar{\boldsymbol{K}}\boldsymbol{X}^{-1}\boldsymbol{x}(t)=(-2.3585,1.2238)\boldsymbol{x}(t),$$

选取初始条件为

$$\boldsymbol{x}(0)=\begin{bmatrix}0.5\\-0.5\end{bmatrix},$$

得到系统状态仿真结果如图 3.1 和图 3.2 所示。

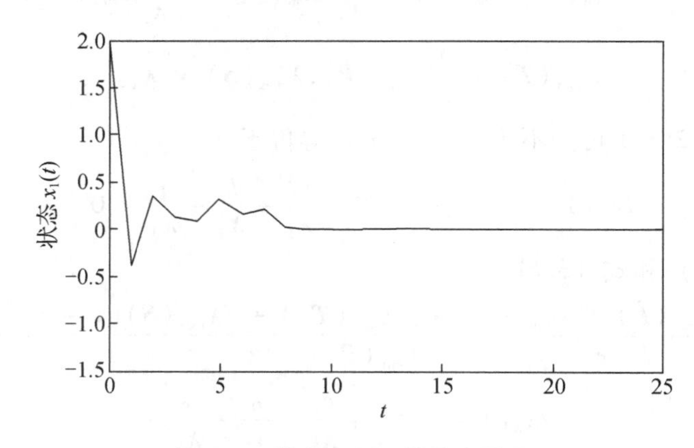

图 3.1　状态 $x_1(t)$ 的仿真结果

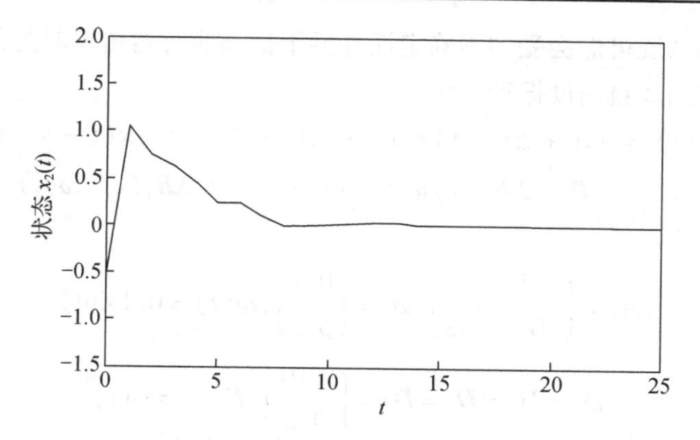

图 3.2　状态 $x_2(t)$ 的仿真结果

由图 3.1 和图 3.2 可知，系统状态在 8 s 时间内收敛于 0，因此系统状态是有限时间稳定的。

算例 3.3.2

1/4 车身主动悬架系统可以简化为带弹簧、阻尼器和执行器的 2 自由度振动系统。根据牛顿第二定律，得到了 1/4 车身主动悬架模型的运动方程[16]为

$$m_1\ddot{X}_1 = K_1(X_2 - X_1) + b(\dot{X}_2 - \dot{X}_1) + u,$$
$$m_2\ddot{X}_2 = -K_1(X_2 - X_1) - b(\dot{X}_2 - \dot{X}_1) + K_2(X_0 - X_2) - u,$$

其中，m_1、m_2 分别是弹簧的上质量和下质量，K_1、K_2 分别是悬架弹簧刚度和轮胎刚度，b 是等效悬挂阻尼系数，u 是执行器产生的作用力。X_1、X_2 分别是车身和悬架的垂直位移，X_0 是道路输入。车体的垂直位移为 X_1，悬挂垂直位移为 X_2，车体垂直速度为 $\dot{X}_1$，悬挂垂直速度为 $\dot{X}_2$。选择状态向量为 $\boldsymbol{x} = (X_1, X_2, \dot{X}_1, \dot{X}_2)^{\mathrm{T}}$，控制输入为 $\boldsymbol{u}' = (u, X_0)^{\mathrm{T}}$。

从而，得到系统的状态空间形式

$$\dot{\boldsymbol{x}} = \boldsymbol{A}\boldsymbol{x} + \boldsymbol{B}\boldsymbol{u}'$$

其中，

$$\boldsymbol{A} = \begin{bmatrix} 0 & 0 & 1 & 0 \\ 0 & 0 & 0 & 1 \\ -\dfrac{k_1}{m_1} & \dfrac{k_1}{m_1} & -\dfrac{b}{m_1} & \dfrac{b}{m_1} \\ \dfrac{k_1}{m_2} & \dfrac{-k_1 - k_2}{m_2} & \dfrac{b}{m_2} & -\dfrac{b}{m_2} \end{bmatrix}, \boldsymbol{B} = \begin{bmatrix} 0 & 0 \\ 0 & 0 \\ \dfrac{1}{m_1} & 0 \\ -\dfrac{1}{m_2} & \dfrac{k_2}{m_2} \end{bmatrix}。$$

考虑到系统可能会受到不确定性外界干扰和执行器传输时延的影响，考虑如下形式的2自由度振动系统

$$\dot{\boldsymbol{x}}(t) = (\boldsymbol{A} + \Delta\boldsymbol{A}(t))\boldsymbol{x}(t) + (\boldsymbol{A}_h + \Delta\boldsymbol{A}_h(t))\boldsymbol{x}(t-h) + (\boldsymbol{B} + \Delta\boldsymbol{B}(t))\boldsymbol{u}(t-\tau) + (\boldsymbol{B}_1 + \Delta\boldsymbol{B}_1(t))\boldsymbol{\omega}(t),$$

其中，

$$\boldsymbol{A}_h = \begin{bmatrix} -1 & 1 \\ 0 & -3 \end{bmatrix}, \boldsymbol{B}_1 = \begin{bmatrix} 0.1 \\ 0.5 \end{bmatrix}, \boldsymbol{\omega}(t) = 0.1\sin t,$$

$$\boldsymbol{D}_1 = \boldsymbol{D}_2 = \boldsymbol{D}_3 = \boldsymbol{D}_4 = \begin{bmatrix} 0.01 \\ 0.2 \end{bmatrix}, \boldsymbol{F}(t) = \sin t,$$

$$\boldsymbol{E}_1 = \boldsymbol{E}_2 = \boldsymbol{E}_3 = \boldsymbol{E}_4 = (0.1, 0.2), h = 0.1。$$

利用PID控制方法进行MATLAB仿真模拟，用于建模和仿真的主动悬架参数如下

$$m_1 = 300\ \text{kg}, m_2 = 50\ \text{kg}, k_1 = 16\,000\ \text{N/m},$$

$$k_2 = 1000\ \text{N/m}, b = 1200\ \text{N} \cdot \text{s/m},$$

采用阶跃信号作为系统的参考输入，通过改变P值来实现PID控制对主动悬架的影响。为了比较PID控制器对系统状态的仿真结果，采用本文提出的方法求解线性矩阵不等式（3.13），得到状态反馈控制器

$$\boldsymbol{u}(t) = 2\boldsymbol{K}\boldsymbol{x}(t) = (-1.9896, 0.1245)\boldsymbol{x}(t),$$

分别选取$P=-200$、-300、-400，对系统进行仿真，同时利用定理3.2.2中算法进行仿真，得到模拟加速度和时间之间的关系如图3.3所示。

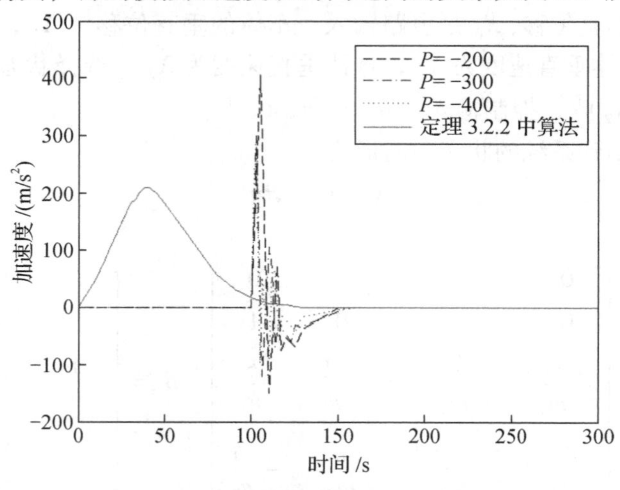

图3.3　加速度与时间的关系

从图3.3中可以看出悬架输出的最大幅度范围随P绝对值的增大而减小。通过调节P值，PID控制可以有效地吸收悬架的振动输出。但随着P的绝对值逐渐增大，系统振动频率也趋于增大，使得系统的收敛时间增大，稳定性变差。因此，PID控制虽然能够有效地吸收悬架的振动输出，但不能保证系统的收敛速度。图中点画线是利用定理3.2.2中算法得到的状态响应曲线。从图3.3可以看出，点画线的收敛速度和平滑程度都比虚线好。结果表明，该控制器能有效地改善系统的动态性能，本章提出的算法优于PID控制方法。

3.4 小结

本章把有限时间稳定性分析与控制方法引入到网络系统中，主要做了如下工作：①充分考虑到网络诱导时延对系统的影响，建立更加切合实际的网络系统数学模型。②结合有限时间稳定性理论，利用线性矩阵不等式方法探寻系统有限时间稳定的充分条件。③利用矩阵不等式变换技巧把非线性的稳定性条件等价转化为线性的矩阵不等式组形式，并同时得到了系统有限时间状态反馈控制器设计方法。由于得到的条件可以通过MATLAB十分方便地求解，因此该方法更加容易应用到工程实际。下一步的工作可以尝试对带有数据包丢失的网络系统进行研究。

参考文献

[1] KOBAYASHI K, HIRAISHI K. An optimization-based approach to sampled-data control of networked control systems with multiple delays [J]. Applied mathematics and computation, 2014, 247: 786-794.

[2] JIANG X F, HAN Q-L, LIU S R, et al. A new H_∞ stabilization criterion for networked control systems [J]. IEEE transactions on automatic control, 2008, 53 (4): 1025-1032.

[3] WANG Y L, YU S H. An improved dynamic quantization scheme for uncertain linear networked control systems [J]. Automatica, 2018, 92: 244-248.

[4] LIU L J, LIU X L, MAN C T, et al. Delayed observer-based H_∞ control for networked control systems [J]. Neurocomputing, 2016, 179: 101-109.

[5] ALCAINA J, CUENCA A, SALT J T, et al. Delay-independent dual-rate PID controller for a packet-based networked control system [J]. Information sciences, 2019, 484: 27-

43.

[6] YAO H J. Exponential stability control for nonlinear uncertain networked systems with time delay [J]. Journal of discrete mathematical sciences and cryptography, 2018, 21: 563 – 569.

[7] LIAN B, ZHANG Q L, LI J N. Sliding mode control and sampling rate strategy for networked control systems with packet disordering via Markov chain prediction [J]. ISA transactions, 2018, 83: 1 – 12.

[8] SUN Y G, LI G J. Finite-time stability and stabilization of networked control systems with bounded Markovian packet dropout [J]. Discrete dynamics in nature and society, 2014 (1): 1 – 6.

[9] KAMENKOV G, LEBEDEV A. Remarks on the paper on stability in finite time interval [J]. Journal of applied mathematics and mechanics, 1954, 18: 512 – 520.

[10] GARRAND W L. Further results on the synthesis of finite-time stable system [J]. IEEE transactions on automatic control, 1972, 7 (1): 142 – 144.

[11] MATHIYALAGAN K, PARK J, SAKTHIVEL R. Finite-time boundedness and dissipativity analysis of networked cascade control systems [J]. Nonlinear dynamics, 2016, 84: 364 – 372.

[12] TUAN A, PHAT N. Finite-time stability and H_∞ control of linear discrete-time delay systems with norm-bounded disturbances [J]. Acta mathematica vietnamica, 2015, 15: 155 – 163.

[13] WU Y Q, GAO F Z, ZHANG Z C. Saturated finite-time stabilization of uncertain nonholonomic systems in feedforward-like form and its application [J]. Nonlinear dynamics, 2016, 84: 1609 – 1622.

[14] HUA C C, YU S C, GUAN X P. Finite-time control for a cass of networked control systems with short time-varying delays and sampling jitter [J]. International journal of automation and computing, 2015, 12 (4): 448 – 454.

[15] LI Y J, LIU G P, SUN S L, et al. Prediction-based approach to finite-time stabilization of networked control systems with time delays and data packet dropouts [J]. Neurocomputing, 2019, 329: 320 – 328.

[16] YAO H J. Anti-saturation control of uncertain time-delay systems with actuator saturation constraints [J]. Symmetry, 2019, 375: 1 – 11.

第4章 T-S模糊网络系统的有限时间稳定性分析与控制

随着科学技术的进步，尤其是互联网技术的发展，传统的点对点系统已经很难适用于实际的网络工程。把网络和控制技术结合起来是近年来控制领域发展的重要方向，基于网络的控制随之应运而生。信息通过网络进行交换，极大地提高了控制效率，而且网络系统的布线更加容易，网络维护更加便捷、系统运行成本更低[1-2]。正因为此，近年来涌现出了大量的关于网络系统分析与综合的研究报道[3-4]。例如，Selivanov 等[5]研究了具有大未知时变通信时延的网络控制系统的基于输出反馈预测器的镇定问题。针对具有2个网络（传感器到控制器和控制器到执行器）的系统，设计了一个采样数据观测器来估计系统的状态。Wang 等[6]研究了考虑丢包和网络诱导时延的连续时间网络控制系统基于观测器的 H_∞ 控制问题。充分考虑了实际采用的控制器输入到达时刻的非均匀分布特性，建立了一种新的连续时间网络控制系统模型，提出了一种基于线性估计的测量输出估计方法，降低了建模的保守性，并基于新的 Lyapunov 泛函，提出了新的控制器设计方法。参考文献［7］提出了一种基于 Lyapunov-Krasovskii 函数的动态量化策略，进一步改进了放大算法，使闭环系统收敛速度更快，并在初始值较小、衰减速度较快的情况下，得到了更精确的系统状态上界。Yan 等[8]研究了基于事件驱动观测器的网络控制系统输出控制问题。通过引入调整参数和加权矩阵，提出了一种扩展的事件驱动阈值，采用构造性策略提取与 Lyapunov 变量和系统矩阵耦合的控制器矩阵。

众所周知，模糊控制是解决非线性系统控制问题的有效途径，尤其是利用 T-S 模糊控制方法，把非线性系统的数学模型近似逼近为线性的关联大系统，可以有效降低系统分析与设计难度[9-10]。例如，在参考文献［11］中，Xiao 等将输入延迟和并行分布补偿技术相结合，并将采样周期、信号传输延迟和数据包丢失转换为零阶保持的刷新间隔，建立了系统的误差模型。而 Mahmoud 等[12]则讨论了在公共数字通信网络上的线性系统的基于状态和观测器的反馈控制设计。考虑了网络诱导时延、数据包丢失、信号量化导致的通信容量受限等数字通信网络条件。参考文献［13］研究了具有传感器饱和噪声的离散 Takagi-Sugeno 模糊系统的网络化模糊静态输出反馈控制问题。在考虑网络诱导时延和丢包的情况下，将闭环模糊系统建模为一个同时具有区间型时延和扇区非线性的异步离散 T-S 模糊系统。通过引入一个增广模糊基相关 Lyapunov 泛函，利用基于矩阵的二次凸方法，得到了区间时滞相关的有界实引理。另外，现有的针对网络系统的研究结果绝大多数是渐近稳定性的，很难应用于工程实际。在网络系统的应用中，实际工程系统常常要求系统状态在有限的时间内收敛于较小的范围，即有限时间稳定。因此，有限时间稳定性在最近被引入到网络系统的分析中来，相关的研究起步较晚，研究成果还不多见。例如，参考文献［14］研究了不确定网络切换系统的有限时间控制问题。利用平均驻留时间和类 Lyapunov 函数方法，设计了系统的状态反馈控制器，并保证了动态增广闭环系统的有限时间稳定性。并利用线性矩阵不等式方法得到了系统有限时间有界的充分条件。Hua 等[15]研究了一类具有短时变时延和采样抖动的网络控制系统的有限时间控制问题。在考虑网络诱导时延和短采样抖动对系统动力学影响的基础上，将闭环网络控制系统描述为离散时间线性系统模型，利用鲁棒控制方法来求解网络控制系统的有限时间稳定性和镇定问题。Elahi 等[16]研究了具有随机通信延迟的不确定离散时间网络控制系统的有限时间 H_∞ 控制问题。利用锥互补线性化方法，提出了一种计算控制器参数的迭代算法。然而上述研究成果要么关注的网络系统的是模糊控制问题，要么关注的是网络系统的有限时间控制问题。而且现有的研究成果大都是关于线性的网络系统开展的，有关非线性网络系统的有限时间控制设计工作，尤其是利用 T-S 模糊方法处理非线性网络系统的研究工作才刚刚展开。

本章就是在前人对网络系统有限时间控制研究的基础上，对网络系统的有限时间控制问题进行研究。利用 T-S 模糊控制方法把带有状态时延和网络诱导时延的非线性的网络系统建模为 T-S 模糊系统模型。基于有限时间控制理论，利用线性矩阵不等式方法，通过引入新的 Lyapunov 函数，探索系统有限时间稳定的充分条件和状态反馈的模糊控制设计方法。所得到的结论可以利用 MATLAB 工具十分方便地求解，为网络控制工程实际应用提供理论和技术支持。

4.1　问题描述

考虑基于网络的非线性时延系统（图 2.1）。

规则 i：

如果 $z_1(t)$ 为 M_1^i，$z_2(t)$ 为 M_2^i，……，$z_n(t)$ 为 M_n^i，

则

$$\begin{aligned}\dot{\boldsymbol{x}}(t) &= \boldsymbol{A}_i\boldsymbol{x}(t) + \boldsymbol{A}_{hi}\boldsymbol{x}(t-h) + \boldsymbol{B}_i\boldsymbol{u}(t) + \boldsymbol{G}_i\omega(t), \\ \boldsymbol{x}(t) &= \boldsymbol{\phi}(t), t \in [-h, 0],\end{aligned} \tag{4.1}$$

其中，$\boldsymbol{z}(t) = (z_1(t), z_2(t), \cdots, z_n(t))^{\mathrm{T}}$ 是前件变量，$\boldsymbol{x}(t) \in \mathbf{R}^n$ 是系统状态向量，$\boldsymbol{u}(t) \in \mathbf{R}^m$ 是控制输入向量，$M_k^i(i = 1, 2, \cdots, r; k = 1, 2, \cdots, n)$ 是模糊集，r 是模糊规则数，n 是模糊集个数。$\boldsymbol{A}_i, \boldsymbol{A}_{hi}, \boldsymbol{B}_i, \boldsymbol{G}_i$ 是具有合适维数的常数矩阵，$\boldsymbol{\phi}(t) = (\phi_1(t), \phi_2(t), \cdots, \phi_n(t))^{\mathrm{T}} \in \mathbf{R}^n$ 是定义在区间 $[-h, 0]$ 上的初值函数，h 是状态时延，$\boldsymbol{\omega}(t) \in \mathbf{R}^l$ 满足如下条件的外部干扰

$$\int_0^T \boldsymbol{\omega}^{\mathrm{T}}(t)\boldsymbol{\omega}(t)\mathrm{d}t \leqslant d, d \geqslant 0, \tag{4.2}$$

利用模糊逼近理论[9]，得到全局 T-S 模糊控制系统如下

$$\begin{aligned}\dot{\boldsymbol{x}}(t) &= \sum_{i=1}^{r}\mu_i(\boldsymbol{z}(t))[\boldsymbol{A}_i\boldsymbol{x}(t) + \boldsymbol{A}_{hi}\boldsymbol{x}(t-h) + \boldsymbol{B}_i\boldsymbol{u}(t) + \boldsymbol{G}_i\boldsymbol{\omega}(t)], \\ \boldsymbol{x}(t) &= \boldsymbol{\phi}(t), t \in [-h, 0]\end{aligned} \tag{4.3}$$

其中，$\mu_i(\boldsymbol{z}(t))$ 满足

$$\mu_i(\boldsymbol{z}(t)) \geqslant 0, \ i = 1, 2, \cdots, r, \ \sum_{i=1}^{r}\mu_i(\boldsymbol{z}(t)) > 0。$$

注 4.1：模型（4.3）是利用 T-S 模糊方法对网络系统模型的重构。实际网络工程中，被控对象及其网络闭环都存在一些不确定性甚至非线性项，T-S 方法的引入把复杂网络系统转化为耦合的线性微分方程组形式，极大地降低了系统分析难度，而且 T-S 模糊系统具有较为成熟的设计方法，因此网络系统的 T-S 模糊模型（4.3）具有较强的实际应用价值。

基于实际工程背景，为了简化分析，τ_{sc} 是传感器到控制器的传输时延，τ_{ca} 是控制器到执行器的传输时延，$\tau = \tau_{sc} + \tau_{ca}$ 为网络诱导时延。

受网络诱导时延的影响，容易得到：

$$\dot{\boldsymbol{x}}(t) = \sum_{i=1}^{r}\mu_i(\boldsymbol{z}(t))[\boldsymbol{A}_i\boldsymbol{x}(t) + \boldsymbol{A}_{hi}\boldsymbol{x}(t-h) + \boldsymbol{B}_i\boldsymbol{u}(t-\tau) + \boldsymbol{G}_i\boldsymbol{\omega}(t)],$$

$$x(t)=\phi(t),t\in[-h,0]。\tag{4.4}$$

本章旨在设计如下状态反馈的模糊控制器

$$u(t)=\sum_{i}^{r}\mu_i(z(t))K_ix(t)。\tag{4.5}$$

把控制器（4.5）代入系统（4.4），得到闭环系统

$$\begin{aligned}\dot{x}(t)=&\sum_{i}^{r}\sum_{j}^{r}\mu_i(z(t))\mu_j(z(t))[A_ix(t)+A_{hi}x(t-h)+\\&B_iK_j(t-\tau)+G_i\omega(t)],\\x(t)=&\psi(t),t\in[-\bar{h},0]。\end{aligned}\tag{4.6}$$

系统状态的初始条件相应变化为 $x(t)=\psi(t)$，其中 $\psi(t)$ 是定义在区间 $[-\bar{h},0]$ 上的光滑函数，$\bar{h}=\max\{\tau,h\}$，从而存在一个正常数 $\bar{\psi}$ 满足

$$\|\dot{\psi}(t)\|\leqslant\bar{\psi},t\in[-\bar{h},0]。$$

本章的设计目的是探寻能使系统（4.6）状态在有限时间 $[0,T]$ 内稳定的状态反馈控制器存在的充分条件。

定义 4.1.1[9] 对给定的正常数 $c_1,c_2,T(c_1<c_2)$ 和正定矩阵 R 如果

$$x^{\mathrm{T}}(0)Rx(0)\leqslant c_1\Rightarrow x^{\mathrm{T}}(t)Rx(t)<c_2,\forall t\in[0,T],\tag{4.7}$$

则时延网络系统（4.6）（设 $\omega(t)\equiv0$）是 (c_1,c_2,T,R) 有限时间稳定的。

定义 4.1.2[9] 对给定的正常数 $c_1,c_2,T(c_1<c_2)$ 和正定矩阵 R，如果存在状态反馈控制器（4.5）使得下面条件成立

$$x^{\mathrm{T}}(0)Rx(0)\leqslant c_1\Rightarrow x^{\mathrm{T}}(t)Rx(t)<c_2,\forall t\in[0,T],\tag{4.8}$$

则时延网络控制系统（4.6）是可 (c_1,c_2,T,R,d) 有限时间镇定的。

4.2 主要结果

定理 4.2.1 对给定的 3 个正数 $c_1,c_2,T(c_1<c_2)$，正定矩阵 R，如果存在常数 $\alpha\geqslant0$，正定矩阵 $P\in\mathbf{R}^{n\times n}$，$Q\in\mathbf{R}^{n\times n}$，$T\in\mathbf{R}^{n\times n}$，$S\in\mathbf{R}^{l\times l}$，矩阵 $K_i\in\mathbf{R}^{m\times n}$ 使得矩阵不等式成立

$$\begin{bmatrix}\Xi & PA_{hi} & PB_iK_j & PG_i\\ * & -Q & 0 & 0\\ * & * & -T & 0\\ * & * & * & -\alpha S\end{bmatrix}<0\tag{4.9}$$

$$\frac{c_1(\lambda_{\max}(\tilde{\boldsymbol{P}})+h\lambda_{\max}(\tilde{\boldsymbol{Q}})+\tau\lambda_{\max}(\tilde{\boldsymbol{T}}))+d\lambda_{\max}(\boldsymbol{S})(1-\mathrm{e}^{-\alpha T})}{\lambda_{\min}(\tilde{\boldsymbol{P}})}<c_2\mathrm{e}^{-\alpha T},\tag{4.10}$$

其中，$\boldsymbol{\Xi}=\boldsymbol{PA}_i+\boldsymbol{A}_i^{\mathrm{T}}\boldsymbol{P}+\boldsymbol{Q}+\boldsymbol{T}-\alpha\boldsymbol{P}$，$\tilde{\boldsymbol{P}}=\boldsymbol{R}^{-1/2}\boldsymbol{PR}^{-1/2}$，$\tilde{\boldsymbol{Q}}=\boldsymbol{R}^{-1/2}\boldsymbol{QR}^{-1/2}$，$\tilde{\boldsymbol{T}}=\boldsymbol{R}^{-1/2}\boldsymbol{TR}^{-1/2}$，$\lambda_{\max}(\cdot)$ 和 $\lambda_{\min}(\cdot)$ 分别代表矩阵的最大、最小特征值，则时延网络系统（4.6）可以通过状态反馈实现 $(c_1,c_2,T,\boldsymbol{R},d)$ 有限时间稳定。

证明：对系统（4.6），构造 Lyapunov 泛函：

$$\boldsymbol{V}(\boldsymbol{x}(t))=:\boldsymbol{x}^{\mathrm{T}}(t)\boldsymbol{Px}(t)+\int_{t-h}^{t}\boldsymbol{x}^{\mathrm{T}}(\theta)\boldsymbol{Qx}(\theta)\mathrm{d}\theta+\int_{t-\tau}^{t}\boldsymbol{x}^{\mathrm{T}}(\theta)\boldsymbol{Tx}(\theta)\mathrm{d}\theta,\tag{4.11}$$

沿系统（4.6）的状态变化轨迹，$\boldsymbol{V}(\boldsymbol{x}(t))$ 导数如下

$$\begin{aligned}\dot{\boldsymbol{V}}(\boldsymbol{x}(t))&=2\boldsymbol{x}^{\mathrm{T}}(t)\boldsymbol{P}\dot{\boldsymbol{x}}(t)+\boldsymbol{x}^{\mathrm{T}}(t)\boldsymbol{Qx}(t)-\boldsymbol{x}^{\mathrm{T}}(t-h)\boldsymbol{Qx}(t-h)+\\&\quad\boldsymbol{x}^{\mathrm{T}}(t)\boldsymbol{Tx}(t)-\boldsymbol{x}^{\mathrm{T}}(t-\tau)\boldsymbol{Tx}(t-\tau)\\&=\sum_{i=1}^{r}\sum_{j=1}^{r}\boldsymbol{\mu}_i(z(t))\boldsymbol{\mu}_j(z(t))\{\boldsymbol{x}^{\mathrm{T}}(t)[\boldsymbol{PA}_i+\boldsymbol{A}_i^{\mathrm{T}}\boldsymbol{P}+\boldsymbol{Q}+\boldsymbol{T}]\boldsymbol{x}(t)+\\&\quad 2\boldsymbol{x}^{\mathrm{T}}(t)\boldsymbol{PA}_{hi}\boldsymbol{x}(t-h)+2\boldsymbol{x}^{\mathrm{T}}(t)\boldsymbol{PB}_i\boldsymbol{K}_j(t-\tau)+2\boldsymbol{x}^{\mathrm{T}}(t)\boldsymbol{PG}_i\boldsymbol{\omega}(t)-\\&\quad\boldsymbol{x}^{\mathrm{T}}(t-h)\boldsymbol{Qx}(t-h)-\boldsymbol{x}^{\mathrm{T}}(t-\tau)\boldsymbol{Tx}(t-\tau)\}\\&=\sum_{i=1}^{r}\sum_{j=1}^{r}\boldsymbol{\mu}_i(z(t))\boldsymbol{\mu}_j(z(t))\begin{bmatrix}\boldsymbol{x}(t)\\\boldsymbol{x}(t-h)\\\boldsymbol{x}(t-\tau)\\\boldsymbol{\omega}(t)\end{bmatrix}^{\mathrm{T}}\boldsymbol{\Pi}\begin{bmatrix}\boldsymbol{x}(t)\\\boldsymbol{x}(t-h)\\\boldsymbol{x}(t-\tau)\\\boldsymbol{\omega}(t)\end{bmatrix},\end{aligned}$$

其中，

$$\boldsymbol{\Pi}=\begin{bmatrix}\boldsymbol{PA}_i+\boldsymbol{A}_i^{\mathrm{T}}\boldsymbol{P}+\boldsymbol{Q}+\boldsymbol{T}&\boldsymbol{PA}_{hi}&\boldsymbol{PB}_i\boldsymbol{K}_j&\boldsymbol{PG}_i\\ *&-\boldsymbol{Q}&\boldsymbol{0}&\boldsymbol{0}\\ *&*&-\boldsymbol{T}&\boldsymbol{0}\\ *&*&*&\boldsymbol{0}\end{bmatrix},$$

由条件（4.9），可得

$$\dot{\boldsymbol{V}}(x(t))<\alpha\boldsymbol{x}^{\mathrm{T}}(t)\boldsymbol{Px}(t)+\alpha\boldsymbol{\omega}^{\mathrm{T}}(t)\boldsymbol{S\omega}(t)<\alpha\boldsymbol{V}(\boldsymbol{x}(t))+\alpha\boldsymbol{\omega}^{\mathrm{T}}(t)\boldsymbol{S\omega}(t),\tag{4.12}$$

在不等式（4.12）两边同时乘以 $\mathrm{e}^{-\alpha t}$，得到

$$\mathrm{e}^{-\alpha t}\dot{\boldsymbol{V}}(\boldsymbol{x}(t))-\mathrm{e}^{-\alpha t}\alpha\boldsymbol{V}(\boldsymbol{x}(t))<\alpha\mathrm{e}^{-\alpha t}\boldsymbol{\omega}^{\mathrm{T}}(t)\boldsymbol{S\omega}(t),$$

从而

$$\frac{\mathrm{d}}{\mathrm{d}t}(\mathrm{e}^{-\alpha t}\boldsymbol{V}(\boldsymbol{x}(t))) < \alpha\mathrm{e}^{-\alpha t}\boldsymbol{\omega}^{\mathrm{T}}(t)\boldsymbol{S}\boldsymbol{\omega}(t),$$

对上式两边从 0 到 $t \in [0,T]$ 进行积分，得到

$$\mathrm{e}^{-\alpha t}\boldsymbol{V}(\boldsymbol{x}(t)) - \boldsymbol{V}(\boldsymbol{x}(0)) < \int_0^t \alpha\mathrm{e}^{-\alpha\theta}\boldsymbol{\omega}^{\mathrm{T}}(\theta)\boldsymbol{S}\boldsymbol{\omega}(\theta)\mathrm{d}\theta, \tag{4.13}$$

由于 $\alpha \geqslant 0$, $\tilde{\boldsymbol{P}} = \boldsymbol{R}^{-1/2}\boldsymbol{P}\boldsymbol{R}^{-1/2}$, $\tilde{\boldsymbol{Q}} = \boldsymbol{R}^{-1/2}\boldsymbol{Q}\boldsymbol{R}^{-1/2}$, $\tilde{\boldsymbol{T}} = \boldsymbol{R}^{-1/2}\boldsymbol{T}\boldsymbol{R}^{-1/2}$ ，容易得到如下式子

$$\begin{aligned}
\boldsymbol{x}^{\mathrm{T}}(t)\boldsymbol{P}\boldsymbol{x}(t) &\leqslant V(\boldsymbol{x}(t)) \\
&< \mathrm{e}^{\alpha t}V(\boldsymbol{x}(0)) + \alpha d\lambda_{\max}(\boldsymbol{S})\mathrm{e}^{\alpha t}\int_0^t \mathrm{e}^{-\alpha\theta}\mathrm{d}\theta \\
&< \mathrm{e}^{\alpha t}[\boldsymbol{x}^{\mathrm{T}}(0)\boldsymbol{P}\boldsymbol{x}(0) + \int_{-h}^0 \boldsymbol{x}^{\mathrm{T}}(\theta)\boldsymbol{Q}\boldsymbol{x}(\theta)\mathrm{d}\theta + \int_{-\tau}^0 \boldsymbol{x}^{\mathrm{T}}(\theta)\boldsymbol{T}\boldsymbol{x}(\theta)\mathrm{d}\theta + \\
&\quad d\lambda_{\max}(\boldsymbol{S})(1 - \mathrm{e}^{-\alpha t})] \\
&< \mathrm{e}^{\alpha t}[\boldsymbol{x}^{\mathrm{T}}(0)\boldsymbol{R}^{1/2}\tilde{\boldsymbol{P}}\boldsymbol{R}^{1/2}x(0) + \int_{-h}^0 \boldsymbol{x}^{\mathrm{T}}(\theta)\boldsymbol{R}^{1/2}\tilde{\boldsymbol{Q}}\boldsymbol{R}^{1/2}x(\theta)\mathrm{d}\theta + \\
&\quad \int_{-\tau}^0 \boldsymbol{x}^{\mathrm{T}}(\theta)\boldsymbol{R}^{1/2}\tilde{\boldsymbol{T}}\boldsymbol{R}^{1/2}x(\theta)\mathrm{d}\theta + d\lambda_{\max}(\boldsymbol{S})(1 - \mathrm{e}^{-\alpha t})] \\
&< \mathrm{e}^{\alpha t}[\lambda_{\max}(\tilde{\boldsymbol{P}})\boldsymbol{x}^{\mathrm{T}}(0)\boldsymbol{R}\boldsymbol{x}(0) + \lambda_{\max}(\tilde{\boldsymbol{Q}})\int_{-h}^0 \boldsymbol{x}^{\mathrm{T}}(\theta)\boldsymbol{R}\boldsymbol{x}(\theta)\mathrm{d}\theta + \\
&\quad \lambda_{\max}(\tilde{T})\int_{-\tau}^0 \boldsymbol{x}^{\mathrm{T}}(\theta)\boldsymbol{R}\boldsymbol{x}(\theta)\mathrm{d}\theta + d\lambda_{\max}(\boldsymbol{S})(1 - \mathrm{e}^{-\alpha t})] \\
&< \mathrm{e}^{\alpha T}[c_1(\lambda_{\max}(\tilde{\boldsymbol{P}}) + h\lambda_{\max}(\tilde{\boldsymbol{Q}}) + \tau\lambda_{\max}(\tilde{\boldsymbol{T}})) + \\
&\quad d\lambda_{\max}(\boldsymbol{S})(1 - \mathrm{e}^{-\alpha t})],
\end{aligned} \tag{4.14}$$

另外，也可以得到

$$\boldsymbol{x}^{\mathrm{T}}(t)\boldsymbol{P}\boldsymbol{x}(t) = \boldsymbol{x}^{\mathrm{T}}(t)\boldsymbol{R}^{1/2}\tilde{\boldsymbol{P}}\boldsymbol{R}^{1/2}x(t) \geqslant \lambda_{\min}(\tilde{\boldsymbol{P}})\boldsymbol{x}^{\mathrm{T}}(t)\boldsymbol{R}\boldsymbol{x}(t), \tag{4.15}$$

由式（4.14）和式（4.15）得到

$$\boldsymbol{x}^{\mathrm{T}}(t)\boldsymbol{R}\boldsymbol{x}(t) < \frac{\mathrm{e}^{\alpha T}[c_1(\lambda_{\max}(\tilde{\boldsymbol{P}}) + h\lambda_{\max}(\tilde{\boldsymbol{Q}}) + \tau\lambda_{\max}(\tilde{\boldsymbol{T}})) + d\lambda_{\max}(\boldsymbol{S})(1 - \mathrm{e}^{-\alpha T})]}{\lambda_{\min}(\tilde{\boldsymbol{P}})}, \tag{4.16}$$

由条件（4.10）和不等式（4.16）可知

$$\boldsymbol{x}^{\mathrm{T}}(t)\boldsymbol{R}\boldsymbol{x}(t) \leqslant c_2, \forall t \in [0,T]。$$

定理 4.2.2 对给定的正数 $c_1, c_2, T(c_1 < c_2)$ 和正定矩阵 $\boldsymbol{R}$ ，如果存在常数 $\alpha \geqslant 0, \lambda_i > 0, i = 1,2,3,4$ ，正定矩阵 $\boldsymbol{X} \in \mathbf{R}^{n\times n}$, $\bar{\boldsymbol{Q}} \in \mathbf{R}^{n\times n}$, $\bar{\boldsymbol{T}} \in \mathbf{R}^{n\times n}$, $\boldsymbol{S} \in \mathbf{R}^{l\times l}$ ，矩阵 $\bar{\boldsymbol{K}} \in \mathbf{R}^{m\times n}$ 使得下面线性矩阵不等式成立

$$\begin{bmatrix} \boldsymbol{\Theta} & \boldsymbol{A}_{hi}\boldsymbol{X} & \boldsymbol{B}_i\bar{\boldsymbol{K}}_j & \boldsymbol{G}_i \\ * & -\bar{\boldsymbol{Q}} & \boldsymbol{0} & \boldsymbol{0} \\ * & * & -\bar{\boldsymbol{T}} & \boldsymbol{0} \\ * & * & * & -\alpha\boldsymbol{S} \end{bmatrix} < 0, \tag{4.17}$$

$$\lambda_1\boldsymbol{R}^{-1} < \boldsymbol{X} < \boldsymbol{R}^{-1}, \tag{4.18}$$

$$\lambda_2\bar{\boldsymbol{Q}} < \lambda_1\boldsymbol{X}, \tag{4.19}$$

$$\lambda_3\bar{\boldsymbol{T}} < \lambda_1\boldsymbol{X}, \tag{4.20}$$

$$0 < \boldsymbol{S} < \lambda_4\boldsymbol{I}, \tag{4.21}$$

$$\begin{bmatrix} d\lambda_4(1-\mathrm{e}^{-\alpha T}) - c_2\mathrm{e}^{-\alpha T} & \sqrt{c_1} & \sqrt{h} & \sqrt{\tau} \\ * & -\lambda_1 & 0 & 0 \\ * & * & -\lambda_2 & 0 \\ * & * & * & -\lambda_3 \end{bmatrix} < 0, \tag{4.22}$$

其中，

$$\boldsymbol{\Theta} = \boldsymbol{A}_i\boldsymbol{X} + \boldsymbol{X}\boldsymbol{A}_i^{\mathrm{T}} + \bar{\boldsymbol{Q}} + \bar{\boldsymbol{T}} - \alpha\boldsymbol{X},$$

则时延网络系统（4.6）在状态反馈控制 $\boldsymbol{u}(t) = \bar{\boldsymbol{K}}\boldsymbol{X}^{-1}\boldsymbol{x}(t)$ 作用下是 $(c_1, c_2, T, \boldsymbol{R}, d)$ 有限时间稳定的。

证明：用对角阵 $\mathrm{diag}\{\boldsymbol{P}^{-1}, \boldsymbol{P}^{-1}, \boldsymbol{P}^{-1}, \boldsymbol{I}\}$ 左乘和右乘不等式（4.9），得到

$$\begin{bmatrix} \boldsymbol{\Sigma} & \boldsymbol{A}_{hi}\boldsymbol{P}^{-1} & \boldsymbol{B}_i\boldsymbol{K}_j\boldsymbol{P}^{-1} & \boldsymbol{G}_i \\ * & -\boldsymbol{P}^{-1}\boldsymbol{Q}\boldsymbol{P}^{-1} & \boldsymbol{0} & \boldsymbol{0} \\ * & * & -\boldsymbol{P}^{-1}\boldsymbol{T}\boldsymbol{P}^{-1} & \boldsymbol{0} \\ * & * & * & -\alpha\boldsymbol{S} \end{bmatrix} < 0, \tag{4.23}$$

其中，

$$\boldsymbol{\Sigma} = \boldsymbol{A}_i\boldsymbol{P}^{-1} + \boldsymbol{P}^{-1}\boldsymbol{A}_i^{\mathrm{T}} + \boldsymbol{P}^{-1}\boldsymbol{Q}\boldsymbol{P}^{-1} + \boldsymbol{P}^{-1}\boldsymbol{T}\boldsymbol{P}^{-1} - \alpha\boldsymbol{P}^{-1}。$$

令 $\boldsymbol{X} = \boldsymbol{P}^{-1}, \bar{\boldsymbol{K}}_j = \boldsymbol{K}_j\boldsymbol{P}^{-1}, \bar{\boldsymbol{Q}} = \boldsymbol{P}^{-1}\boldsymbol{Q}\boldsymbol{P}^{-1}, \bar{\boldsymbol{T}} = \boldsymbol{P}^{-1}\boldsymbol{T}\boldsymbol{P}^{-1}$，则不等式（4.23）等价于不等式（4.17）。

另外，令 $\tilde{\boldsymbol{X}} = \boldsymbol{R}^{-1/2}\boldsymbol{X}\boldsymbol{R}^{-1/2}, \tilde{\boldsymbol{Q}} = \boldsymbol{R}^{-1/2}\boldsymbol{Q}\boldsymbol{R}^{-1/2}, \tilde{\boldsymbol{T}} = \boldsymbol{R}^{-1/2}\boldsymbol{T}\boldsymbol{R}^{-1/2}$，由于 $\boldsymbol{R}$ 是正定矩阵，所以有

$$\lambda_{\max}(\boldsymbol{X}) = \frac{1}{\lambda_{\min}(\boldsymbol{P})},$$

由不等式（4.18）—式(4.21) 可知

$$1 < \lambda_{\min}(\tilde{\boldsymbol{P}}), \lambda_{\max}(\tilde{\boldsymbol{P}}) < \frac{1}{\lambda_1}, \lambda_{\max}(\tilde{\boldsymbol{Q}}) < \frac{\lambda_1}{\lambda_2}\lambda_{\max}(\tilde{\boldsymbol{P}}),$$

$$\lambda_{\max}(\tilde{\boldsymbol{T}}) < \frac{\lambda_1}{\lambda_3}\lambda_{\max}(\tilde{\boldsymbol{P}}),\lambda_{\max}(\boldsymbol{S}) < \lambda_4。\tag{4.24}$$

由引理2.1.1可知不等式（4.22）等价于

$$d\lambda_4(1-\mathrm{e}^{-\alpha T}) - c_2\mathrm{e}^{-\alpha T} + \frac{c_1}{\lambda_1} + \frac{h}{\lambda_2} + \frac{\tau}{\lambda_3} < 0,\tag{4.25}$$

由不等式（4.24）和条件（4.10）可得

$$\frac{c_1[\lambda_{\max}(\tilde{\boldsymbol{P}}) + h\lambda_{\max}(\tilde{\boldsymbol{Q}}) + \tau\lambda_{\max}(\tilde{\boldsymbol{T}})] + d\lambda_{\max}(\boldsymbol{S})(1-\mathrm{e}^{-\alpha T})}{\lambda_{\min}(\tilde{\boldsymbol{P}})}$$

$$< d\lambda_4(1-\mathrm{e}^{-\alpha T}) + \frac{c_1}{\lambda_1} + \frac{h}{\lambda_2} + \frac{\tau}{\lambda_3},\tag{4.26}$$

把不等式（4.25）代入不等式（4.26）可知不等式（4.10）成立。

注　可以看到，定理4.2.1和定理4.2.2中的条件对于α,c_2都不是线性的，因为它们以非线性方式出现。然而，一旦固定α，它们可以变成基于LMIS的可行性问题，可以通过MATLAB进行求解。

4.3　数值算例

考虑形如（4.6）的非线性网络系统

$$\dot{\boldsymbol{x}}(t) = \sum_i^2 \mu_i(z(t))[\boldsymbol{A}_i\boldsymbol{x}(t) + \boldsymbol{A}_{hi}\boldsymbol{x}(t-h) + \boldsymbol{B}_i\boldsymbol{u}(t-\tau) + \boldsymbol{G}_i\boldsymbol{\omega}(t)],$$

$$\boldsymbol{x}(t) = \boldsymbol{\psi}(t), t \in [-\bar{h},0],$$

其中，

$$\boldsymbol{A}_1 = \begin{bmatrix} -7 & 1 \\ 0 & -5 \end{bmatrix},\boldsymbol{A}_2 = \begin{bmatrix} 2 & -2 \\ -1 & 0 \end{bmatrix},\boldsymbol{A}_{h1} = \begin{bmatrix} -1 & 5 \\ -0.1 & -3 \end{bmatrix},$$

$$\boldsymbol{A}_{h2} = \begin{bmatrix} 2 & 0.1 \\ -0.2 & -1 \end{bmatrix},\boldsymbol{B}_1 = \begin{bmatrix} 0.1 \\ 1 \end{bmatrix},\boldsymbol{B}_2 = \begin{bmatrix} 0 \\ 1 \end{bmatrix},\boldsymbol{\omega}(t) = 0.2\sin t,$$

$$\boldsymbol{G}_1 = \begin{bmatrix} 0.1 \\ 0 \end{bmatrix},\boldsymbol{G}_2 = \begin{bmatrix} 0 \\ 0.2 \end{bmatrix},h = 0.2,$$

$$\tau = 0.5,\bar{h} = 0.5。$$

求解线性矩阵不等式（4.17），可以得到增益矩阵

$$\boldsymbol{K}_1 = \bar{\boldsymbol{K}}_1\bar{\boldsymbol{P}}^{-1} = (-2.3845,0.1345),$$

$$\boldsymbol{K}_2 = \bar{\boldsymbol{K}}_2\bar{\boldsymbol{P}}^{-1} = (2.6778,-3.2143)。$$

利用定理4.2.2中的状态反馈控制器（4.5），并选择初始条件为

$$\boldsymbol{\psi}(0) = (1, -3)^{\mathrm{T}},$$

仿真结果如图4.1和图4.2所示。

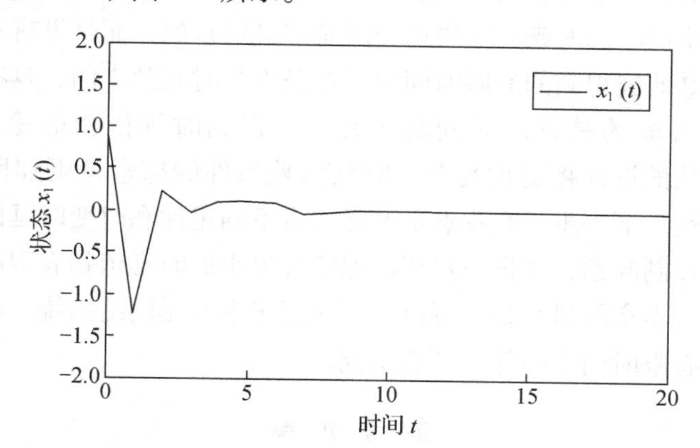

图4.1　系统状态 $x_1(t)$ 的仿真结果

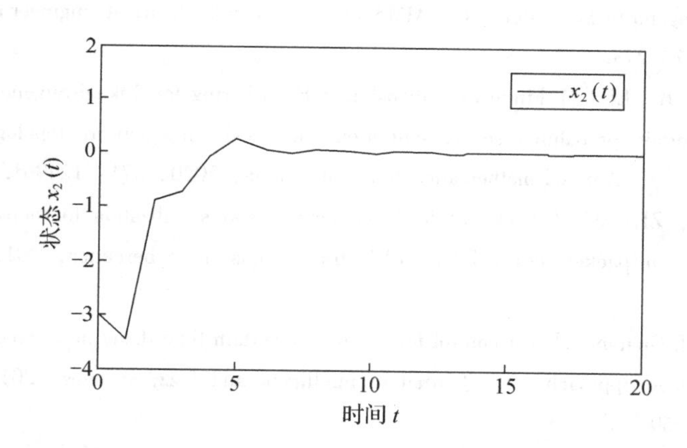

图4.2　系统状态 $x_2(t)$ 的仿真结果

在图4.1和图4.2中，可以看到本章设计的状态反馈控制器可以很好地使得系统状态在有限时间内稳定。

4.4　小结

本章针对一类基于网络的非线性系统，利用模糊系统建模方法和有限时间控制设计技术，给出了非线性网络系统模糊建模与有限时间控制的设计方法。以线性矩阵不等式形式给出了系统有限时间稳定的充分条件，可以利用MATLAB工具进行求解，具有较强的实际应用价值。本章研究的不足在于：①被控系统中的状态时延和网络诱导时延都是定常的，而且没有考虑不确定性的影响；②研究得到的有限时间稳定性条件是时延独立的，具有一定的保守性。由于考虑的是有限时间稳定性，要得到时延依赖的稳定性条件，Lyapunov函数的设计将更加复杂，时延依赖条件的探索将更加困难，具有一定的挑战性。下一步研究重点是考虑带有不确定性和时变时延的网络系统的有限时间控制问题，并进一步探索保守性更小的时延依赖有限时间稳定性条件。另外，本章的研究结果可以推广应用于多时延网络系统，数据丢失的网络系统的有限时间控制等问题的研究。

参考文献

[1] YONEYAMA J. H_∞ Disturbance attenuation of nonlinear networked control systems via Takagi-Sugeno fuzzy model [J]. AIMS electronics and electrical engineering, 2019, 3 (3): 257-273.

[2] DUAN R R, LI J M. Finite-time distributed H_∞ filtering for Takagi-Sugeno fuzzy system with uncertain probability sensor saturation under switching network topology: Non-PDC approach [J]. Applied mathematics and computation, 2020, 371: 124961.

[3] QI Q Y, ZHANG H S. Output feedback control and stabilization for networked control systems with packet losses [J]. IEEE transactions on cybernetics, 2017, 47 (8): 1-12.

[4] YAO H J. Guaranteed cost control for discrete uncertain time delay networked systems with sliding mode approach [J]. Journal of intelligent and fuzzy systems, 2018, 35 (4): 3959-3969.

[5] SELIVANOV A, FRIDMAN E. Observer-based input-to-state stabilization of networked control systems with large uncertain delays [J]. Automatica, 2016, 74: 63-70.

[6] WANG T B, WANG Y L, WANG H, et al. Observer-based H_∞ control for continuous-time networked control systems [J]. Asian journal of control, 2016, 18 (2): 581-594.

[7] WANG Y L, YU S H. An improved dynamic quantization scheme for uncertain linear networked control systems [J]. Automatica, 2018, 92: 244-248.

[8] YAN S, SHEN M Q, ZHANG G M. Extended event-driven observer-based output control of networked control systems [J]. Nonlinear dynamics, 2016, 86 (3): 1-10.

[9] HE S P, XU H L. Non-fragile finite-time filter design for time-delayed Markovian jumping

systems via T-S fuzzy model approach [J]. Nonlinear dynamic, 2015, 80: 1159 - 1171.

[10] HIEN L V, TRINH H. Stability analysis and control of two-dimensional fuzzy systems with directional time-varying delays [J]. IEEE transactions on fuzzy systems, 2018, 26 (3): 1550 - 1564.

[11] XIAO H Q, HE Y, WU M, et al. New results on H_∞ tracking control for sampled-data networked control systems in T-S fuzzy model [J]. IEEE transactions on fuzzy systems, 2015, 23 (6): 1 - 11.

[12] MAHMOUD M. Fuzzy networked control systems with communication constraints [J]. Journal of mathematical control & information, 2018, 34 (2): 543 - 564.

[13] ZHANG D W, ZHOU Z Y, JIA X C. Networked fuzzy output feedback control for discrete-time Takagi-Sugeno fuzzy systems with sensor saturation and measurement noise [J]. Information sciences, 2018, 457: 182 - 194.

[14] CHEN X, ZHOU G, TIAN F, et al. Finite-time control of uncertain networked switched linear systems with quantizations [C] //Seventh International Conference on Electronics and Information Engineering, 2017, 10322.

[15] HUA C C, YU S C, GUAN X P. Finite-time control for a class of networked control systems with short time-varying delays and sampling jitter [J]. International journal of automation and computing, 2015 (4): 448 - 454.

[16] ELAHI A, ALFI A. Finite-time H_∞ control of uncertain networked control systems with randomly varying communication delays [J]. ISA transactions, 2017, 69: 65 - 88.

第 5 章　不确定时延离散网络系统的变结构保成本控制

通过网络进行信息交换并实现系统控制的系统称为网络控制系统[1-3]。由于网络的引入，网络系统具有许多具有吸引力的优点（如资源利用率高，对重量、空间、功率和布线的要求低等），这促使了网络控制系统成为控制界研究的热点[4-7]。也正因为此，网络系统被广泛地应用于过程控制、远程控制、遥操作、机器人等领域。然而，由于网络系统通过网络进行信息交换，控制器和远程系统之间的数据传输（例如分布式控制系统中的传感器和执行器），除了数据处理过程产生的时间延迟外，还常常会引起网络延迟。时延的产生往往会使得系统变得不稳定甚至不可控，对此近年来出现了众多处理网络时延的有效方法。例如，参考文献［8］在考虑传感器到控制器信道中的丢包和网络诱导时延以及控制器到执行器信道中的网络诱导时延的基础上，采用控制器输入到达时刻的非均匀分布特性建立了连续时间网络系统的新模型。利用基于线性估计的输出估计方法和 Lyapunov 函数，提出了新的控制器设计方法。参考文献［9］研究了一类具有短时变时延和抖振的网络系统的有限时间控制问题。在将闭环网络系统描述为离散时间线性系统模型的基础上，提出了一种鲁棒控制方法得到了系统有限时间稳定性条件和控制设计策略。Xie 等[10]在同时考虑网络时延和数据丢失的情况下，研究了不确定网络系统的状态反馈保性能控制问题。利用矩阵不等式方法得到了保成本控制存在的充分条件，并利用线性矩阵不等式把得到的充分条件转化为可解的线性矩阵不等式，从而给出了状态反馈控制器的设计方法。

众所周知，基于不连续控制的变结构控制方法是解决鲁棒控制问题的一种有效的方法[11-15]。如果适当的“匹配条件”成立，变结构控制策略可以通过“控制”非线性项和附加扰动来实现系统的控制。然而，当系统出现时延现象时，系统的分析与控制将变得异常复杂。在考虑时延的情况下，变结构控制的使用可能会导致系统出现不稳定或混沌现象，或者至少导致高度抖振现象。为了减弱时延对系统性能的影响，近年来多不确定离散时延系统的变结构控制问题的研究结果不断出现[16-19]。例如，参考文献［20］为了提高系统状态的收敛速度，提出了一种软变结构软控制方法，保证了离散系统的快速和平滑收敛的良好特性，促进了软变结构控制在实际工程控制中的应用。参考文献［21］提出了一种带有扰动的离散系统新的跟踪滑模控制设计策略。该策略使用基于开关型趋近律的设计方法，得到轨迹跟踪策略不仅保证了准滑模的所有性质，而且还保证了准滑模带宽和所有状态变量误差的显著减小。最近，对于带时延的网络系统的变结构控制问题，已经取得了一些成果。例如，参考文献［22］引入相互独立的伯努利分布随机变量，给出了随机网络系统的一种滑模控制策略。通过时延细分方法提出了一种新的时延相关的充分判据，从而保证了滑动运动的稳定性。Liu 等[23]研究了具有半马尔可夫切换和随机测量的网络系统的滑模控制问题。通过设计一个勒贝格观测器对系统状态进行估计，并构造了积分滑动面来保证系统在均方意义下的指数稳定性。Cui 等[24]研究了一类离散网络奇异马尔可夫跳跃系统在丢包情况下的有限时间滑模控制问题。基于延迟细分法和线性矩阵不等式技术，得到了保证滑动运动有限时间稳定的充分条件。

然而，值得关注的是所考虑的系统不包含任何不确定性，并且没有研究保性能控制问题。就笔者所知，离散网络控制系统的变结构保性能控制和优化问题还没有得到研究。基于上述讨论，本书引入了一种新的技术来设计变结构保成本控制器，使具有延迟的离散不确定网络控制系统稳定。基于 Lyapunov 稳定性理论，设计了一种能够补偿时延的滑模流形，并在此基础上设计了变结构保成本控制器。

5.1　问题描述

本章研究通过网络进行闭合的时延被控系统，存在网络诱导时延（传感器到控制器时延、控制器计算时延、控制器到执行器时延之和）的多输入多输出系统。

在实际应用中，由于环境噪声、各种不确定性等多种因素的影响，很难得到精确的数学模型，因此在网络控制系统中不可避免地会出现一些不确定性。因此，在不丧失一般性的情况下，考虑以下具有结构不确定性、状态延迟和网络诱导时延的网络系统：

$$\boldsymbol{x}(k+1)=(\boldsymbol{A}+\Delta\boldsymbol{A}(k))\boldsymbol{x}(k)+(\boldsymbol{A}_d+\Delta\boldsymbol{A}_d(k))\boldsymbol{x}(k-d)+\boldsymbol{B}\boldsymbol{u}(k-\tau),$$

$$x(k) = \phi(k), -h \leqslant k \leqslant 0, \tag{5.1}$$

其中，$A, A_d \in \mathbf{R}^{n\times n}$，$B \in \mathbf{R}^{n\times m}$ 是系统矩阵，$x(k) \in \mathbf{R}^n$ 为系统状态，$u(k) \in \mathbf{R}^m$ 为控制器，d,τ 状态时延和网络诱导时延，$h = \max\{d,\tau\}$。$\phi(k)$ 是定义在 $[-h,0]$ 上的初始状态。其中 $\Delta A(k)$ 和 $\Delta A_d(k)$ 是代表时变不确定性的未知矩阵，并满足

$$[\Delta A(k), \Delta A_d(k)] = DF(k)[E, E_d], \tag{5.2}$$

其中，D, E 和 E_d 是具有合适维数的常数矩阵，$F(k)$ 是未知时变矩阵函数并满足

$$F^{\mathrm{T}}(k)F(k) \leqslant I。$$

注 5.1 参考文献［15］给出了一类没有网络诱导时延的连续网络系统的时延相关稳定性准则。

本章设计了具有状态时延和网络诱导时延的不确定离散网络系统的变结构保成本控制器。由于实际的工程网络不可避免会出现网络诱导时延，因此本章的研究对象更贴近工程实际。

对系统（5.1）进行整理得到

$$x(k+1) = Ax(k) + A_d x(k-d) + Bu(k-\tau) + f(k), \tag{5.3}$$

其中，

$$\begin{aligned} f(k) &= \Delta A(k)x(k) + \Delta A_d(k)x(k-d) \\ &= DF(k)Ex(k) + DF(k)E_d x(k-d), \end{aligned}$$

而且

$$\|f(k)\| \leqslant \|DE\|\|x(k)\| + \|DE_d\|\|x(k-d)\|。$$

5.2 变结构保成本控制设计

本节首先主要完成两项工作：一是带有补偿器的滑模流形的设计；二是变结构保成本控制的设计，并且保性能控制器和最大成本值都满足以下 2 个条件：

（1）闭环系统是渐近稳定的。

（2）成本函数小于最大成本值。

5.2.1 滑模控制器的设计

本小节给出了一种新的滑模流形和变结构控制器设计方法。构造以下滑

模流形

$$s(k) = Cx(k) + \sum_{i=k-\tau}^{k-1} CBu(i) + \Gamma(k), \tag{5.4}$$

其中，C 是具有合适维数的常数矩阵使得矩阵 CB 是非奇异的，$\Gamma(k)$ 满足

$$\Gamma(k+1) = \Gamma(k) - C(A - BK)x(k) - CA_d x(k-d) + Cx(k),$$

其中，K 是一个待定的常数矩阵。

注 5.2　在5.2.1小节中，通过引入一个离散补偿器 $\Gamma(k)$，构造了一种用于离散网络控制系统的新型滑模流形（5.4）。在等效控制器的设计过程中，该补偿器对网络诱导时延进行了有效处理。

本章引用文献［14］中的到达条件

$$s^{\mathrm{T}}(k)\Delta s(k) < 0, \tag{5.5}$$

其中，$\Delta s(k)$ 是 $s(k)$ 的前向差分。

为了获得等效控制器，给出系统（5.3）的名义系统

$$x(k+1) = Ax(k) + A_d x(k-d) + Bu(k-\tau), \tag{5.6}$$

由系统（5.6）可得 $s(k)$ 的前向差分为

$$\begin{aligned} \Delta s(k) &= s(k+1) - s(k) \\ &= CAx(k) + CA_d x(k-d) + CBu(k-\tau) + CBu(k) - \\ &\quad CBu(k-\tau) - Cx(k) - C(A - BK)x(k) - CA_d x(k-d) + Cx(k) \\ &= CBu(k) + CBKx(k), \end{aligned}$$

如果 $\Delta s(k) = s(k+1) - s(k) = 0$，由上述方程可以得到等效控制器

$$u_{eq}(k) = -Kx(k)。 \tag{5.7}$$

定理 5.2.1　对于不确定时延离散网络系统（5.3），设计控制器

$$u(k) = u_{eq}(k) + u_N(k), \tag{5.8}$$

其中，

$$\begin{aligned} u_N(k) = &-(CB)^{-1}(\eta s(k) + \\ &(\|DE\|\|x(k)\|\|C\| + \|DE_d\|\|x(k-d)\|\|C\| + \varepsilon)\operatorname{sgn}(s(k))), \end{aligned}$$

η, ε 是正常数，则系统状态在有限时间内到达并保持在滑模流形（5.4）上。

证明：由滑模流形（5.4）和系统方程（5.3），可得

$$\begin{aligned} s^{\mathrm{T}}(k)\Delta s(k) &= s^{\mathrm{T}}(k)[s(k+1) - s(k)] \\ &= s^{\mathrm{T}}(k)[Cx(k+1) + \sum_{i=k+1-\tau}^{k} CBu(i) + \Gamma(k+1) - \\ &\quad Cx(k) - \sum_{i=k-\tau}^{k-1} CBu(i) - \Gamma(k)] \end{aligned}$$

$$
\begin{aligned}
&= \boldsymbol{s}^{\mathrm{T}}(k)[\boldsymbol{CAx}(k) + \boldsymbol{CA}_d\boldsymbol{x}(k-d) + \boldsymbol{CBu}(k-\tau) + \boldsymbol{Cf}(k) + \\
&\quad \boldsymbol{CBu}(k) - \boldsymbol{CBu}(k-\tau) - \boldsymbol{C}(\boldsymbol{A}-\boldsymbol{BK})\boldsymbol{x}(k) - \boldsymbol{CA}_d\boldsymbol{x}(k-d) + \\
&\quad \boldsymbol{Cx}(k) - \boldsymbol{Cx}(k)] \\
&= \boldsymbol{s}^{\mathrm{T}}(k)[\boldsymbol{Cf}(k) + \boldsymbol{CBu}(k) + \boldsymbol{CBKx}(k)]
\end{aligned}
$$

把控制器（5.8）代入上式得到

$$
\begin{aligned}
\boldsymbol{s}^{\mathrm{T}}(k)\Delta\boldsymbol{s}(k) &= \boldsymbol{s}^{\mathrm{T}}(k)[\boldsymbol{Cf}(k) + \boldsymbol{CBu}_{eq}(k) + \boldsymbol{CBu}_N(k) + \boldsymbol{CBKx}(k)] \\
&= \boldsymbol{s}^{\mathrm{T}}(k)[\boldsymbol{CDF}(k)\boldsymbol{Ex}(k) + \boldsymbol{CDF}(k)\boldsymbol{E}_d\boldsymbol{x}(k-d) - \eta\boldsymbol{s}(k) - \\
&\quad (\|\boldsymbol{DE}\|\|\boldsymbol{x}(k)\|\|\boldsymbol{C}\| + \|\boldsymbol{DE}_d\|\|\boldsymbol{x}(k-d)\|\|\boldsymbol{C}\| + \varepsilon)\operatorname{sgn}(\boldsymbol{s}(k))] \\
&\leqslant -\eta\boldsymbol{s}^{\mathrm{T}}(k)\boldsymbol{s}(k) - \varepsilon\boldsymbol{s}^{\mathrm{T}}(k)\operatorname{sgn}(\boldsymbol{s}(k)) \\
&= -\eta\|\boldsymbol{s}(k)\|^2 - \varepsilon\|\boldsymbol{s}(k)\| \\
&< 0,
\end{aligned}
$$

由上述不等式可知，到达条件（5.5）满足，结论成立。

注 5.3 对于离散系统，理想的滑动模态往往不存在，针对离散系统的准滑动模态控制则是使一定范围内的状态点均被吸引至切换面的邻域内。定理 5.2.1 中设计的变结构控制正是能保证系统状态在切换面的邻域内进行结构变换，频繁穿越滑动模态的同时，在切换面的领域内趋近于原点的邻域内。

注 5.4 本章研究的重点是设计能补偿时延的滑动模态和变结构保成本控制。准滑动模态中系统状态出现的抖振现象不是本文研究的重点，定理 5.2.1 中设计的控制器只是保证了系统的收敛性，对收敛过程中减少抖振现象没有过多涉及。

5.2.2 滑模流形的稳定性及变结构保成本控制器设计

由等效控制器（5.7）和系统方程（5.2），得到了滑模方程

$$
\boldsymbol{x}(k+1) = \bar{\boldsymbol{A}}\boldsymbol{x}(k) + \bar{\boldsymbol{A}}_d\boldsymbol{x}(k-d) + \bar{\boldsymbol{B}}\boldsymbol{x}(k-\tau), \tag{5.9}
$$

其中，

$$
\bar{\boldsymbol{A}} = \boldsymbol{A} + \boldsymbol{DF}(k)\boldsymbol{E}, \bar{\boldsymbol{A}}_d = \boldsymbol{A}_d + \boldsymbol{DF}(k)\boldsymbol{E}_d, \bar{\boldsymbol{B}} = -\boldsymbol{BK}。
$$

定义以下性能函数；

$$
J = \sum_{i=0}^{\infty} \boldsymbol{x}^{\mathrm{T}}(i)\boldsymbol{Qx}(i), \tag{5.10}
$$

其中，$\boldsymbol{Q} \in \mathbf{R}^{n\times n}$ 是正定矩阵。

定理 5.2.2 如果存在正定矩阵 $\boldsymbol{P},\boldsymbol{R},\boldsymbol{T},\boldsymbol{Q} \in \mathbf{R}^{n\times n}$，矩阵 $\boldsymbol{K} \in \mathbf{R}^{m\times n}$ 使下

面矩阵不等式成立

$$\boldsymbol{\Theta}=\begin{bmatrix}\boldsymbol{\psi}_{11} & \boldsymbol{\psi}_{12} & \boldsymbol{\psi}_{13}\\ * & \boldsymbol{\psi}_{22} & \boldsymbol{\psi}_{23}\\ * & * & \boldsymbol{\psi}_{33}\end{bmatrix}<0 \tag{5.11}$$

其中，

$$\boldsymbol{\psi}_{11}=\bar{\boldsymbol{A}}^{\mathrm{T}}(\boldsymbol{P}+\boldsymbol{R}+\boldsymbol{T})\bar{\boldsymbol{A}}-\boldsymbol{P}+\boldsymbol{Q},\ \boldsymbol{\psi}_{12}=\bar{\boldsymbol{A}}^{\mathrm{T}}(\boldsymbol{P}+\boldsymbol{R}+\boldsymbol{T})\bar{\boldsymbol{A}}_d,$$
$$\boldsymbol{\psi}_{13}=\bar{\boldsymbol{A}}^{\mathrm{T}}(\boldsymbol{P}+\boldsymbol{R}+\boldsymbol{T})\bar{\boldsymbol{B}},\ \boldsymbol{\psi}_{22}=\bar{\boldsymbol{A}}_d^{\mathrm{T}}(\boldsymbol{P}+\boldsymbol{R}+\boldsymbol{T})\bar{\boldsymbol{A}}_d-\boldsymbol{R},$$
$$\boldsymbol{\psi}_{23}=\bar{\boldsymbol{A}}_d^{\mathrm{T}}(\boldsymbol{P}+\boldsymbol{R}+\boldsymbol{T})\bar{\boldsymbol{B}},\ \boldsymbol{\psi}_{33}=\bar{\boldsymbol{B}}^{\mathrm{T}}(\boldsymbol{P}+\boldsymbol{R}+\boldsymbol{T})\bar{\boldsymbol{B}}-\boldsymbol{T}。$$

则滑模方程（5.9）是渐近稳定的，并且控制器 $\boldsymbol{u}_{eq}(k)=-\boldsymbol{K}\boldsymbol{x}(k)$ 是滑模方程（5.9）的保成本控制满足

$$J\leqslant J^*$$

其中，

$$J^*=\boldsymbol{\phi}^{\mathrm{T}}(0)(\boldsymbol{P}+d\boldsymbol{R}+\tau\boldsymbol{T})\boldsymbol{\phi}(0)。$$

证明：对滑模方程（5.9）构造以下 Lyapunov 函数

$$\boldsymbol{V}(k)=\boldsymbol{x}^{\mathrm{T}}(k)\boldsymbol{P}\boldsymbol{x}(k)+\sum_{i=k-d}^{k}\boldsymbol{x}^{\mathrm{T}}(i)\boldsymbol{R}\boldsymbol{x}(i)+\sum_{i=k-\tau}^{k}\boldsymbol{x}^{\mathrm{T}}(i)\boldsymbol{T}\boldsymbol{x}(i),$$

其中，$\boldsymbol{P}$，$\boldsymbol{R}$ 和 $\boldsymbol{T}$ 是定理 5.2.2 中的正定矩阵。

显然，$\boldsymbol{V}(k)>0$ 对于所有 $\boldsymbol{x}(k)\neq 0$ 来说，沿滑模方程（5.9）的状态轨迹，$V(k)$ 的前向差为

$$\begin{aligned}\Delta\boldsymbol{V}(k)&=\boldsymbol{V}(k+1)-\boldsymbol{V}(k)\\&=[\bar{\boldsymbol{A}}\boldsymbol{x}(k)+\bar{\boldsymbol{A}}_d(k-d)+\bar{\boldsymbol{B}}\boldsymbol{x}(k-\tau)]^{\mathrm{T}}(\boldsymbol{P}+\boldsymbol{R}+\boldsymbol{T})[\bar{\boldsymbol{A}}\boldsymbol{x}(k)+\\&\quad\bar{\boldsymbol{A}}_d(k-d)+\bar{\boldsymbol{B}}\boldsymbol{x}(k-\tau)]-\boldsymbol{x}^{\mathrm{T}}(k-d)\boldsymbol{R}\boldsymbol{x}(k-d)-\\&\quad\boldsymbol{x}^{\mathrm{T}}(k-\tau)\boldsymbol{T}\boldsymbol{x}(k-\tau)-\boldsymbol{x}^{\mathrm{T}}(k)\boldsymbol{P}\boldsymbol{x}(k)\\&=\boldsymbol{\xi}^{\mathrm{T}}\boldsymbol{\Theta}\boldsymbol{\xi}-\boldsymbol{x}^{\mathrm{T}}(k)\boldsymbol{Q}\boldsymbol{x}(k),\end{aligned} \tag{5.12}$$

其中，

$$\boldsymbol{\xi}=[\boldsymbol{x}(k),\boldsymbol{x}(k-d),\boldsymbol{x}(k-\tau)]^{\mathrm{T}},$$

$$\boldsymbol{\Theta}=\begin{bmatrix}\boldsymbol{\psi}_{11} & \boldsymbol{\psi}_{12} & \boldsymbol{\psi}_{13}\\ * & \boldsymbol{\psi}_{22} & \boldsymbol{\psi}_{23}\\ * & * & \boldsymbol{\psi}_{33}\end{bmatrix},$$

$$\boldsymbol{\psi}_{11}=\bar{\boldsymbol{A}}^{\mathrm{T}}(\boldsymbol{P}+\boldsymbol{R}+\boldsymbol{T})\bar{\boldsymbol{A}}-\boldsymbol{P}+\boldsymbol{Q},\quad \boldsymbol{\psi}_{12}=\bar{\boldsymbol{A}}^{\mathrm{T}}(\boldsymbol{P}+\boldsymbol{R}+\boldsymbol{T})\bar{\boldsymbol{A}}_d,$$

$$\boldsymbol{\psi}_{13}=\bar{\boldsymbol{A}}^{\mathrm{T}}(\boldsymbol{P}+\boldsymbol{R}+\boldsymbol{T})\bar{\boldsymbol{B}},\quad \boldsymbol{\psi}_{22}=\bar{\boldsymbol{A}}_d^{\mathrm{T}}(\boldsymbol{P}+\boldsymbol{R}+\boldsymbol{T})\bar{\boldsymbol{A}}_d-\boldsymbol{R},$$

$$\boldsymbol{\psi}_{23}=\bar{\boldsymbol{A}}_d^{\mathrm{T}}(\boldsymbol{P}+\boldsymbol{R}+\boldsymbol{T})\bar{\boldsymbol{B}},\quad \boldsymbol{\psi}_{33}=\bar{\boldsymbol{B}}^{\mathrm{T}}(\boldsymbol{P}+\boldsymbol{R}+\boldsymbol{T})\bar{\boldsymbol{B}}-\boldsymbol{T}。$$

由方程（5.12）和条件（5.11），可以得到

$$\Delta \boldsymbol{V}(k)=\boldsymbol{V}(k+1)-\boldsymbol{V}(k)=\boldsymbol{\xi}^{\mathrm{T}}\boldsymbol{\Theta}\boldsymbol{\xi}-\boldsymbol{x}^{\mathrm{T}}(k)\boldsymbol{Q}\boldsymbol{x}(k)<0,$$

由 Lyapunov 稳定性理论，可知滑模方程（5.9）是渐近稳定的。

由条件（5.11）和不等式（5.12），可以得到：

$$\boldsymbol{V}(k+1)-\boldsymbol{V}(k)=\boldsymbol{\xi}^{\mathrm{T}}\boldsymbol{\Theta}\boldsymbol{\xi}-\boldsymbol{x}^{\mathrm{T}}(k)\boldsymbol{Q}\boldsymbol{x}(k)<-\boldsymbol{x}^{\mathrm{T}}(k)\boldsymbol{Q}\boldsymbol{x}(k)$$

从而

$$\sum_{i=0}^{k}(\boldsymbol{V}(i+1)-\boldsymbol{V}(i))<-\sum_{i=0}^{k}\boldsymbol{x}^{\mathrm{T}}(i)\boldsymbol{Q}\boldsymbol{x}(i),\tag{5.13}$$

如果 $k\rightarrow\infty$，则 $\boldsymbol{x}(k)\rightarrow\infty$ 且 $\boldsymbol{V}(\infty)=0$。

不等式（5.13）为

$$\boldsymbol{V}(\infty)-\boldsymbol{V}(0)\leqslant-\sum_{i=0}^{\infty}\boldsymbol{x}^{\mathrm{T}}(i)\boldsymbol{Q}\boldsymbol{x}(i),$$

即

$$\sum_{i=0}^{\infty}\boldsymbol{x}^{\mathrm{T}}(i)\boldsymbol{Q}\boldsymbol{x}(i)\leqslant \boldsymbol{V}(0)。$$

因此，可以得到最大成本值为

$$J\leqslant J^{*},$$

其中，

$$\begin{aligned}J^{*}&=\boldsymbol{V}(0)=\boldsymbol{x}^{\mathrm{T}}(0)\boldsymbol{P}\boldsymbol{x}(0)+\sum_{i=-d}^{0}\boldsymbol{x}^{\mathrm{T}}(i)\boldsymbol{R}\boldsymbol{x}(i)+\sum_{i=-\tau}^{0}\boldsymbol{x}^{\mathrm{T}}(i)\boldsymbol{T}\boldsymbol{x}(i)\\&=\boldsymbol{\phi}^{\mathrm{T}}(0)(\boldsymbol{P}+d\boldsymbol{R}+\tau\boldsymbol{T})\boldsymbol{\phi}(0)。\end{aligned}$$

注 5.5 从方程（5.12）可以得到以下 2 个不等式：

(1) $\Delta\boldsymbol{V}(k)<0$，根据 Lyapunov 稳定性定理，知道滑模方程（5.9）是渐近稳定的。

(2) $\boldsymbol{V}(k+1)-\boldsymbol{V}(k)<-\boldsymbol{x}^{\mathrm{T}}(k)\boldsymbol{Q}\boldsymbol{x}(k)$，通过不等式处理，可以获得最大成本值。

定理 5.2.3 如果存在正定矩阵 $\boldsymbol{X},\bar{\boldsymbol{R}},\bar{\boldsymbol{T}},\bar{\boldsymbol{Q}}\in\mathbf{R}^{n\times n}$，矩阵 $\bar{\boldsymbol{K}}\in\mathbf{R}^{m\times n}$ 和正数 $\varepsilon_1>0,\varepsilon_2>0$，使得线性矩阵不等式

$$\begin{bmatrix} -X+\bar{Q} & 0 & 0 & XA^{\mathrm{T}} & XA^{\mathrm{T}} & XA^{\mathrm{T}} & 0 & 0 & XE & 0 \\ * & -\bar{R} & 0 & \bar{R}A_d^{\mathrm{T}} & \bar{R}A_d^{\mathrm{T}} & \bar{R}A_d^{\mathrm{T}} & 0 & 0 & 0 & \bar{R}E_d^{\mathrm{T}} \\ * & * & -\bar{T} & -\bar{K}^{\mathrm{T}}B^{\mathrm{T}} & -\bar{K}^{\mathrm{T}}B^{\mathrm{T}} & -\bar{K}^{\mathrm{T}}B^{\mathrm{T}} & 0 & 0 & 0 & 0 \\ * & * & * & -X & 0 & 0 & D & D & 0 & 0 \\ * & * & * & * & -\bar{R} & 0 & D & D & 0 & 0 \\ * & * & * & * & * & -\bar{T} & D & D & 0 & 0 \\ * & * & * & * & * & * & -\varepsilon_1 I & 0 & 0 & 0 \\ * & * & * & * & * & * & * & -\varepsilon_2 I & 0 & 0 \\ * & * & * & * & * & * & * & * & -\varepsilon_1 I & 0 \\ * & * & * & * & * & * & * & * & * & -\varepsilon_2 I \end{bmatrix} < 0, \tag{5.14}$$

成立，则滑模方程（5.9）是渐近稳定的，控制器（5.7）是滑模方程（5.9）的保性能控制，并具有最大成本值

$$J \leqslant J^*,$$

其中，

$$J^* = \boldsymbol{\phi}^{\mathrm{T}}(0)(\boldsymbol{P} + d\boldsymbol{R} + \tau\boldsymbol{T})\boldsymbol{\phi}(0)。$$

证明：矩阵不等式（5.11）可以改写为

$$\begin{bmatrix} -P+Q & 0 & 0 \\ * & -R & 0 \\ * & * & -T \end{bmatrix} + \begin{bmatrix} \bar{A}^{\mathrm{T}} \\ \bar{A}_d^{\mathrm{T}} \\ \bar{B}^{\mathrm{T}} \end{bmatrix} P(\bar{A}, \bar{A}_d, \bar{B}) + \begin{bmatrix} \bar{A}^{\mathrm{T}} \\ \bar{A}_d^{\mathrm{T}} \\ \bar{B}^{\mathrm{T}} \end{bmatrix} R(\bar{A}, \bar{A}_d, \bar{B}) + \begin{bmatrix} \bar{A}^{\mathrm{T}} \\ \bar{A}_d^{\mathrm{T}} \\ \bar{B}^{\mathrm{T}} \end{bmatrix} T(\bar{A}, \bar{A}_d, \bar{B}) < 0,$$

由引理2.1.1，上述不等式等价于

$$\begin{bmatrix} -P+Q & 0 & 0 & A^{\mathrm{T}} & A^{\mathrm{T}} & A^{\mathrm{T}} \\ * & -R & 0 & A_d^{\mathrm{T}} & A_d^{\mathrm{T}} & A_d^{\mathrm{T}} \\ * & * & -T & -K^{\mathrm{T}}B^{\mathrm{T}} & -K^{\mathrm{T}}B^{\mathrm{T}} & -K^{\mathrm{T}}B^{\mathrm{T}} \\ * & * & * & -P^{-1} & 0 & 0 \\ * & * & * & * & -R^{-1} & 0 \\ * & * & * & * & * & -T^{-1} \end{bmatrix} +$$

$$\boldsymbol{\alpha}^{\mathrm{T}}\boldsymbol{F}^{\mathrm{T}}(k)\boldsymbol{\beta} + \boldsymbol{\beta}^{\mathrm{T}}\boldsymbol{F}(k)\boldsymbol{\alpha} + \boldsymbol{\gamma}^{\mathrm{T}}\boldsymbol{F}^{\mathrm{T}}(k)\boldsymbol{\beta} + \boldsymbol{\beta}^{\mathrm{T}}\boldsymbol{F}(k)\boldsymbol{\gamma} < 0,$$

其中，

$\boldsymbol{\alpha} = (\boldsymbol{E},\mathbf{0},\mathbf{0},\mathbf{0},\mathbf{0},\mathbf{0})$，$\boldsymbol{\beta} = (\mathbf{0},\mathbf{0},\mathbf{0},\boldsymbol{D}^{\mathrm{T}},\boldsymbol{D}^{\mathrm{T}},\boldsymbol{D}^{\mathrm{T}})$，$\boldsymbol{\gamma} = (\mathbf{0},\boldsymbol{E}_d,\mathbf{0},\mathbf{0},\mathbf{0},\mathbf{0})$。

由引理3.2.1，上述不等式等价于

$$\begin{bmatrix} -\boldsymbol{P}+\boldsymbol{Q}+\varepsilon_1\boldsymbol{E}^{\mathrm{T}}\boldsymbol{E} & \mathbf{0} & \mathbf{0} & \boldsymbol{A}^{\mathrm{T}} & \boldsymbol{A}^{\mathrm{T}} & \boldsymbol{A}^{\mathrm{T}} & \mathbf{0} & \mathbf{0} \\ * & -\boldsymbol{R}+\varepsilon_2\boldsymbol{E}_d^{\mathrm{T}}\boldsymbol{E}_d & \mathbf{0} & \boldsymbol{A}_d^{\mathrm{T}} & \boldsymbol{A}_d^{\mathrm{T}} & \boldsymbol{A}_d^{\mathrm{T}} & \mathbf{0} & \mathbf{0} \\ * & * & -\boldsymbol{T} & -\boldsymbol{K}^{\mathrm{T}}\boldsymbol{B}^{\mathrm{T}} & -\boldsymbol{K}^{\mathrm{T}}\boldsymbol{B}^{\mathrm{T}} & -\boldsymbol{K}^{\mathrm{T}}\boldsymbol{B}^{\mathrm{T}} & \mathbf{0} & \mathbf{0} \\ * & * & * & -\boldsymbol{P}^{-1} & \mathbf{0} & \mathbf{0} & \boldsymbol{D} & \boldsymbol{D} \\ * & * & * & * & -\boldsymbol{R}^{-1} & \mathbf{0} & \boldsymbol{D} & \boldsymbol{D} \\ * & * & * & * & * & -\boldsymbol{T}^{-1} & \boldsymbol{D} & \boldsymbol{D} \\ * & * & * & * & * & * & -\varepsilon_1\boldsymbol{I} & \mathbf{0} \\ * & * & * & * & * & * & * & -\varepsilon_2\boldsymbol{I} \end{bmatrix} < 0, \tag{5.15}$$

在矩阵不等式（5.15）左右两边分别乘以对角矩阵

$$\mathrm{diag}\{\boldsymbol{P}^{-1},\boldsymbol{R}^{-1},\boldsymbol{T}^{-1},\boldsymbol{I},\boldsymbol{I},\boldsymbol{I},\boldsymbol{I},\boldsymbol{I}\}$$

并由引理5.1，可以知道上述不等式等价于

$$\begin{bmatrix} \boldsymbol{\Xi}_{11} & \mathbf{0} & \mathbf{0} & \boldsymbol{P}^{-1}\boldsymbol{A}^{\mathrm{T}} & \boldsymbol{P}^{-1}\boldsymbol{A}^{\mathrm{T}} & \boldsymbol{P}^{-1}\boldsymbol{A}^{\mathrm{T}} & \mathbf{0} & \mathbf{0} & \boldsymbol{P}^{-1}\boldsymbol{E} & \mathbf{0} \\ * & -\boldsymbol{R}^{-1} & \mathbf{0} & \boldsymbol{R}^{-1}\boldsymbol{A}_d^{\mathrm{T}} & \boldsymbol{R}^{-1}\boldsymbol{A}_d^{\mathrm{T}} & \boldsymbol{R}^{-1}\boldsymbol{A}_d^{\mathrm{T}} & \mathbf{0} & \mathbf{0} & \mathbf{0} & \boldsymbol{R}^{-1}\boldsymbol{E}_d^{\mathrm{T}} \\ * & * & -\boldsymbol{T}^{-1} & -\boldsymbol{T}^{-1}\boldsymbol{K}^{\mathrm{T}}\boldsymbol{B}^{\mathrm{T}} & -\boldsymbol{T}^{-1}\boldsymbol{K}^{\mathrm{T}}\boldsymbol{B}^{\mathrm{T}} & -\boldsymbol{T}^{-1}\boldsymbol{K}^{\mathrm{T}}\boldsymbol{B}^{\mathrm{T}} & \mathbf{0} & \mathbf{0} & \mathbf{0} & \mathbf{0} \\ * & * & * & -\boldsymbol{P}^{-1} & \mathbf{0} & \mathbf{0} & \boldsymbol{D} & \boldsymbol{D} & \mathbf{0} & \mathbf{0} \\ * & * & * & * & -\boldsymbol{R}^{-1} & \mathbf{0} & \boldsymbol{D} & \boldsymbol{D} & \mathbf{0} & \mathbf{0} \\ * & * & * & * & * & -\boldsymbol{T}^{-1} & \boldsymbol{D} & \boldsymbol{D} & \mathbf{0} & \mathbf{0} \\ * & * & * & * & * & * & -\varepsilon_1\boldsymbol{I} & \mathbf{0} & \mathbf{0} & \mathbf{0} \\ * & * & * & * & * & * & * & -\varepsilon_2\boldsymbol{I} & \mathbf{0} & \mathbf{0} \\ * & * & * & * & * & * & * & * & -\varepsilon_1\boldsymbol{I} & \mathbf{0} \\ * & * & * & * & * & * & * & * & * & -\varepsilon_2\boldsymbol{I} \end{bmatrix} < 0, \tag{5.16}$$

其中，

$$\boldsymbol{\Xi}_{11} = -\boldsymbol{P}^{-1} + \boldsymbol{P}^{-1}\boldsymbol{Q}\boldsymbol{P}^{-1}。$$

通过一些矩阵变换

$$X=P^{-1},\bar{Q}=P^{-1}QP^{-1},\bar{K}=KT^{-1},\bar{R}=R^{-1},\bar{T}=T^{-1}$$

可以得出，不等式（5.16）等价于不等式（5.14）。

注 5.6　在定理 5.2.3 中，利用引理 2.1.1 和引理 3.2.1，得到了线性矩阵不等式形式的充分条件（5.14），利用 MATLAB 中的 LMI 工具箱可以很容易地求解，而且能求得最大成本值。在实际的工程网络处理过程中可以通过计算机进行求解，因此定理 5.2.3 具有更强的实际应用价值。

5.3　数值仿真

算例 5.3.1　为了说明变结构保性能控制方法对具有时延的离散不确定网络控制系统的有效性，考虑形如（5.3）的网络控制系统，其中

$$A=\begin{bmatrix}-2 & 1\\ 0 & -6\end{bmatrix},B=\begin{bmatrix}1.5\\ 2.5\end{bmatrix},A_d=\begin{bmatrix}-1.5 & 0\\ 1 & -0.5\end{bmatrix},E=\begin{bmatrix}0.1 & 0.1\\ 0 & 0.2\end{bmatrix},$$

$$E_d=\begin{bmatrix}-0.2 & 0\\ 0.1 & 0.1\end{bmatrix},D=\begin{bmatrix}1 & 0.5\\ 0 & 1\end{bmatrix},F(t)=\begin{bmatrix}\sin t & 0\\ 0 & \cos t\end{bmatrix},$$

$$C=[2,1],d=0.1,\tau=0.1。$$

求解线性矩阵不等式（5.14），可以得到

$$X=\begin{bmatrix}0.2462 & 0.1435\\ 0.1435 & 0.4688\end{bmatrix},Q=\begin{bmatrix}1.3577 & -1.4646\\ -1.4646 & 0.3454\end{bmatrix},$$

$$P=\begin{bmatrix}2.7964 & -0.4567\\ -0.4567 & 1.4256\end{bmatrix},R=\begin{bmatrix}3.5768 & -0.3256\\ -0.3256 & 1.3457\end{bmatrix},$$

$$T=\begin{bmatrix}1.9043 & -0.4572\\ -0.4572 & 1.4457\end{bmatrix}。$$

选取初始条件为 $\boldsymbol{\phi}(0)=(7,6)^{\mathrm{T}}$，则可以求得等效控制器 $u_{eq}(k)$ 的增益矩阵和最大成本值

$$K=(-1.9561,1.5703),J^*=\boldsymbol{\phi}^{\mathrm{T}}(0)(P+dR+\tau T)\boldsymbol{\phi}(0)=180.3133。$$

与参考文献［14］中的控制处理方法进行仿真比较，系统状态 $x_1(k)$ 和 $x_2(k)$ 的轨迹变化曲线如图 5.1 和图 5.2 所示。

通过图 5.1 和图 5.2 可以看出，本章提出的变结构保性能控制器的设计方法是有效的。与参考文献［14］中的方法相比较，系统状态的振幅更小，收敛速度更快，而且利用 MATLAB 中的 LMI 工具箱，在求解条件（5.14）的同时，可以得到保成本控制器的最大成本值。

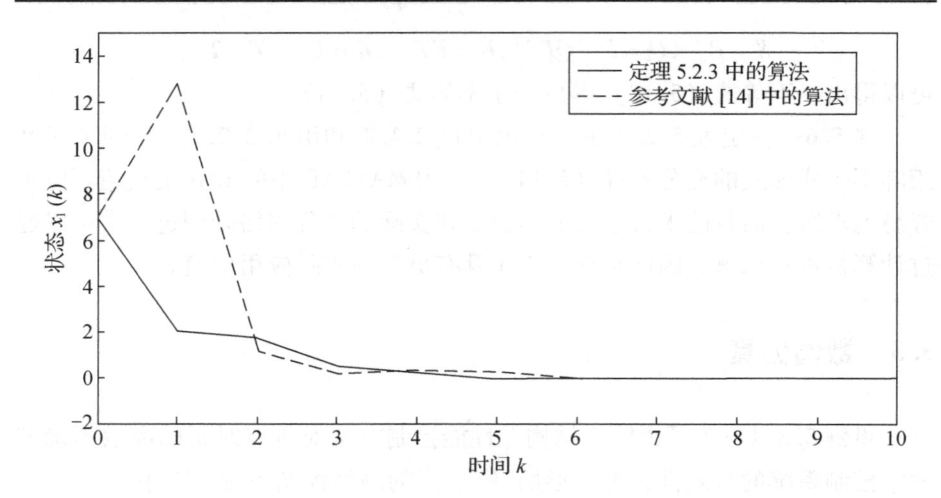

图 5.1　状态 $x_1(k)$ 的轨迹

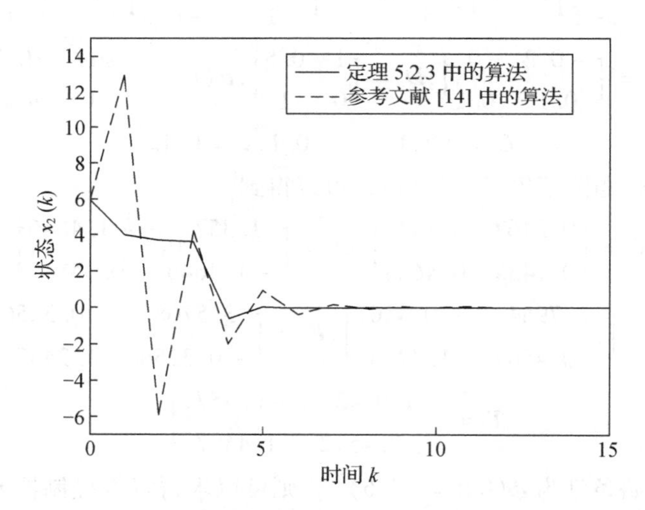

图 5.2　状态 $x_2(k)$ 的轨迹

算例 5.3.2　考虑如下执行器饱和受限的时延系统（5.3），为了与参考文献［3］的结果进行比较，选取如下系统参数

$$\boldsymbol{A}=\begin{bmatrix}0 & 1\\0.3 & 0\end{bmatrix},\quad \boldsymbol{A}_d=\begin{bmatrix}0.1 & 0.2\\0 & 0.3\end{bmatrix},\quad \boldsymbol{B}=\begin{bmatrix}0.2\\1\end{bmatrix},\quad \boldsymbol{D}=\begin{bmatrix}0.1 & 0\\0.2 & 1\end{bmatrix},$$

$$\boldsymbol{F}(t)=\begin{bmatrix}0.2\cos t & 0\\0 & 0.7\sin t\end{bmatrix},\quad \boldsymbol{C}=[1.2, 0.5],$$

$$d = 0.1, \quad \tau = 0.05 。$$

利用参考文献［3］中给出的算法，得到的状态反馈控制器为

$$\boldsymbol{u}(t) = (4.4689, -2.9625)\boldsymbol{x}(t)。$$

另外，利用本章给出的控制器设计方法，求解线性矩阵不等式(5.14)，得到状态反馈控制器为

$$\boldsymbol{u}(t) = 2\boldsymbol{K}\boldsymbol{x}(t) = (2.3579, -1.8972)\boldsymbol{x}(t)。$$

2 种算法仿真结果比较如下：

选取初始条件为：

$$\boldsymbol{x}(0) = \begin{bmatrix} -6 \\ 7 \end{bmatrix},$$

系统状态 $x_1(t)$，$x_2(t)$ 的变化曲线如图 5.3 和图 5.4 所示。

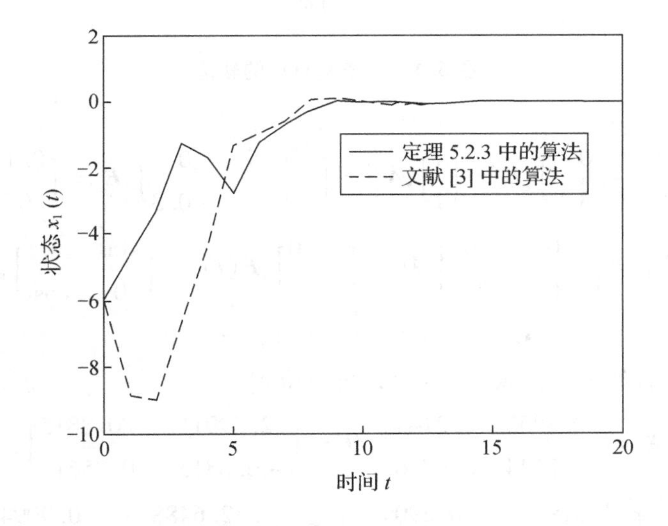

图 5.3　状态 $x_1(t)$ 的轨迹

在图 5.3 和图 5.4 中，实线是利用定理 5.2.3 中算法得到的系统状态的响应曲线。点画线表示利用参考文献［3］中算法得到的响应曲线。从系统状态的快速性来看，定理 5.2.3 中的算法优于参考文献［3］中的算法，而且实线的平滑性也优于点画线。因此，定理 5.2.3 中的算法比参考文献［3］中的算法能得到更好的结果。

算例 5.3.3　考虑了形如式（5.3）的控制系统，其中

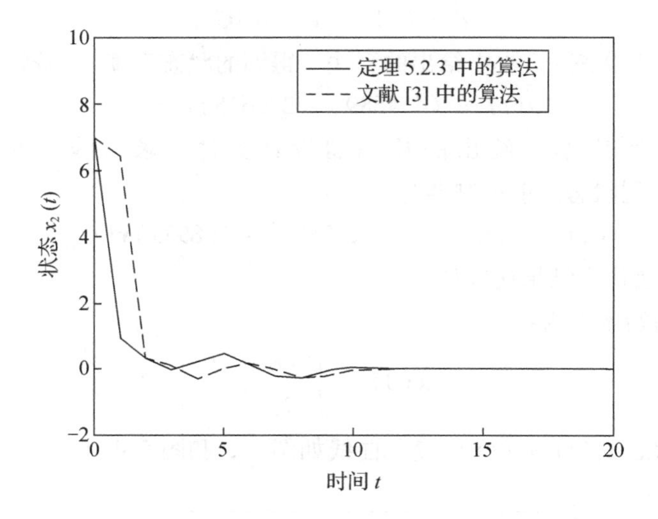

图 5.4　状态 $x_2(t)$ 的轨迹

$$A=\begin{bmatrix}-6 & 0\\ 0 & -3.8\end{bmatrix},B=\begin{bmatrix}1\\ 1\end{bmatrix},A_d=\begin{bmatrix}-0.5 & 0\\ 0 & -0.3\end{bmatrix},E=\begin{bmatrix}0.1 & 0\\ 0 & 0.1\end{bmatrix},$$

$$E_d=\begin{bmatrix}-0.2 & 0\\ 0 & 0.1\end{bmatrix},D=\begin{bmatrix}1 & 0\\ 0 & 1\end{bmatrix},F(t)=\begin{bmatrix}\sin t & 0\\ 0 & \cos t\end{bmatrix},$$

$$C=[1,0]\ ,d=0.1,\tau=0.2。$$

求解线性矩阵不等式（5.14），可以得到

$$X=\begin{bmatrix}0.8053 & 0.2144\\ 0.2144 & 0.9726\end{bmatrix},Q=\begin{bmatrix}2.5991 & -0.8815\\ -0.8815 & 0.7561\end{bmatrix},$$

$$P=\begin{bmatrix}1.3192 & -0.2909\\ -0.2909 & 1.0923\end{bmatrix},R=\begin{bmatrix}2.6488 & -0.9094\\ -0.9094 & 1.0317\end{bmatrix},$$

$$T=\begin{bmatrix}2.5241 & -0.8226\\ -0.8226 & 2.4682\end{bmatrix}$$

选取初始条件为

$$\boldsymbol{\phi}(0)=(1,-1)^{\mathrm{T}},$$

等效控制器 $u_{eq}(k)$ 的增益矩阵和最大成本值为

$$K=(-0.4789,2.2648)\ ,J^*=\boldsymbol{\phi}^{\mathrm{T}}(0)(P+dR+\tau T)\boldsymbol{\phi}(0)=4.3707。$$

基于上述参数，系统状态仿真结果如图 5.5 和图 5.6 所示。

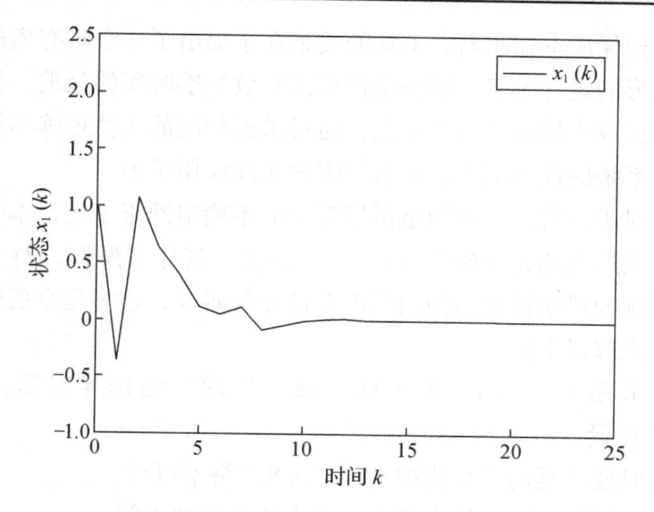

图 5.5　状态 $x_1(k)$ 的响应图

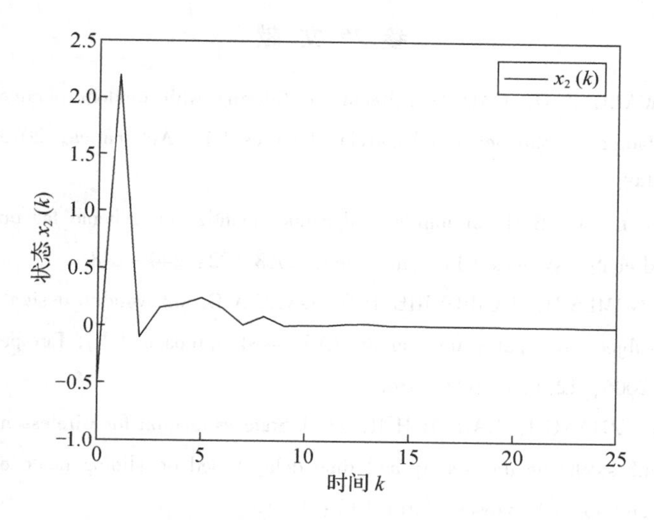

图 5.6　状态 $x_2(k)$ 的响应图

从图 5.5 和图 5.6 可以看出，控制器（5.8）使得不确定网络控制系统（5.3）更稳定。

5.4　小结

通过引入时延补偿器，设计了一种新的滑模流形。在此基础上，设计了系统的变结构保成本控制器。本章的贡献在于提出了一个具有离散补偿器的新型滑模流形的设计方案，该补偿器可以有效补偿时间的延迟。另外，在设计了变结构保成本控制器的基础上，通过求解相应的线性矩阵不等式，可以得到所考虑系统的性能成本，具有更强的实际应用价值。

另外，对于具有时延和网络诱导时延的不确定网络系统，本书给出了线性矩阵不等式形式的充分条件（5.14）。然而，就作者所知，对于时变时延网络控制系统的滑模保性能控制还没有被充分研究，这将是今后研究的主要问题，并应克服以下困难：

①因为滑模补偿器 $\Gamma(k)$ 不能有效地处理网络诱导时延，滑模流形（5.4）将重新设计。

②具有时变时延的变结构控制器（5.8）将不可行。

③在时变的影响下，最大成本值将无法方便地求解。

参考文献

[1] HU J, WANG Z D, GAO H J. Recursive filtering with random parameter matrices, multiple fading measurements and correlated noises [J]. Automatica, 2013, 49 (11): 3440 – 3448.

[2] WANG Y L, YU S H. An improved dynamic quantization scheme for uncertain linear networked control systems [J]. Automatica, 2018, 92: 244 – 248.

[3] JOAO M GOMES D, TARBOURIECH S, GARCIA G. Anti-windup design for time-delay systems subject to input saturation an LMI-based approach [J]. European journal of control, 2006, 12 (6): 622 – 634.

[4] GUO P F, ZHANG J, KARIMI H R, et al. State estimation for wireless network control system with stochastic uncertainty and time delay based on sliding mode observer [J]. Abstract and applied analysis, 2014 (1): 1 – 8.

[5] XIAO H Q, HE Y, WU M, et al. New results on H_∞ tracking control for sampled-data networked control systems in T-S fuzzy model [J]. IEEE transactions on fuzzy systems, 2015, 23 (6): 1 – 11.

[6] HIEN L V, TRINH H. Stability analysis and control of two-dimensional fuzzy systems with directional time-varying delays [J]. IEEE transactions on fuzzy systems, 2018, 26 (3): 1550 – 1564.

[7] SELIVANOV A, FRIDMAN E. Observer-based input-to-state stabilization of networked control systems with large uncertain delays [J]. Automatica, 2016, 74: 63 – 70.

[8] WANG T B, WANG Y L, WANG H, et al. Observer-based H_∞ control for continuous-time networked control systems [J]. Asian journal of control, 2016, 18 (2): 581-594.

[9] HUA C C, YU S C, GUAN X P. Finite-time control for a class of networked control systems with short time-varying delays and sampling jitter [J]. International journal of automation and computing, 2015 (4): 448-454.

[10] XIE N, XIA B. An LMI approach to guaranteed cost control of networked control systems with nonlinear perturbation [J]. Key engineering materials, 2011, 480/481: 1352-1357.

[11] YAO H J, LIAN Y Y, YUAN F S. Sliding mode control for uncertain discrete large-scale systems with delays and unmatched [J]. Journal of applied sciences, 2013, 13 (11): 1948-1953.

[12] HUA C C, GUAN X P, DUAN G. Variable structure adaptive fuzzy control for a class of nonlinear time-delay systems [J]. Fuzzy sets and systems, 2004, 148: 453-468.

[13] JANARDHANAN S, BANDYOPADHGAY B, THAKAR V K. Discrete-time output feedback sliding mode control for time-delay systems with uncertainty [C] //Proceedings of the 2004 IEEE International Conference on Control Applications, Taipei, Taiwan, September2-4, 2004: 395-403.

[14] RAHMAN A U, AHMAD I, MALIK A S. Variable structure-based control of fuel cell-supercapacitor-battery based hybrid electric vehicle [J]. The journal of energy storage, 2020, 29: 101365.

[15] BU W S, ZHANG X F, HE F Z. Sliding mode variable structure control strategy of bearingless induction motor based on inverse system decoupling: smvs control of blim based on inverse decoupling [J]. IEEE transactions on electrical and electronic engineering, 2018, 13 (7): 1052-1059.

[16] BARTOSZEWICZ A, ADAMIAK K. Model reference discrete-time variable structure control [J]. International journal of adaptive control and signal processing, 2018, 32 (10): 1440-1452.

[17] MI Y, HUANG J X, LI W L. Variable structure control for multi-input discrete systems with control delay [J]. Control and decision, 2006, 21 (12): 1425-1428.

[18] 张新政，邓则名，高存臣．滞后离散线性定常系统的准滑模变结构控制 [J]. 自动化学报，2002，28 (4)：625-630.

[19] FAN X F, ZHANG Q L, REN J C. Event-triggered sliding mode control for discrete-time singular system [J]. IET control theory & applications, 2018, 12 (17): 2390-2398.

[20] IGNACIUK P, MORAWSKI M. Quasi-soft variable structure control of discrete-time

systems with input saturation [J]. IEEE transactions on control systems technology, 2019, 27 (3): 1244 - 1249.

[21] BARTOSZEWICZ A, ADAMIAK K. Discrete-time sliding-mode control with a desired switching variable generator [J]. IEEE transactions on automatic control, 2020, 65 (4): 1807 - 1814.

[22] ZHANG P P, HU J, LIU H J, et al. Sliding mode control for networked systems with randomly varying nonlinearities and stochastic communication delays under uncertain occurrence probabilities [J]. Neurocomputing, 2018, 320: 1 - 11.

[23] LIU X H, YU X H, MA G Q, et al. On sliding mode control for networked control systems with semi-Markovian switching and random sensor delays [J]. Information sciences, 2016, 337: 44 - 58.

[24] CUI Y F, HU J, WU Z H, et al. Finite-time sliding mode control for networked singular markovian jump systems with packet losses: a delay-fractioning scheme [J]. Neurocomputing, 2020, 385: 48 - 62.

第6章　执行器饱和受限不确定时延复杂系统的抗饱和控制

饱和现象广泛存在于各种电力系统中。如果不考虑饱和限制，严重时会导致系统性能下降甚至不稳定。在实际工程控制过程中，控制输入往往需要满足一定的条件，而执行器饱和是最常见的约束现象，因此研究执行器饱和控制具有十分重要的现实意义。自20世纪60年代 Fuller 首次提出饱和系统以来，执行器饱和控制引起了众多学者的广泛关注[1-3]。Hu 等[4]提出了执行器饱和离散线性系统的凸组合方法。通过引入辅助矩阵，将系统的稳定性条件转化为线性矩阵不等式（LMIs），得到系统的稳定性条件和控制器设计方法。然后，Zhou 等[5]将饱和系统的设计方法引入饱和网络控制系统，研究了饱和网络系统的输出反馈镇定问题。同时，一些学者对饱和约束的时延系统进行了研究。参考文献［6］考虑了执行器饱和与网络诱导延迟对网络控制系统的稳定性的影响。在参考文献［7］中，针对执行器饱和受限的随机多面体不确定系统，设计了一个带预测控制的分布式模型。近年来，辅助时延反馈技术被用于研究具有执行器饱和的中立型时延系统的镇定问题[8]。利用嵌套执行器的饱和技术，Zhou 等[9]研究了离散线性系统的稳定性分析和吸引域的估计问题。参考文献［10］针对时变时延执行器饱和控制系统，提出了一种改进的低保守性时延相关控制方法。另外，网络控制系统中也出现了执行器饱和问题，这是一个非常有意义和具有挑战性的问题。基于有限时间理论，Ma 等考虑了离散奇异马尔可夫跳变系统的时延相关稳定性条件和抗饱和控制问题。利用线性矩阵不等式方法，得到了奇异系统有限时间有界的充分条件。利用多重 Lyapunov 函数方法，得到了系统有限时间有界的一个新的充分条件[11-12]。参考文献［13］通过选取恰当的 Lyapunov 函数和新的吸引域准则，给出了系统随机稳定的低保守性条件。克服了系统分析与综合中吸引域估计困难的问题。随后，Song 等[14]研究了具有执行器饱和的连续时延系统的量化反馈镇定问题。利用2种不同的方法，得到了系统稳定的时延无关条件。参考文献［15］考虑了网络带宽对系统性能的影响，建立了一个新的网络系统模型，并提出了一种网络系统带宽的动态分配策略。

然而，上述文献的研究主要集中在确定性系统上，而对具有不确定性的饱和时延系统的研究很少。为此，在前人研究的基础上，本章利用 LMIs 和 Lyapunov 稳定性理论，给出了一类执行器饱和不确定时延系统渐近稳定的充分条件。然后，通过在 Lyapunov 函数中引入参数矩阵，得到了抗饱和控制器的设计方案。

6.1 问题描述

考虑如下执行器饱和受限的不确定时延系统：

$$\begin{aligned}\dot{\boldsymbol{x}}(t) &= (\boldsymbol{A}+\Delta\boldsymbol{A}(t))\boldsymbol{x}(t)+(\boldsymbol{A}_d+\Delta\boldsymbol{A}_d(t))\boldsymbol{x}(t-d)+\\ &\quad(\boldsymbol{B}+\Delta\boldsymbol{B}(t))sat(\boldsymbol{u}(t)),\\ \boldsymbol{x}(t) &= \boldsymbol{\phi}(t), t\in[-d,0]。\end{aligned} \tag{6.1}$$

其中，$\boldsymbol{x}(t)\in\mathbf{R}^n$ 是系统状态，$\boldsymbol{u}(t)\in\mathbf{R}^m$ 是控制输入，$\boldsymbol{A},\boldsymbol{A}_d\in\mathbf{R}^{n\times n}$，$\boldsymbol{B}\in\mathbf{R}^{n\times m}$ 是常数矩阵，$\boldsymbol{\phi}(t)=[\phi_1(t),\phi_2(t),\cdots,\phi_n(t)]^{\mathrm{T}}\in\mathbf{R}^n$ 是给定的初始状态，d 是系统状态时延。饱和函数为：

$$sat(\boldsymbol{u}(t))=[sat(u_1(t)),sat(u_2(t)),\cdots,sat(u_m(t))],$$

其中，

$$sat(u_i(t))=\begin{cases}\underline{u}_i, & u_i(t)\leqslant\underline{u}_i<0\\ u_i(t), & \underline{u}_i\leqslant u_i(t)\leqslant\bar{u}_i,\quad i=1,2,\cdots,m。\\ \bar{u}_i, & 0<\bar{u}_i\leqslant u_i(t)\end{cases}$$

$\Delta\boldsymbol{A}(t),\Delta\boldsymbol{A}_d(t),\Delta\boldsymbol{B}(t)$ 是具有合适维数的系统不确定性，满足：

$$\Delta\boldsymbol{A}(t)=\boldsymbol{D}_1\boldsymbol{F}(t)\boldsymbol{E}_1,\Delta\boldsymbol{A}_d(t)=\boldsymbol{D}_2\boldsymbol{F}(t)\boldsymbol{E}_2,\Delta\boldsymbol{B}(t)=\boldsymbol{D}_3\boldsymbol{F}(t)E_3, \tag{6.2}$$

其中，矩阵函数 $\boldsymbol{F}(t)$ 满足 $\boldsymbol{F}^{\mathrm{T}}(t)\boldsymbol{F}(t)\leqslant\boldsymbol{I}$。

设计系统（6.1）的状态反馈控制器如下：

$$\boldsymbol{u}(t)=2\boldsymbol{K}\boldsymbol{x}(t), \tag{6.3}$$

其中，$\boldsymbol{K}\in\mathbf{R}^{m\times n}$ 是待定的常数矩阵。把式（6.2）代入系统（6.1）得到闭环系统：

$$\begin{aligned}\dot{\boldsymbol{x}}(t) &= \bar{\boldsymbol{A}}(t)\boldsymbol{x}(t)+\bar{\boldsymbol{A}}_d(t)\boldsymbol{x}(t-d)+\bar{\boldsymbol{B}}(t)\boldsymbol{\eta}(t),\\ \boldsymbol{x}(t) &= \boldsymbol{\phi}(t), t\in[-d,0]。\end{aligned} \tag{6.4}$$

其中，

$$\begin{aligned}\overline{\boldsymbol{A}}(t) &= \boldsymbol{A} + \boldsymbol{BK} + \Delta\boldsymbol{A}(t) + \Delta\boldsymbol{B}(t)\boldsymbol{K},\\ \overline{\boldsymbol{A}}_d(t) &= \boldsymbol{A}_d + \Delta\boldsymbol{A}_d(t),\\ \overline{\boldsymbol{B}}(t) &= \boldsymbol{B} + \Delta\boldsymbol{B}(t),\\ \boldsymbol{\eta}(t) &= sat(2\boldsymbol{Kx}(t)) - \boldsymbol{Kx}(t)。\end{aligned} \tag{6.5}$$

且 $\boldsymbol{\eta}(t)$ 满足：

$$\boldsymbol{\eta}^{\mathrm{T}}(t)\boldsymbol{\eta}(t) \leqslant \boldsymbol{x}^{\mathrm{T}}(t)\boldsymbol{K}^{\mathrm{T}}\boldsymbol{Kx}(t)。 \tag{6.6}$$

本章的目的是设计形如式（6.3）的控制器使得闭环系统（6.4）渐近稳定。

6.2　主要结果

定理 6.2.1　如果存在常数 $\varepsilon > 0$，正定矩阵 $\boldsymbol{P},\boldsymbol{Q} \in \mathbf{R}^{n\times n}$ 和矩阵 $\boldsymbol{K} \in \mathbf{R}^{m\times n}$ 满足不等式：

$$\boldsymbol{\Theta} = \begin{bmatrix} \overline{\boldsymbol{A}}^{\mathrm{T}}(t)\boldsymbol{P} + \boldsymbol{P}\overline{\boldsymbol{A}}(t) + \boldsymbol{Q} + \varepsilon\boldsymbol{K}^{\mathrm{T}}\boldsymbol{K} & \boldsymbol{P}\overline{\boldsymbol{A}}_d(t) & \boldsymbol{P}\overline{\boldsymbol{B}}(t) \\ * & -\boldsymbol{Q} & \boldsymbol{O} \\ * & * & -\varepsilon\boldsymbol{I} \end{bmatrix} < 0, \tag{6.7}$$

则闭环系统（6.4）是渐近稳定的。

证明：利用正定矩阵 $\boldsymbol{P},\boldsymbol{Q}$ 构造函数：

$$V(t) = \boldsymbol{x}^{\mathrm{T}}(t)\boldsymbol{Px}(t) + \int_{t-d}^{t}\boldsymbol{x}^{\mathrm{T}}(s)\boldsymbol{Qx}(s)\mathrm{d}s,$$

$\boldsymbol{P},\boldsymbol{Q} \in \mathbf{R}^{n\times n}$ 是待定的正定矩阵。

沿方程（6.3）的解曲线，容易得到：

$$\begin{aligned}\dot{V}(t) &= 2\boldsymbol{x}^{\mathrm{T}}(t)\boldsymbol{P}\dot{\boldsymbol{x}}(t) + \boldsymbol{x}^{\mathrm{T}}(t)\boldsymbol{Qx}(t) - \boldsymbol{x}^{\mathrm{T}}(t-d)\boldsymbol{Qx}(t-d)\\ &= \boldsymbol{x}^{\mathrm{T}}(t)[\boldsymbol{P}\overline{\boldsymbol{A}}(t) + \overline{\boldsymbol{A}}^{\mathrm{T}}(t)\boldsymbol{P}]\boldsymbol{x}(t) + 2\boldsymbol{x}^{\mathrm{T}}(t)\boldsymbol{P}\overline{\boldsymbol{A}}_d(t)\boldsymbol{x}(t-d) +\\ &\quad 2\boldsymbol{x}^{\mathrm{T}}(t)\boldsymbol{P}\overline{\boldsymbol{B}}(t)\boldsymbol{\eta}(t) + \boldsymbol{x}^{\mathrm{T}}(t)\boldsymbol{Qx}(t) - \boldsymbol{x}^{\mathrm{T}}(t-d)\boldsymbol{Qx}(t-d)\\ &= \boldsymbol{\Phi}^{\mathrm{T}}(t)\begin{bmatrix} \boldsymbol{P}\overline{\boldsymbol{A}}(t) + \overline{\boldsymbol{A}}^{\mathrm{T}}(t)\boldsymbol{P} & \boldsymbol{P}\overline{\boldsymbol{A}}_d(t) & \boldsymbol{P}\overline{\boldsymbol{B}}(t) \\ * & -\boldsymbol{Q} & \boldsymbol{0} \\ * & * & \boldsymbol{0} \end{bmatrix}\boldsymbol{\Phi}(t),\end{aligned} \tag{6.8}$$

其中，

$$\boldsymbol{\Phi}(t)=\begin{bmatrix}\boldsymbol{x}(t)\\ \boldsymbol{x}(t-h)\\ \boldsymbol{\eta}(t)\end{bmatrix}。$$

由方程（6.6），可得：

$$0\leqslant\boldsymbol{\Phi}^{\mathrm{T}}(t)\begin{bmatrix}\varepsilon\boldsymbol{K}^{\mathrm{T}}\boldsymbol{K} & \boldsymbol{0} & \boldsymbol{0}\\ * & \boldsymbol{0} & \boldsymbol{0}\\ * & * & -\varepsilon\boldsymbol{I}\end{bmatrix}\boldsymbol{\Phi}(t),$$

其中，ε 是一个任意小的正数。

把上式代入（6.8）中得到

$$\dot{\boldsymbol{V}}(t)\leqslant\boldsymbol{\Phi}^{\mathrm{T}}(t)\boldsymbol{\Theta}\boldsymbol{\Phi}(t),$$

其中，

$$\boldsymbol{\Theta}=\begin{bmatrix}\bar{\boldsymbol{A}}^{\mathrm{T}}(t)\boldsymbol{P}+\boldsymbol{P}\bar{\boldsymbol{A}}(t)+\boldsymbol{Q}+\varepsilon\boldsymbol{K}^{\mathrm{T}}\boldsymbol{K} & \boldsymbol{P}\bar{\boldsymbol{A}}_d(t) & \boldsymbol{P}\bar{\boldsymbol{B}}(t)\\ * & -\boldsymbol{Q} & \boldsymbol{0}\\ * & * & -\varepsilon\boldsymbol{I}\end{bmatrix}。$$

由 Lyapunov 稳定性理论，当条件（6.7）满足时，闭环系统（6.4）是渐近稳定的。

定理 6.2.2 如果存在常数 $\bar{\varepsilon}>0,\varepsilon_1>0,\varepsilon_2>0,\varepsilon_3>0$，正定矩阵 $\boldsymbol{X}$，$\bar{\boldsymbol{Q}}\in\mathbf{R}^{n\times n}$ 和矩阵 $\bar{\boldsymbol{K}}\in\mathbf{R}^{m\times n}$ 满足矩阵不等式：

$$\begin{bmatrix}\boldsymbol{\Xi} & \boldsymbol{A}_d\boldsymbol{X} & \varepsilon^{-1}\boldsymbol{B} & \bar{\boldsymbol{K}}^{\mathrm{T}} & \boldsymbol{X}\boldsymbol{E}_1^{\mathrm{T}} & \boldsymbol{X}\boldsymbol{E}_3^{\mathrm{T}} & \boldsymbol{X}\boldsymbol{E}_2^{\mathrm{T}}\\ * & -\bar{\boldsymbol{Q}} & \boldsymbol{0} & \boldsymbol{0} & \boldsymbol{0} & \boldsymbol{0} & \boldsymbol{0}\\ * & * & -\bar{\varepsilon}\boldsymbol{I} & \boldsymbol{0} & \boldsymbol{0} & \boldsymbol{0} & \boldsymbol{0}\\ * & * & * & -\bar{\varepsilon}\boldsymbol{I} & \boldsymbol{0} & \boldsymbol{0} & \boldsymbol{0}\\ * & * & * & * & -\varepsilon_1\boldsymbol{I} & \boldsymbol{0} & \boldsymbol{0}\\ * & * & * & * & * & -\varepsilon_3\boldsymbol{I} & \boldsymbol{0}\\ * & * & * & * & * & * & -\varepsilon_2\boldsymbol{I}\end{bmatrix}<0, \tag{6.9}$$

其中，

$$\boldsymbol{\Xi}=\boldsymbol{A}\boldsymbol{X}+\boldsymbol{B}\bar{\boldsymbol{K}}+(\boldsymbol{A}\boldsymbol{X}+\boldsymbol{B}\bar{\boldsymbol{K}})^{\mathrm{T}}+\bar{\boldsymbol{Q}}+\varepsilon_1\boldsymbol{D}_1\boldsymbol{D}_1^{\mathrm{T}}+\varepsilon_2\boldsymbol{D}_2\boldsymbol{D}_2^{\mathrm{T}}+\varepsilon_3\boldsymbol{D}_3\boldsymbol{D}_3^{\mathrm{T}},$$

选取控制器 $\boldsymbol{u}(t)=2\bar{\boldsymbol{K}}\boldsymbol{X}^{-1}\boldsymbol{x}(t)$，则闭环系统（6.4）是渐近稳定的。

证明：由引理 3.2.1，不等式（6.7）等价于：

$$\begin{bmatrix} \bar{A}^{\mathrm{T}}(t)P + P\bar{A}(t) + Q & P\bar{A}_d(t) & P\bar{B}(t) & \varepsilon K^{\mathrm{T}} \\ * & -Q & 0 & 0 \\ * & * & -\varepsilon I & 0 \\ * & * & * & -\varepsilon I \end{bmatrix} < 0,$$

在上式两边同时左乘、右乘矩阵 $\mathrm{diag}\{P^{-1}, P^{-1}, \varepsilon^{-1}I, \varepsilon^{-1}I\}$，得到：

$$\begin{bmatrix} P^{-1}\bar{A}^{\mathrm{T}}(t) + \bar{A}(t)P^{-1} + P^{-1}QP^{-1} & \bar{A}_d(t)P^{-1} & \varepsilon^{-1}\bar{B}(t) & P^{-1}K^{\mathrm{T}} \\ * & -P^{-1}QP^{-1} & 0 & 0 \\ * & * & -\varepsilon^{-1}I & 0 \\ * & * & * & -\varepsilon^{-1}I \end{bmatrix} < 0。$$

把式（6.4）代入上式得到：

$$\Sigma + \begin{bmatrix} \Delta A(t)P^{-1} + \Delta B(t)KP^{-1} + (\Delta A(t)P^{-1} + \Delta B(t)KP^{-1})^{\mathrm{T}} & \Delta A_d(t)P^{-1} & \varepsilon^{-1}\Delta B(t) & 0 \\ * & 0 & 0 & 0 \\ * & * & 0 & 0 \\ * & * & * & 0 \end{bmatrix} < 0,$$

其中，

$$\Sigma = \begin{bmatrix} AP^{-1} + BKP^{-1} + (AP^{-1} + BKP^{-1})^{\mathrm{T}} + P^{-1}QP^{-1} & A_dP^{-1} & \varepsilon^{-1}B & P^{-1}K^{\mathrm{T}} \\ * & -P^{-1}QP^{-1} & 0 & 0 \\ * & * & -\varepsilon^{-1}I & 0 \\ * & * & * & -\varepsilon^{-1}I \end{bmatrix}。$$

把式（6.2）代入上式得到：

$$\Sigma + \begin{bmatrix} D_1 \\ 0 \\ 0 \\ 0 \end{bmatrix} F(t)(E_1P^{-1}, 0, 0, 0) + (E_1P^{-1}, 0, 0, 0)^{\mathrm{T}} F^{\mathrm{T}}(t) \begin{bmatrix} D_1 \\ 0 \\ 0 \\ 0 \end{bmatrix}^{\mathrm{T}} +$$

$$\begin{bmatrix} D_2 \\ 0 \\ 0 \\ 0 \end{bmatrix} F(t)(E_2P^{-1}, 0, 0, 0) + (E_2P^{-1}, 0, 0, 0)^{\mathrm{T}} F^{\mathrm{T}}(t) \begin{bmatrix} D_2 \\ 0 \\ 0 \\ 0 \end{bmatrix}^{\mathrm{T}} +$$

$$\begin{bmatrix} \boldsymbol{D}_3 \\ \boldsymbol{0} \\ \boldsymbol{0} \\ \boldsymbol{0} \end{bmatrix} \boldsymbol{F}(t)(\boldsymbol{0},\boldsymbol{0},\varepsilon^{-1}\boldsymbol{E}_3,\boldsymbol{0}) + (\boldsymbol{0},\boldsymbol{0},\varepsilon^{-1}\boldsymbol{E}_3,\boldsymbol{0})^{\mathrm{T}}\boldsymbol{F}^{\mathrm{T}}(t)\begin{bmatrix} \boldsymbol{D}_3 \\ \boldsymbol{0} \\ \boldsymbol{0} \\ \boldsymbol{0} \end{bmatrix}^{\mathrm{T}} < 0。$$

由引理 2.1.1，存在常数 $\varepsilon_1 > 0, \varepsilon_2 > 0, \varepsilon_3 > 0$ 使得上式等价于：

$$\boldsymbol{\Sigma} + \varepsilon_1 \begin{bmatrix} \boldsymbol{D}_1 \\ \boldsymbol{0} \\ \boldsymbol{0} \\ \boldsymbol{0} \end{bmatrix}\begin{bmatrix} \boldsymbol{D}_1 \\ \boldsymbol{0} \\ \boldsymbol{0} \\ \boldsymbol{0} \end{bmatrix}^{\mathrm{T}} + \varepsilon_1^{-1}(\boldsymbol{E}_1\boldsymbol{P}^{-1},\boldsymbol{0},\boldsymbol{0},\boldsymbol{0})^{\mathrm{T}}(\boldsymbol{E}_1\boldsymbol{P}^{-1},\boldsymbol{0},\boldsymbol{0},\boldsymbol{0}) +$$

$$\varepsilon_2 \begin{bmatrix} \boldsymbol{D}_2 \\ \boldsymbol{0} \\ \boldsymbol{0} \\ \boldsymbol{0} \end{bmatrix}\begin{bmatrix} \boldsymbol{D}_2 \\ \boldsymbol{0} \\ \boldsymbol{0} \\ \boldsymbol{0} \end{bmatrix}^{\mathrm{T}} + \varepsilon_2^{-1}(\boldsymbol{E}_2\boldsymbol{P}^{-1},\boldsymbol{0},\boldsymbol{0},\boldsymbol{0})^{\mathrm{T}}(\boldsymbol{E}_2\boldsymbol{P}^{-1},\boldsymbol{0},\boldsymbol{0},\boldsymbol{0}) +$$

$$\varepsilon_3 \begin{bmatrix} \boldsymbol{D}_3 \\ \boldsymbol{0} \\ \boldsymbol{0} \\ \boldsymbol{0} \end{bmatrix}\begin{bmatrix} \boldsymbol{D}_3 \\ \boldsymbol{0} \\ \boldsymbol{0} \\ \boldsymbol{0} \end{bmatrix}^{\mathrm{T}} + \varepsilon_3^{-1}(\boldsymbol{0},\boldsymbol{0},\varepsilon^{-1}\boldsymbol{E}_3,\boldsymbol{0})^{\mathrm{T}}(\boldsymbol{0},\boldsymbol{0},\varepsilon^{-1}\boldsymbol{E}_3,\boldsymbol{0}) < 0。$$

由引理 3.2.1，可得：

$$\begin{bmatrix} \begin{matrix} \boldsymbol{AP}^{-1} + \boldsymbol{BKP}^{-1} + \\ (\boldsymbol{AP}^{-1} + \boldsymbol{BKP}^{-1})^{\mathrm{T}} + \\ \boldsymbol{P}^{-1}\boldsymbol{QP}^{-1} + \varepsilon_1\boldsymbol{D}_1\boldsymbol{D}_1^{\mathrm{T}} + \\ \varepsilon_2\boldsymbol{D}_2\boldsymbol{D}_2^{\mathrm{T}} + \varepsilon_3\boldsymbol{D}_3\boldsymbol{D}_3^{\mathrm{T}} \end{matrix} & \boldsymbol{A}_d\boldsymbol{P}^{-1} & \varepsilon^{-1}\boldsymbol{B} & \boldsymbol{P}^{-1}\boldsymbol{K}^{\mathrm{T}} & \boldsymbol{P}^{-1}\boldsymbol{E}_1^{\mathrm{T}} & \boldsymbol{P}^{-1}\boldsymbol{E}_3^{\mathrm{T}} & \boldsymbol{P}^{-1}\boldsymbol{E}_2^{\mathrm{T}} \\ * & -\boldsymbol{P}^{-1}\boldsymbol{QP}^{-1} & \boldsymbol{0} & \boldsymbol{0} & \boldsymbol{0} & \boldsymbol{0} & \boldsymbol{0} \\ * & * & -\varepsilon^{-1}\boldsymbol{I} & \boldsymbol{0} & \boldsymbol{0} & \boldsymbol{0} & \boldsymbol{0} \\ * & * & * & -\varepsilon^{-1}\boldsymbol{I} & \boldsymbol{0} & \boldsymbol{0} & \boldsymbol{0} \\ * & * & * & * & -\varepsilon_1\boldsymbol{I} & \boldsymbol{0} & \boldsymbol{0} \\ * & * & * & * & * & -\varepsilon_3\boldsymbol{I} & \boldsymbol{0} \\ * & * & * & * & * & * & -\varepsilon_2\boldsymbol{I} \end{bmatrix} < 0。$$

作变量代换

$$\boldsymbol{X} = \boldsymbol{P}^{-1},\ \overline{\boldsymbol{Q}} = \boldsymbol{P}^{-1}\boldsymbol{QP}^{-1},\ \overline{\boldsymbol{K}} = \boldsymbol{KP}^{-1},\ \bar{\varepsilon} = \varepsilon^{-1},$$

上式等价于式（6.8）。

注 6.1　本章研究的控制对象是带有执行器饱和与不确定性的控制系统，所得到的稳定性条件是以线性矩阵不等式形式给出。

6.3　仿真算例

算例 6.3.1

考虑如下执行器饱和受限的时延系统（6.4），为了与文献［3］的结果进行对比，选取如下系统参数：

$$\boldsymbol{A}=\begin{bmatrix}0 & 1\\ 0.3 & 0\end{bmatrix},\boldsymbol{A}_d=\begin{bmatrix}0.1 & 0.2\\ 0 & 0.3\end{bmatrix},\boldsymbol{B}=\begin{bmatrix}0.2\\ 1\end{bmatrix},$$

$$\boldsymbol{D}_1=\boldsymbol{D}_2=\boldsymbol{D}_3=\boldsymbol{O}\ ,\ d=0.1\ 。$$

利用参考文献［3］中给出的算法，得到的状态反馈控制器为：

$$\boldsymbol{u}(t)=[2.3306,\ -1.8232]\boldsymbol{x}(t)。$$

另外，利用本章给出的设计方法，求解线性矩阵不等式（6.9），得到状态反馈控制器为：

$$\boldsymbol{u}(t)=2\boldsymbol{K}\boldsymbol{x}(t)=[1.4369,\ -0.3481]\boldsymbol{x}(t)。$$

（1）2 种算法仿真结果比较

选取初始条件为：

$$\boldsymbol{x}(0)=\begin{bmatrix}7\\ -6\end{bmatrix}。$$

系统状态 $x_1(t)$ 和 $x_2(t)$ 的变化曲线如图 6.1 和图 6.2 所示。

在图 6.1 和图 6.2 中，实线是利用定理 6.2.2 中算法得到的系统状态的响应曲线。点画线表示利用参考文献［3］中算法得到的响应曲线，从系统状态的快速性来看，定理 6.2.2 中的算法优于参考文献［3］中的算法，而且实线的平滑性也优于点画线。因此，定理 6.2.2 中的算法比参考文献［3］中的算法能得到更好的结果。

（2）系统性能验证

为了验证系统性能，采用绝对误差分散积分（IAE）函数作为性能指标对系统性能进行评价，即：

$$IAE=\int_0^{\infty}|e(t)|\mathrm{d}t。$$

分别使用定理 6.2.2 中的算法和参考文献［3］中的算法的 IAE 函数曲

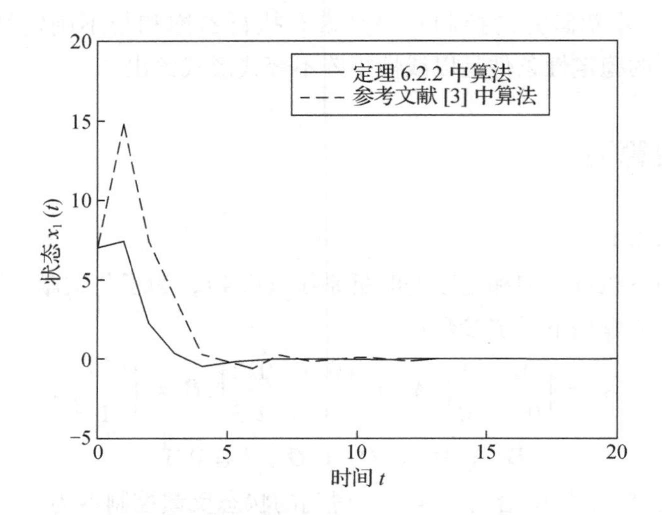

图 6.1　系统状态 $x_1(t)$ 的变化曲线

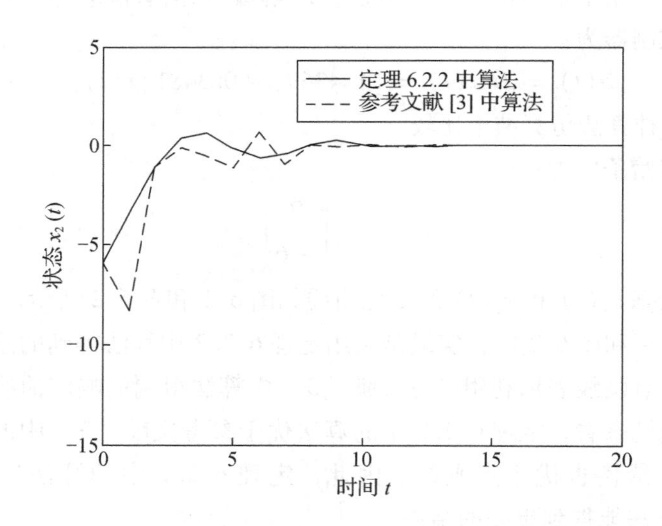

图 6.2　系统状态 $x_2(t)$ 的变化曲线

线如图 6.3 所示。

实线是使用定理 6.2.2 中的算法得到的 IAE 曲线，虚线是使用参考文献［3］中的算法得到的 IAE 函数的曲线。随着时间的推移，定理 6.2.2 中使用算法的变化明显小于参考文献［3］中使用算法的变化。因此，定理

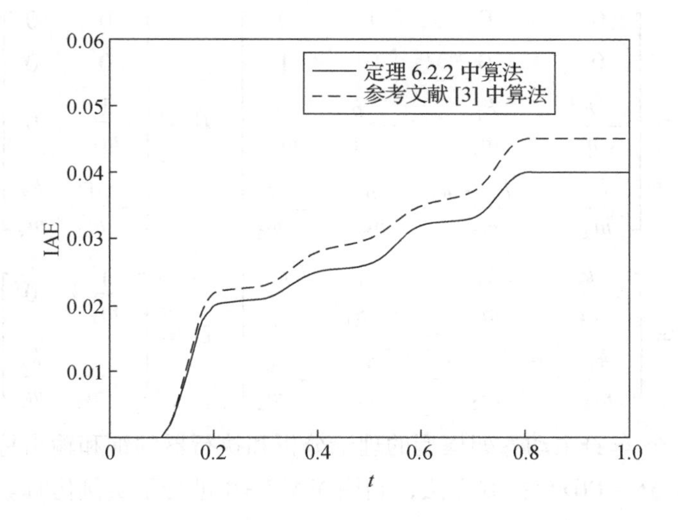

图 6.3　2 种算法的 IAE 函数曲线

6.2.2 中的算法可以有效地提高系统的控制性能。

算例 6.3.2　1/4 车身主动悬架系统可以简化为带弹簧、阻尼器和执行器的 2 自由度振动系统。根据牛顿第二定律，得到了 1/4 车体主动悬架模型的运动方程如下：

$$m_1\ddot{X}_1 = K_1(X_2 - X_1) + b(\dot{X}_2 - \dot{X}_1) + u,$$
$$m_2\ddot{X}_2 = -K_1(X_2 - X_1) - b(\dot{X}_2 - \dot{X}_1) + K_2(X_0 - X_2) - u, \quad (6.10)$$

其中，m_1 和 m_2 分别是弹簧的上下质量，K_1 和 K_2 分别是悬架弹簧刚度和轮胎刚度，b 是等效悬架阻尼系数，u 是执行机构产生的作用力，X_1 和 X_2 分别是车身和悬架的垂直位移，X_0 是道路输入。

选取车体垂直位移 X_1，悬挂垂直位移 X_2，车体垂直速度 $\dot{X}_1$ 和垂直速度 $\dot{X}_2$ 作为状态变量 $\boldsymbol{x} = (X_1, X_2, \dot{X}_1, \dot{X}_2)^{\mathrm{T}}$，选取控制输入向量为 $\boldsymbol{u}' = (u, X_0)^{\mathrm{T}}$。

根据汽车平顺性评价指标可以确定悬架的输出性能。平顺性通常由加权加速度均方根值（a_w）来评估，其中 $\boldsymbol{y} = (\ddot{X}_1, \ddot{X}_2)^{\mathrm{T}}$ 被选为控制输出。由此可得如下状态方程和输出方程：

$$\dot{\boldsymbol{x}} = \boldsymbol{A}\boldsymbol{x} + \boldsymbol{B}\boldsymbol{u}',$$
$$\boldsymbol{y} = \boldsymbol{C}\boldsymbol{x} + \boldsymbol{D}\boldsymbol{u}',$$

其中，

$$
\boldsymbol{A}=\begin{bmatrix} 0 & 0 & 1 & 0 \\ 0 & 0 & 0 & 1 \\ -\frac{k_1}{m_1} & \frac{k_1}{m_1} & -\frac{b}{m_1} & \frac{b}{m_1} \\ \frac{k_1}{m_2} & \frac{-k_1-k_2}{m_2} & \frac{b}{m_2} & -\frac{b}{m_2} \end{bmatrix},\ \boldsymbol{B}=\begin{bmatrix} 0 & 0 \\ 0 & 0 \\ \frac{1}{m_1} & 0 \\ -\frac{1}{m_2} & \frac{k_2}{m_2} \end{bmatrix},
$$

$$
\boldsymbol{C}=\begin{bmatrix} -\frac{k_1}{m_1} & \frac{k_1}{m_1} & -\frac{b}{m_1} & \frac{b}{m_1} \\ \frac{k_1}{m_2} & \frac{-k_1-k_2}{m_2} & \frac{b}{m_2} & -\frac{b}{m_2} \end{bmatrix},\ \boldsymbol{D}=\begin{bmatrix} \frac{1}{m_1} & 0 \\ -\frac{1}{m_2} & \frac{k_2}{m_2} \end{bmatrix}。
$$

根据 1/4 车身主动悬架模型的理论分析和执行器的饱和输出特性，采用比例积分微分（PID）控制方法，利用 MATLAB 进行了实例仿真。用于建模和仿真的主动悬架参数如下：

$$
m_1 = 225\ \mathrm{kg}, m_2 = 30\ \mathrm{kg}, k_1 = 18\ 500\ \mathrm{N/m},
$$

$$
k_2 = 1600\ \mathrm{N/m}, b = 1600\ \mathrm{N \cdot s/m}\ ,
$$

阶跃信号作为路面的输入信号。

图 6.4 显示了由 PID 控制的 1/4 车身主动悬架模型的质量输出加速度和弹簧上作用时间之间的关系。考虑到比例环节（P）对整个系统的影响最大，本章主要分析了通过改变 P 值来实现 PID 控制对主动悬架的影响。当

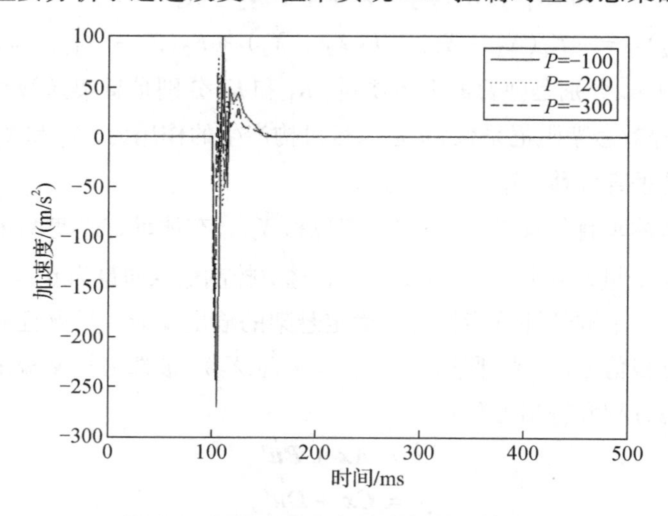

图 6.4　不同 P 值下加速度与时间的关系

$P = -100$，-200 和 -300 时，悬架模型的模拟加速度和时间之间的关系如图 6. 4 所示。

图 6. 4 显示悬架输出的最大振幅范围随 P 绝对值的增加而减小，通过调节 P 值，PID 控制可以有效地吸收悬架的振动输出。但随着 P 的绝对值逐渐增大，系统振动频率也趋于增大，使得系统的收敛时间增大，系统的稳定性变差。因此，PID 控制能有效地吸收悬架的振动输出，但不能保证系统的收敛速度。

为了与 PID 控制器对系统状态的控制仿真结果进行比较，采用了本文提出的方法，求解线性矩阵不等式（6. 9），得到状态反馈控制器：

$$\boldsymbol{u}(t) = 2\boldsymbol{K}\boldsymbol{x}(t) = (-4.3472, 0.2592)\boldsymbol{x}(t)。$$

加速度与时间的关系曲线如图 6. 5 所示。

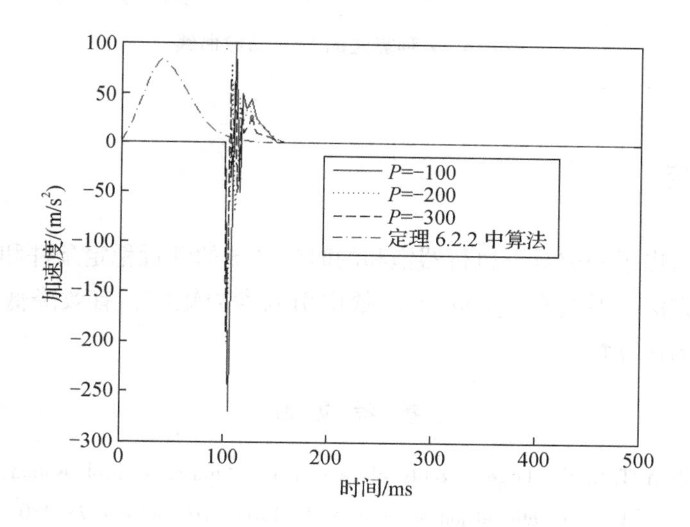

图 6. 5　加速度与时间的关系曲线

从图 6. 5 可以看出，加速度曲线的快速性和平滑性都优于 PID 控制器。结果表明，该控制器能有效地改善系统的动态性能。定理 6. 2. 2 中的算法优于 PID 控制器。

为了比较系统性能，2 种算法的 IAE 函数曲线如图 6. 6 所示。

实线是使用定理 6. 2. 2 中的算法的 IAE 函数的曲线，虚线是使用 PID 控制器的 IAE 函数的曲线。显然，定理 6. 2. 2 中的算法比 PID 控制器要好。

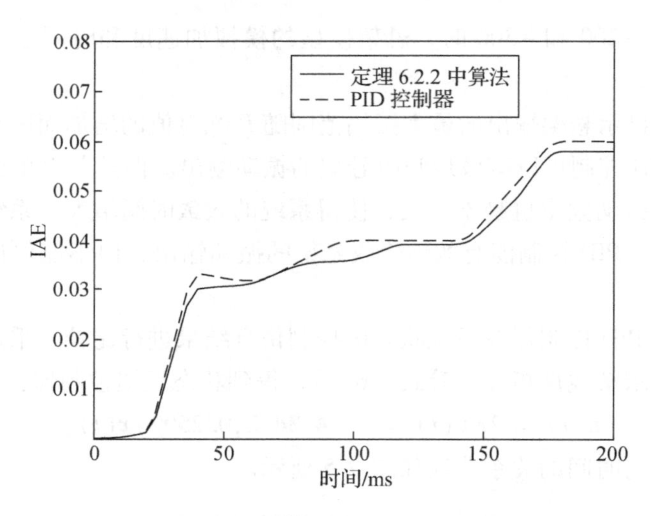

图 6.6　2 种算法的 IAE 函数曲线

6.4　小结

本章给出了一类具有执行器饱和的时延系统的渐近稳定条件和状态反馈控制设计方法。通过在 Lyapunov 函数中引入参数矩阵，有效降低了系统稳定性条件的保守性。

参考文献

[1] FULLER A T. In the large stability of relay and saturating control systems with linear controllers [J]. International journal of control, 1969, 10 (4): 457 - 480.

[2] WANG C L. Semi-global practical stabilization of nonholonomic wheeled mobile robots with saturated inputs [J]. Automatica, 2008, 44 (3): 816 - 822.

[3] JOAO M GOMES D, TARBOURIECH S, GARCIA G. Anti-windup design for time-delay systems subject to input saturation an LMI-based approach [J]. European journal of control, 2006, 12 (6): 622 - 634.

[4] HU T S, LIN Z L, CHEN B M. Analysis and design for discrete-time linear systems subject to actuator saturation [J]. Systems & control letters, 2002, 45 (2): 97 - 112.

[5] ZHOU R J, ZHANG X X, SHI G Y. Output feedback stabilization of networked systems subject to actuator saturation and packet dropout [J]. Lecture notes in electrical

engineering, 2012, 136: 149 - 154.

[6] ZHAO L, XU H, YUAN Y, et al. Stabilization for networked control systems subject to actuator saturation and network-induced delays [J]. Neurocomputinng, 2017, 267: 354 - 361.

[7] SONG Y, FANG X S. Distributed model predictive control for polytopic uncertain system with randomly occurring actuator saturation and package losses [J]. IET control theory and applications, 2014, 8 (5): 297 - 310.

[8] CHEN Y G, FEI S M, LI Y M. Stabilization of neutral time-delay systems with actuator saturation via auxiliary time-delay feedback [J]. Automatica, 2015, 52: 242 - 247.

[9] ZHOU B. Analysis and design of discrete-time linear systems with nested actuator saturations [J]. Systems & control letters, 2013, 62: 871 - 879.

[10] ZHANG L, BOUKAS E, HAIDAR A. Delay-range-dependent control synthesis for time-delay systems with actuator saturation [J]. Automatica, 2008, 44: 2691 - 2695.

[11] MA Y C, JIA X R, ZHANG Q L. Robust observer-based finite-time H_∞ control for discrete-time singular Markovian jumping system with time delay and actuator saturation [J]. Nonlinear analysis: hybrid systems, 2018, 28: 1 - 22.

[12] MA Y C, JIA X R, ZHANG Q L. Robust finite-time non-fragile memory H_∞ control for discrete-time singular Markovian jumping systems subject to actuator saturation [J]. Journal of the Franklin institute, 2017, 354: 8256 - 8282.

[13] QI W H, KAO Y G, GAO X W, et al. Controller design for time-delay system with stochastic disturbance and actuator saturation via a new criterion [J]. Applied mathematics and computation, 2018, 320: 535 - 546.

[14] SONG G, LAM J, XU S. Quantized feedback stabilization of continuous time-delay systems subject to actuator saturation [J]. Nonlinear analysis: hybrid systems, 2018, 30: 1 - 13.

[15] YANG T, HUANG W, ZHAO Y X. A dynamic allocation strategy of bandwidth of networked control systems with bandwidth constraints [J]. Advanced information management, communicates, electronic & automation control, 2017, 25: 1153 - 1158.

第7章　基于线性矩阵不等式方法的复杂生态系统的抗饱和控制

海洋浮游生物是海洋生产力的基础。近年来，由于人为因素对生态系统的严重影响和自然气候的直接或间接影响，海洋环境严重恶化。因此，预测和控制浮游生态系统的发展趋势具有重要意义[1-3]。近年来，国内外学者致力于建立生态模型，通过数值模拟来观察物种的发展[4-6]。例如，在参考文献［7-8］中，Feng 等研究了浮游生态系统的非线性动力学特性、稳定性和分叉问题，将海洋浮游生态系统建模为一个非线性动力学系统，并利用 Lyapunov 稳定性理论系统性能进行了分析。参考文献［9］采用同化分析方法对海洋浮游生态系统进行模拟，该方法虽然考虑了动态约束和数据约束，估计了大量的参数，但计算量大，实现困难。本章的目的是寻找一种更简单有效的方法来模拟系统模型。Herrmann 等[10]根据年际变化和冬季大气条件建立了三维物理 - 生物 - 地球化学耦合模式，并进行了统计和收支分析。Schartau 等[11]研究了海洋浮游生态系统建模中的参数识别问题。

饱和现象广泛存在于各种实际控制系统。本质上，任何系统都有不同程度的饱和约束[12-14]。如果不考虑饱和因素的影响，严重时会导致系统性能下降甚至不稳定[15-17]。20 世纪 60 年代，Fuller 首次提出了饱和系统，并采用反馈计算和跟踪的策略使系统快速退出饱和区域。近几十年来，执行器饱和控制受到了众多学者的广泛关注[18-19]。关于饱和网络系统，Zhou 等[20]研究了具有执行器饱和的网络系统基于观测器的输出反馈控制问题。在参考文献［21］中，Zhao 等考虑了饱和网络系统的镇定问题。通过更新网络控制系统控制信号的阶跃，采用锥互补线性化方法设计了状态反馈控制器。然而，在饱和时滞系统的研究过程中，上述文献设计的 Lyapunov 函数缺少合适的参数矩阵，结果具有较大的保守性。另外，由于没有考虑外界干扰或不确定性对系统的影响，因此浮游生态系统模型并不完善。并且由于计算量大，实际应用中很难实现。

正因为如此，本章的目的是寻找一种更简单有效的方法来研究浮游生态系统模型的稳定性等动力学特性。本章应用混合动力学理论建立了饱和受限的海洋浮游生态系统的非线性动力学模型，并用网络控制方法研究了其稳定性和控制问题。

7.1　模型的建立

参考文献［22］给出了如下假设：①浮游生物遵循 logistic 增长模型，考虑了人类捕捞行为的弱化效应和人类捕捞行为对浮游生物生存的污染；②人类捕捞行为和捕捞行为本身造成的污染对捕捞总量有负面影响；③浮游生态系统具有一定的自净能力。海洋浮游生态系统的混合动力学模型如下：

$$\begin{cases}\dfrac{\mathrm{d}\hat{x}}{\mathrm{d}t}=\hat{a}\hat{x}\left(1-\dfrac{\hat{x}}{\hat{k}}\right)-\hat{c}\hat{x}\hat{y}-\hat{\lambda}\hat{x}\hat{z},\\ \dfrac{\mathrm{d}\hat{y}}{\mathrm{d}t}=\hat{\delta}\hat{c}\hat{x}\hat{y}-\hat{b}\hat{y}\hat{z}-\hat{\gamma}\hat{y},\\ \dfrac{\mathrm{d}\hat{z}}{\mathrm{d}t}=\hat{h}\hat{z}\hat{y}-\hat{\varepsilon}\hat{z},\end{cases}\tag{7.1}$$

其中，$\hat{x}(t)$ 是浮游生物的总量，$\hat{z}(t)$ 是人类捕捞行为造成的污染，$\hat{y}(t)$ 是总捕获量，$\hat{a}(>0)$ 是浮游生物的内部生长速率，$\hat{k}(>0)$ 是浮游生物的承载能力，$\hat{c}(>0)$ 是浮游生物总量随捕捞频率的增加而减少的速率，$\hat{\lambda}(>0)$ 是人类捕捞行为造成的污染所造成的浮游生物总量的减少率，$\hat{\delta}(>0)$ 是系统中浮游生物的利用效率，$\hat{b}(>0)$ 是人类捕捞行为对捕捞频率造成的污染减少率，$\hat{\gamma}(>0)$ 是捕捞强度，$\hat{h}(>0)$ 是捕鱼频率增加造成的污染率，$\hat{\varepsilon}(>0)$ 是生态系统的净化率。

系统（7.1）可以转化为：

$$\dot{\boldsymbol{x}}(t)=\boldsymbol{A}\boldsymbol{x}(t)+\boldsymbol{f}_1(t),$$

其中，

$$\boldsymbol{x}(t)=\begin{bmatrix}\hat{x}(t)\\ \hat{y}(t)\\ \hat{z}(t)\end{bmatrix},\quad \boldsymbol{A}=\begin{bmatrix}\hat{a}&0&0\\ 0&-\hat{\gamma}&0\\ 0&0&-\hat{\varepsilon}\end{bmatrix},\quad \boldsymbol{f}_1(t)=\begin{bmatrix}-\dfrac{\hat{a}}{\hat{k}}\hat{x}^2-\hat{c}\hat{x}\hat{y}-\hat{\lambda}\hat{x}\hat{z}\\ \hat{\delta}\hat{c}\hat{x}\hat{y}-\hat{b}\hat{y}\hat{z}\\ \hat{h}\hat{z}\hat{y}\end{bmatrix}。$$

在外部不确定性和饱和因素的影响下，得到海洋浮游生态系统的混合模型：

$$\begin{cases}\dot{\boldsymbol{x}}(t) = (\boldsymbol{A} + \Delta\boldsymbol{A}(t))\boldsymbol{x}(t) + (\boldsymbol{B} + \Delta\boldsymbol{B}(t))sat(\boldsymbol{u}(t)) \\ \boldsymbol{x}(t) = \boldsymbol{\phi}(t)\end{cases}, \tag{7.2}$$

其中，$\boldsymbol{A} \in \mathbf{R}^{n\times n}$，$\boldsymbol{B} \in \mathbf{R}^{n\times m}$ 是常数矩阵，$\boldsymbol{x}(t) \in \mathbf{R}^n$ 是系统状态，$\boldsymbol{u}(t) \in \mathbf{R}^m$ 是控制输入，$\boldsymbol{\phi}(t) \in \mathbf{R}^n$ 是给定的初始状态。

饱和函数为 $sat(\boldsymbol{u}(t)) = [sat(u_1(t)), sat(u_2(t)), \cdots, sat(u_m(t))]$，其中

$$sat(u_i(t)) = \begin{cases}\underline{u}_i, & u_i(t) \leqslant \underline{u}_i < 0 \\ u_i(t), & \underline{u}_i \leqslant u_i(t) \leqslant \bar{u}_i \text{。} \\ \bar{u}_i, & 0 < \bar{u}_i \leqslant u_i(t)\end{cases}$$

$\Delta\boldsymbol{A}(t)$、$\Delta\boldsymbol{B}(t)$ 代表是不确定性并满足

$$\begin{cases}\Delta\boldsymbol{A}(t) = \boldsymbol{D}_1\boldsymbol{F}(t)\boldsymbol{E}_1, \\ \Delta\boldsymbol{B}(t) = \boldsymbol{D}_2F(t)\boldsymbol{E}_2, \\ \boldsymbol{F}^{\mathrm{T}}(t)\boldsymbol{F}(t) \leqslant I,\end{cases} \tag{7.3}$$

注 7.1 以往对海洋浮游生态动力系统的研究主要集中在线性系统的性能分析上。在系统模型（7.2）中，考虑了外部扰动对系统的影响，以及控制器饱和对控制设计和系统性能的影响。

设计以下控制器

$$\boldsymbol{u}(t) = 2\boldsymbol{K}\boldsymbol{x}(t), \tag{7.4}$$

其中，$\boldsymbol{K} \in \mathbf{R}^{m\times n}$ 是常数矩阵。

由式（7.2）和式（7.3），可以得到闭环系统

$$\begin{cases}\dot{\boldsymbol{x}}(t) = \bar{\boldsymbol{A}}(t)\boldsymbol{x}(t) + \bar{\boldsymbol{B}}(t)\boldsymbol{\eta}(t), \\ \boldsymbol{x}(t) = \boldsymbol{\phi}(t),\end{cases} \tag{7.5}$$

其中，

$$\bar{\boldsymbol{A}}(t) = \boldsymbol{A} + \boldsymbol{B}\boldsymbol{K} + \Delta\boldsymbol{A}(t) + \Delta\boldsymbol{B}(t)\boldsymbol{K},$$

$$\bar{\boldsymbol{B}}(t) = \boldsymbol{B} + \Delta\boldsymbol{B}(t),$$

$$\boldsymbol{\eta}(t) = sat(2\boldsymbol{K}\boldsymbol{x}(t)) - \boldsymbol{K}\boldsymbol{x}(t), \tag{7.6}$$

$$\boldsymbol{\eta}^{\mathrm{T}}(t)\boldsymbol{\eta}(t) \leqslant \boldsymbol{x}^{\mathrm{T}}(t)\boldsymbol{K}^{\mathrm{T}}\boldsymbol{K}\boldsymbol{x}(t)\text{。} \tag{7.7}$$

7.2 主要结果

定理 7.2.1 如果存在矩阵 $\boldsymbol{K} \in \mathbf{R}^{m\times n}$，正定矩阵 $\boldsymbol{P} \in \mathbf{R}^{n\times n}$ 和常数 $\varepsilon >$

0，使得下面不等式成立

$$\begin{bmatrix} \bar{\boldsymbol{A}}^{\mathrm{T}}(t)\boldsymbol{P} + \boldsymbol{P}\bar{\boldsymbol{A}}(t) + \varepsilon\boldsymbol{K}^{\mathrm{T}}\boldsymbol{K} & \boldsymbol{P}\bar{\boldsymbol{B}}(t) \\ * & -\varepsilon\boldsymbol{I} \end{bmatrix} < 0, \tag{7.8}$$

则系统（7.5）是稳定的。

证明：构造如下 Lyapunov 函数

$$\boldsymbol{V}(t) = \boldsymbol{x}^{\mathrm{T}}(t)\boldsymbol{P}\boldsymbol{x}(t)$$

其中，$\boldsymbol{P} \in \mathbf{R}^{n\times n}$ 是正定矩阵。

容易得到

$$\begin{aligned}\dot{\boldsymbol{V}}(t) &= \boldsymbol{x}^{\mathrm{T}}(t)(\boldsymbol{P}\bar{\boldsymbol{A}}(t) + \bar{\boldsymbol{A}}^{\mathrm{T}}(t)\boldsymbol{P})\boldsymbol{x}(t) + 2\boldsymbol{x}^{\mathrm{T}}(t)\boldsymbol{P}\bar{\boldsymbol{B}}(t)\boldsymbol{\eta}(t) \\ &= \begin{bmatrix} \boldsymbol{x}(t) \\ \boldsymbol{\eta}(t) \end{bmatrix}^{\mathrm{T}} \begin{bmatrix} \boldsymbol{P}\bar{\boldsymbol{A}}(t) + \bar{\boldsymbol{A}}^{\mathrm{T}}(t)\boldsymbol{P} & \boldsymbol{P}\bar{\boldsymbol{B}}(t) \\ * & \boldsymbol{0} \end{bmatrix} \begin{bmatrix} \boldsymbol{x}(t) \\ \boldsymbol{\eta}(t) \end{bmatrix}。\end{aligned} \tag{7.9}$$

由式（7.7）和正数 ε，可得

$$0 \leqslant \begin{bmatrix} \boldsymbol{x}(t) \\ \boldsymbol{\eta}(t) \end{bmatrix}^{\mathrm{T}} \begin{bmatrix} \varepsilon\boldsymbol{K}^{\mathrm{T}}\boldsymbol{K} & \boldsymbol{0} \\ * & -\varepsilon\boldsymbol{I} \end{bmatrix} \begin{bmatrix} \boldsymbol{x}(t) \\ \boldsymbol{\eta}(t) \end{bmatrix},$$

把上式代入式（7.9）式得到

$$\dot{\boldsymbol{V}}(t) \leqslant \begin{bmatrix} \boldsymbol{x}(t) \\ \boldsymbol{\eta}(t) \end{bmatrix}^{\mathrm{T}} \begin{bmatrix} \bar{\boldsymbol{A}}^{\mathrm{T}}(t)\boldsymbol{P} + \boldsymbol{P}\bar{\boldsymbol{A}}(t) + \varepsilon\boldsymbol{K}^{\mathrm{T}}\boldsymbol{K} & \boldsymbol{P}\bar{\boldsymbol{B}}(t) \\ * & -\varepsilon\boldsymbol{I} \end{bmatrix} \begin{bmatrix} \boldsymbol{x}(t) \\ \boldsymbol{\eta}(t) \end{bmatrix},$$

由条件（7.8）可知系统（7.5）是稳定的。

注 7.2　在定理 7.2.1 中，利用扇形区域法将控制饱和项转化为矩阵不等式约束，有效地处理了饱和项。

注 7.3　显然，矩阵不等式（7.8）不是关于变量 $\boldsymbol{K},\boldsymbol{P},\varepsilon$ 的线性矩阵不等式。接下来，我们将使用一些矩阵变换将不等式（7.8）转化为变量 $\boldsymbol{K}$，$\boldsymbol{P},\varepsilon$ 的线性矩阵不等式。

定理 7.2.2　如果存在正定矩阵 $\boldsymbol{X} \in \mathbf{R}^{n\times n}$、矩阵 $\bar{\boldsymbol{K}} \in \mathbf{R}^{m\times n}$ 和常数 $\bar{\varepsilon} > 0,\varepsilon_1 > 0,\varepsilon_2 > 0$，使得如下线性矩阵不等式成立

$$\begin{bmatrix} \boldsymbol{\Xi} & \varepsilon^{-1}\boldsymbol{B} & \bar{\boldsymbol{K}}^{\mathrm{T}} & \boldsymbol{X}\boldsymbol{E}_1^{\mathrm{T}} & \boldsymbol{X}\boldsymbol{E}_2^{\mathrm{T}} \\ * & -\bar{\varepsilon}\boldsymbol{I} & \boldsymbol{0} & \boldsymbol{0} & \boldsymbol{0} \\ * & * & -\bar{\varepsilon}\boldsymbol{I} & \boldsymbol{0} & \boldsymbol{0} \\ * & * & * & -\varepsilon_1\boldsymbol{I} & \boldsymbol{0} \\ * & * & * & * & -\varepsilon_2\boldsymbol{I} \end{bmatrix} < 0, \tag{7.10}$$

其中，

$$\boldsymbol{\Xi} = \boldsymbol{AX} + \boldsymbol{B}\overline{\boldsymbol{K}} + (\boldsymbol{AX} + \boldsymbol{B}\overline{\boldsymbol{K}})^{\mathrm{T}} + \varepsilon_1\boldsymbol{D}_1\boldsymbol{D}_1^{\mathrm{T}} + \varepsilon_2\boldsymbol{D}_2\boldsymbol{D}_2^{\mathrm{T}}。$$

如果设计控制器为

$$\boldsymbol{u}(t) = 2\overline{\boldsymbol{K}}\boldsymbol{X}^{-1}\boldsymbol{x}(t)$$

则系统（7.5）是稳定的。

证明：根据引理2.1.1，很容易知道不等式（7.8）等价于

$$\begin{bmatrix} \overline{\boldsymbol{A}}^{\mathrm{T}}(t)\boldsymbol{P} + \boldsymbol{P}\overline{\boldsymbol{A}}(t) & \boldsymbol{P}\overline{\boldsymbol{B}}(t) & \varepsilon\boldsymbol{K}^{\mathrm{T}} \\ * & -\varepsilon\boldsymbol{I} & \boldsymbol{0} \\ * & * & -\varepsilon\boldsymbol{I} \end{bmatrix} < 0,$$

将上述方程的两边同时乘以矩阵 $\mathrm{diag}\{\boldsymbol{P}^{-1},\boldsymbol{\varepsilon}^{-1}\boldsymbol{I},\boldsymbol{\varepsilon}^{-1}\boldsymbol{I}\}$，我们得到

$$\begin{bmatrix} \boldsymbol{P}^{-1}\overline{\boldsymbol{A}}^{\mathrm{T}}(t) + \overline{\boldsymbol{A}}(t)\boldsymbol{P}^{-1} & \varepsilon^{-1}\overline{\boldsymbol{B}}(t) & \boldsymbol{P}^{-1}\boldsymbol{K}^{\mathrm{T}} \\ * & -\varepsilon^{-1}\boldsymbol{I} & \boldsymbol{0} \\ * & * & -\varepsilon^{-1}\boldsymbol{I} \end{bmatrix} < 0。$$

利用式（7.6）和引理3.2.1，我们知道存在常数 $\varepsilon_1 > 0$ 和 $\varepsilon_2 > 0$ 使得上述不等式等价于

$$\begin{bmatrix} \boldsymbol{AP}^{-1} + \boldsymbol{BKP}^{-1} + (\boldsymbol{AP}^{-1} + \boldsymbol{BKP}^{-1})^{\mathrm{T}} & \varepsilon^{-1}\boldsymbol{B} & \boldsymbol{P}^{-1}\boldsymbol{K}^{\mathrm{T}} \\ * & -\varepsilon^{-1}\boldsymbol{I} & \boldsymbol{0} \\ * & * & -\varepsilon^{-1}\boldsymbol{I} \end{bmatrix} +$$

$$\varepsilon_1\begin{bmatrix} \boldsymbol{D}_1 \\ \boldsymbol{0} \\ \boldsymbol{0} \end{bmatrix}\begin{bmatrix} \boldsymbol{D}_1 \\ \boldsymbol{0} \\ \boldsymbol{0} \end{bmatrix}^{\mathrm{T}} + \varepsilon_1^{-1}(\boldsymbol{E}_1\boldsymbol{P}^{-1},\boldsymbol{0},\boldsymbol{0})^{\mathrm{T}}(\boldsymbol{E}_1\boldsymbol{P}^{-1},\boldsymbol{0},\boldsymbol{0}) +$$

$$\varepsilon_2\begin{bmatrix} \boldsymbol{D}_2 \\ \boldsymbol{0} \\ \boldsymbol{0} \end{bmatrix}\begin{bmatrix} \boldsymbol{D}_2 \\ \boldsymbol{0} \\ \boldsymbol{0} \end{bmatrix}^{\mathrm{T}} + \varepsilon_2^{-1}(\boldsymbol{0},\varepsilon^{-1}\boldsymbol{E}_2,\boldsymbol{0})^{\mathrm{T}}(\boldsymbol{0},\varepsilon^{-1}\boldsymbol{E}_2,\boldsymbol{0}) < 0。$$

再次利用引理2.1.1，上述不等式等价于

$$\begin{bmatrix} \boldsymbol{\Pi} & \varepsilon^{-1}\boldsymbol{B} & \boldsymbol{P}^{-1}\boldsymbol{K}^{\mathrm{T}} & \boldsymbol{P}^{-1}\boldsymbol{E}_1^{\mathrm{T}} & \boldsymbol{P}^{-1}\boldsymbol{E}_2^{\mathrm{T}} \\ * & -\varepsilon^{-1}\boldsymbol{I} & \boldsymbol{0} & \boldsymbol{0} & \boldsymbol{0} \\ * & * & -\varepsilon^{-1}\boldsymbol{I} & \boldsymbol{0} & \boldsymbol{0} \\ * & * & * & -\varepsilon_1\boldsymbol{I} & \boldsymbol{0} \\ * & * & * & * & -\varepsilon_2\boldsymbol{I} \end{bmatrix} < 0,$$

其中，

$$\boldsymbol{\Pi} = \varepsilon_1\boldsymbol{D}_1\boldsymbol{D}_1^{\mathrm{T}} + \varepsilon_2\boldsymbol{D}_2\boldsymbol{D}_2^{\mathrm{T}} + \boldsymbol{AP}^{-1} + \boldsymbol{BKP}^{-1} + (\boldsymbol{AP}^{-1} + \boldsymbol{BKP}^{-1})^{\mathrm{T}}。$$

通过一些变换

$$\boldsymbol{X} = \boldsymbol{P}^{-1}, \overline{\boldsymbol{K}} = \boldsymbol{K}\boldsymbol{P}^{-1}, \bar{\varepsilon} = \varepsilon^{-1},$$

可知上述不等式等价于（7.10）。

注7.4 利用引理2.1.1和引理3.2.1，矩阵不等式（7.10）是线性矩阵不等式，而且条件（7.10）等价于条件（7.8）。利用定理7.2.2，可知系统（7.5）是稳定的。

7.3 仿真算例

算例7.3.1

考虑以下海洋浮游生物生态系统的混合模型（7.5）[20]，其中

$$\boldsymbol{A} = \begin{bmatrix} 0.6 & 0 & 0 \\ 0 & -0.2 & 0 \\ 0 & 0 & -0.3 \end{bmatrix}, \boldsymbol{B} = \begin{bmatrix} 0.5 \\ -0.2 \\ 0.1 \end{bmatrix}, \boldsymbol{D}_1 = \begin{bmatrix} 0.01 \\ -0.5 \\ -0.1 \end{bmatrix}, \boldsymbol{D}_2 = \begin{bmatrix} -0.01 \\ 0.3 \\ 0.1 \end{bmatrix},$$

$$\boldsymbol{F}(t) = \sin t, \boldsymbol{E}_1 = (0.2, 0.03, -0.1), \boldsymbol{E}_2 = 0.3。$$

利用PID算法，得到状态反馈控制器

$$\boldsymbol{u}(t) = (1.4575, 0.4692, -3.6202)\boldsymbol{x}(t)。$$

另一方面，通过求解线性矩阵不等式（7.10），得到

$$\boldsymbol{X} = \begin{bmatrix} 1.3426 & 0.3156 & -1.4265 \\ 0.3156 & 0.2356 & 2.1435 \\ -1.4265 & 2.1435 & 3.5626 \end{bmatrix},$$

$$\boldsymbol{K} = (0.3155, 1.4266, -3.4678),$$

$$\bar{\varepsilon} = 0.1345, \varepsilon_1 = 1.6537, \varepsilon_2 = 0.1952,$$

控制器可以设计为

$$\boldsymbol{u}(t) = (1.4605, 0.4063, -1.4367)\boldsymbol{x}(t)。$$

（1）2种算法的比较

选择初始状态为

$$\boldsymbol{x}(0) = (3, -1, 5)^{\mathrm{T}},$$

状态 $x_1(t)$、$x_2(t)$、$x_3(t)$ 的模拟结果如图7.1—图7.3所示。

本章给出的设计方法得到的状态 $x_1(t)$ 的曲线具有较好的稳定性和较快的收敛速度，比PID算法得到的曲线更为平滑。

结果表明，本章给出的方法得到的状态 $x_2(t)$ 的曲线收敛速度明显加

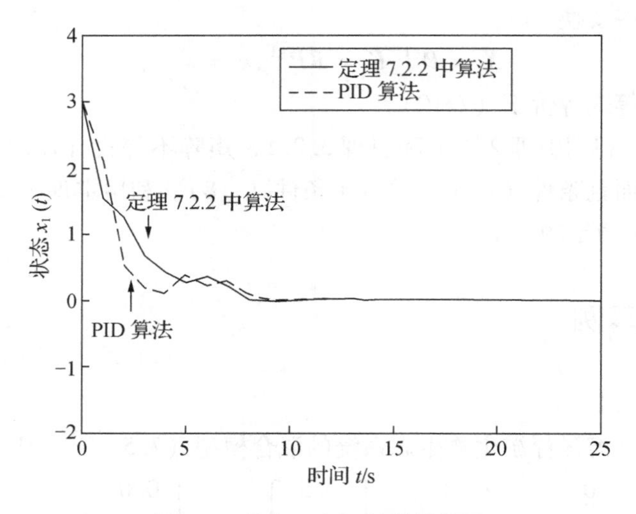

图 7.1 状态 $x_1(t)$ 的模拟结果

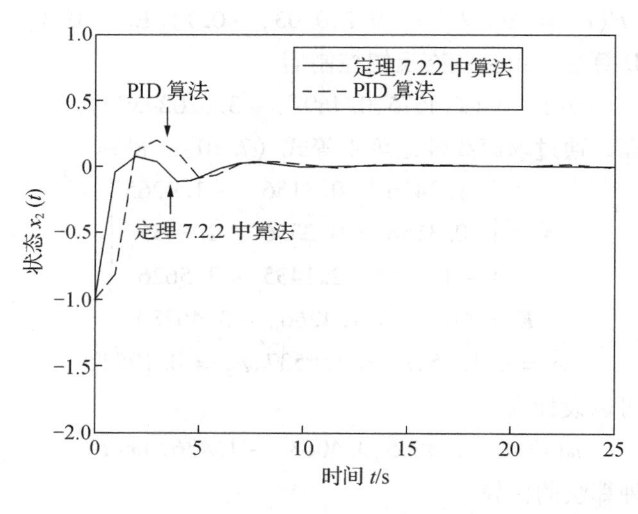

图 7.2 状态 $x_2(t)$ 的模拟结果

快，超调量较小，与 PID 算法得到的状态曲线相比更加平滑。

从图 7.3 可以看出，用本章方法得到的状态 $x_3(t)$ 的曲线收敛速度明显加快，稳定性很好，而用 PID 算法得到的状态曲线有明显的振荡。因此，定理 7.2 中的算法比 PID 算法有更好的效果。

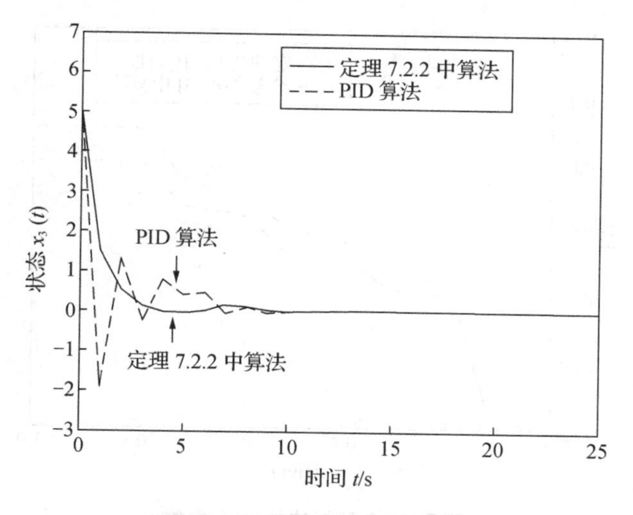

图 7.3　状态 $x_3(t)$ 的模拟结果

（2）2 种算法对系统性能的检验比较

本章选取 IAE 函数来比较两种方法的优缺点。IAE 值较小的方法是较好的方法。IAE 的形式如下：

$$IAE = \int_0^\infty |e(t)| \mathrm{d}t。$$

利用本章方法和 PID 方法分别计算了 IAE 函数的值，并得到了 IAE 曲线如图 7.4 所示。

在图 7.4 中，很容易看出，当时间从 0 s 变为 0.2 s 时，两种方法的 IAE 值基本相等。然而，经过 0.2 s 后，PID 算法得到的 IAE 值比本章提出的方法要大得多。因此，从 IAE 值来看，本章采用的方法优于 PID 方法。

算例 7.3.2

本章所得到的设计方法可推广到相关系统的控制过程中。在本例中，我们考虑 1/4 车身主动悬架系统。该方程如下

$$m_1\ddot{X}_1 = K_1(X_2 - X_1) + b(\dot{X}_2 - \dot{X}_1) + u$$

$$m_2\ddot{X}_2 = -K_1(X_2 - X_1) - b(\dot{X}_2 - \dot{X}_1) + K_2(X_0 - X_2) - u \quad (7.11)$$

其中，m_1 和 m_2 分别为的上下弹簧的质量，K_1 和 K_2 分别为悬架弹簧刚度和轮胎刚度，b 为等效悬架阻尼系数，u 为执行器产生的作用力，X_1 和 X_2 分别为车身和悬架的垂直位移，X_0 为道路输入。

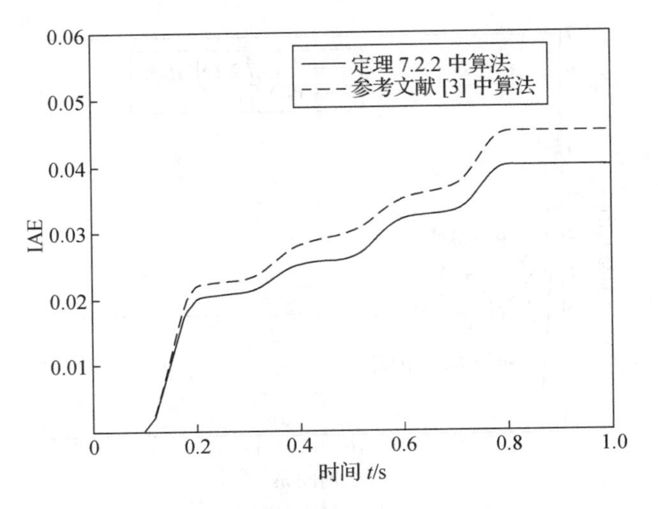

图 7.4 2 种算法的 IAE 曲线

选取车身垂向位移 X_1 、悬架垂向位移 X_2 、车身垂向速度 $\dot{X}_1$ 和以悬架为状态变量 $\boldsymbol{x} = (X_1, X_2, \dot{X}_1, \dot{X}_2)^{\mathrm{T}}$ 的垂向速度 $\dot{X}_2$ ，选择控制输入矢量 $\boldsymbol{u}' = (u, X_0)^{\mathrm{T}}$ ，$\boldsymbol{y} = (\ddot{X}_1, \ddot{X}_2)^{\mathrm{T}}$ 为作为系统输出。

可以得到状态方程

$$\begin{aligned} \dot{\boldsymbol{x}} &= \boldsymbol{A}\boldsymbol{x} + \boldsymbol{B}\boldsymbol{u}', \\ \boldsymbol{y} &= \boldsymbol{C}\boldsymbol{x} + \boldsymbol{D}\boldsymbol{u}', \end{aligned}$$

其中，

$$\boldsymbol{A} = \begin{bmatrix} 0 & 0 & 1 & 0 \\ 0 & 0 & 0 & 1 \\ -\dfrac{k_1}{m_1} & \dfrac{k_1}{m_1} & -\dfrac{b}{m_1} & \dfrac{b}{m_1} \\ \dfrac{k_1}{m_2} & \dfrac{-k_1-k_2}{m_2} & \dfrac{b}{m_2} & -\dfrac{b}{m_2} \end{bmatrix}, \boldsymbol{B} = \begin{bmatrix} 0 & 0 \\ 0 & 0 \\ \dfrac{1}{m_1} & 0 \\ -\dfrac{1}{m_2} & \dfrac{k_2}{m_2} \end{bmatrix},$$

$$\boldsymbol{C} = \begin{bmatrix} -\dfrac{k_1}{m_1} & \dfrac{k_1}{m_1} & -\dfrac{b}{m_1} & \dfrac{b}{m_1} \\ \dfrac{k_1}{m_2} & \dfrac{-k_1-k_2}{m_2} & \dfrac{b}{m_2} & -\dfrac{b}{m_2} \end{bmatrix}, \boldsymbol{D} = \begin{bmatrix} \dfrac{1}{m_1} & 0 \\ -\dfrac{1}{m_2} & \dfrac{k_2}{m_2} \end{bmatrix}。$$

主动悬架的参数选择如下

$$m_1 = 300\ \text{kg}, m_2 = 50\ \text{kg}, k_1 = 20\ 000\ \text{N/m},$$
$$k_2 = 2000\ \text{N/m}, b = 1800\ \text{N}\cdot\text{s/m}。$$

对于 PID 方法，通过改变 $P=-200$、-300、-400，模拟加速度和时间之间的关系如图 7.5 所示。

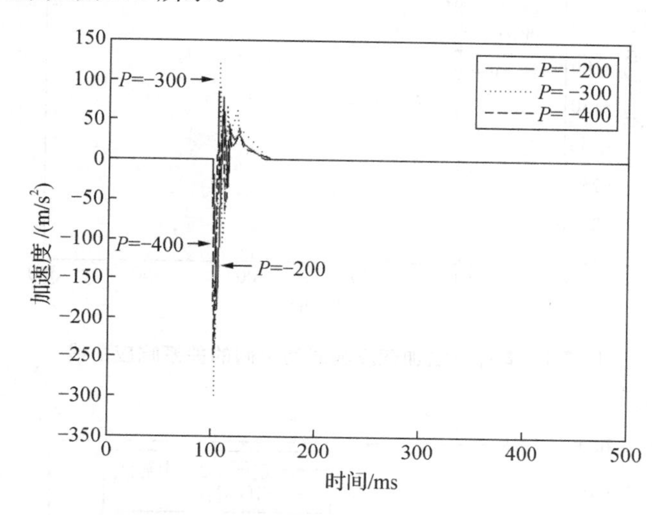

图 7.5 不同 *P* 值下加速度与时间的关系

为了与传统的 PID 控制方法进行比较，采用本章给出的设计方法对控制器进行了设计。通过求解线性矩阵不等式（7.10），我们得到如下控制器

$$\boldsymbol{u}(t) = (0.2487,\ -1.3450)\boldsymbol{x}(t)。$$

通过使用这 2 种方法，加速度和时间之间的关系响应曲线如图 7.6 所示。

图 7.6 中实线是本章算法的响应曲线。虚线表示 PID 算法作用下的系统状态响应曲线。从图 7.6 不难看出，实线的收敛速度比虚线快，收敛平滑度好，超调相对较小。定理 7.2.2 给出的设计方法可以有效地提高系统性能。因此，本章算法优于 PID 算法。

与算例 7.3.1 类似，通过 IAE 函数对系统性能进行了比较和分析。2 种算法的 IAE 函数如图 7.7 所示。

在图 7.7 中，容易看出，当时间从 0 变为 10 ms 时，两种算法的 IAE 值基本相等。然而，经过 10 s 后，PID 算法得到的 IAE 值比本章提出的方法要大得多。从 IAE 值来看，本章算法明显优于 PID 算法。

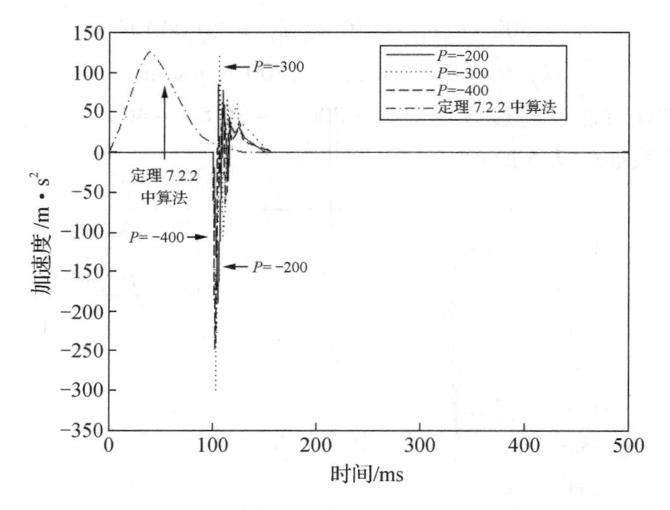

图 7.6　2 种方法加速度和时间之间的关系响应曲线

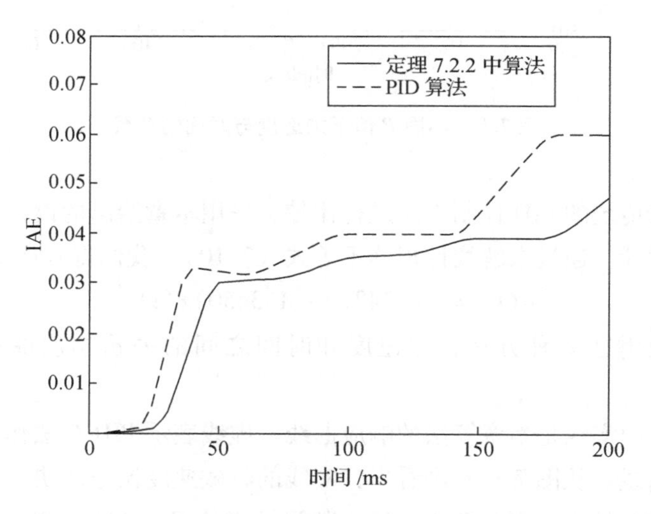

图 7.7　2 种算法的 IAE 曲线

7.4　小结

本章应用 Logistic 模型方法，建立了一个新的饱和海洋浮游生物生态系统动力学模型。基于线性矩阵不等式方法，给出了混合动态模型的稳定条件和抗饱和控制。

参 考 文 献

[1] LAVERY A C，STANTON T K. Broadband active acoustics for synoptic studies of marine ecosystem [J]. The journal of the acoustical society of America，2016，139 (4)：2173 - 2173.

[2] TESSON S V M，MONTRESOR M，PROCACCIN G，et al. Temporal changes in population structure of a marine planktonic diatom [J]. PLoS one，2014，9 (12)：114984.

[3] SHI Y L，LI C. Almost periodic solution，local asymptotical stability and uniform persistence for a harvesting model of plankton allelopathy with time delays [J]. IAENG international journal of applied mathematics，2019，49 (3)：307 - 312.

[4] ZHANG J L，SPITZ Y H，STEELE M，et al. Modeling the impact of declining sea ice on the arctic marine planktonic ecosystem [J]. Journal of geophysical research：oceans，2010，115：C10015.

[5] KIM H J. Climate impacts on the planktonic marine ecosystem in the Southern California current [J]. Dissertations & theses-gradworks，2008，12 (7)：14.

[6] BEATRIZ E，CASARETO M P，NIRAULA Y S. Marine planktonic ecosystem dynamics in an artificial upwelling area of Japan：Phytoplankton production and biomass fate [J]. Journal of experimental marine biology and ecology，2017，487：1 - 10.

[7] FENG J F，LI H M，WANG H L. Research on the nonlinear dynamics of the plankton ecosystem [J]. Ocean technology，2007，1 (3)：17 - 20.

[8] WANG H L，GE G，XU J，et al. Nonlinear dynamic analysis and study of a nutrient phytoplankton model with a variable parameters [J]. Marine science bulletin，2007，26 (3)：48 - 52.

[9] DENMAN K L. Modelling planktonic ecosystems：parameterizing complexity [J]. Progress in oceanography，2003，57 (3)：429 - 452.

[10] HERRMANN M，DIAZ F，ESTOURNEL C，et al. Impact of atmospheric and oceanic interannual variability on the northwestern Mediterranean sea pelagic planktonic ecosystem and associated carbon cycle [J]. Journal of geophysical research atmospheres，2013，118 (10)：1 - 22.

[11] SCHARTAU M，WALLHEAD P，HEMMINGS J，et al. Reviews and syntheses：parameter identification in marine planktonic ecosystem modeling [J]. Biogeosciences，2017，14 (6)：1647 - 1701.

[12] SONG G，LAM J，XU S. Quantized feedback stabilization of continuous time-delay systems subject to actuator saturation [J]. Nonlinear analysis：hybrid systems，2018，

30: 1 – 13.

[13] GUAN H X, YANG B, WANG H R. Multiple faults diagnosis of distribution network lines based on convolution neural network with fuzzy optimization [J]. IAENG international journal of computer science, 2020, 47 (3): 567 – 571.

[14] KASSAEIYAN P, TARVIRDIZADEH B, ALIPOUR K. Control of tractor-trailer wheeled robots considering self-collision effect and actuator saturation limitations [J]. Mechanical systems and signal processing, 2019, 127: 388 – 411.

[15] CHEN Y G, WANG Z D, SHEN B, et al. Exponential synchronization for delayed dynamical networks via intermittent control: dealing with actuator saturations [J]. IEEE transactions on neural networks & learning systems, 2019, 30 (4): 1000 – 1012.

[16] QI W H, KAO Y G, GAO X W, et al. Controller design for time-delay system with stochastic disturbance and actuator saturation via a new criterion [J]. Applied mathematics and computation, 2018, 320: 535 – 546.

[17] CHEN W B, GAO F. Improved delay-dependent stability criteria for systems with two additive time-varying delays [J]. IAENG international journal of applied mathematics, 2019, 49 (4): 427 – 433.

[18] NASRI M, SAIFIA D, CHADLI M, et al. H_∞ static output feedback control for electrical power steering subject to actuator saturation via fuzzy Lyapunov functions [J]. Transactions of the institute of measurement and control, 2019, 41 (9): 014233121882438.

[19] MA Y C, JIA X R, ZHANG Q L. Robust observer-based finite-time H_∞ control for discrete-time singular Markovian jumping system with time delay and actuator saturation [J]. Nonlinear analysis: hybrid systems, 2018, 28: 1 – 22.

[20] ZHOU R J, ZHANG X X, SHI G Y. Output feedback stabilization of networked systems subject to actuator saturation and packet dropout [J]. Lecture notes in electrical engineering, 2012, 136: 149 – 154.

[21] ZHAO L, XU H, YUAN Y, et al. Stabilization for networked control systems subject to actuator saturation and network-induced delays [J]. Neurocomputinng, 2017, 267 (6): 354 – 361.

[22] WANG H L, HENY H S, GE G. Nonlinear dynamical research of the steady of marine planktonic ecosystem's model [J]. Marine science bulletin, 2009, 28 (5): 97 – 101.

第8章　饱和约束下的复杂生态系统的稳定性分析与控制

生态系统的概念是20世纪60年代由Odum提出的[1]。20世纪世界上发生了大量的公害事件，人们对人类发展引起的生态环境变化进行了深刻的思考，因此也引发了生态系统研究的热潮[2-5]。

在生态系统的研究中，即使具体的内部实体是未知的，但从整体或局部的影响和刺激（输入信号）及其结果所产生的响应，可以通过对输入信号的数据处理，建立系统模型，对每个成分进行量化，得到总体情况[6-7]。但生态系统是一个复杂的大系统。为了便于研究，可以对其中的一些因素分别进行分析，如光照、温度、水分、矿质元素、物种的引进或迁移、采伐和放牧等。目前，已有一些论文对生态工程的隔室模型进行了研究，并将其应用于实际工程设计中[8-9]。但在生态定量过程的定量计算和生态系统未来状态的预测中，往往需要更精确的系统研究方法。

此外，饱和现象广泛存在于各种系统中。如果不考虑饱和约束，系统的性能会降低，甚至在恶劣条件下会变得不稳定[10-12]。Zhou等将饱和系统的设计方法引入饱和网络控制系统，如参考文献［13］所述，研究了饱和网络系统的输出反馈镇定问题。然后，有学者研究了具有饱和约束的时滞系统。张美玉等[14]研究了具有非线性执行器饱和的时滞开关系统，并用线性矩阵不等式方法设计了状态反馈控制器。陈东彦等[15]研究了MIMO饱和时滞系统的全局渐近稳定性，并用迭代算法估计了吸引域。在实际工程控制过程中，控制输入往往需要满足一定的条件，而执行器饱和是最常见的控制约束。因此，对执行器饱和控制的研究具有重要的现实意义。

然而，在生态系统建模与稳定性分析的研究过程中，上述文献缺乏对含水饱和度的约束。正因为如此，本章在前人研究的基础上，通过考虑含水饱和度的影响，将信号和系统理论引入到生态建模中，建立了一个更加真实的系统模型，进而得到了生态系统渐近稳定的充分条件。

8.1 模型建立

实际上，生态过程和生态系统各组成部分之间的相互作用是控制和反馈控制的表现形式。砍伐树木、动物迁徙和狩猎都不可避免地导致氮的流失。$f(t)$ 表示微生物吸收氮的速率。森林、微生物和动物的氮含量分别用状态变量 $x_1(t), x_2(t), x_3(t)$ 表示。根据系统中氮元素的变化和输入输出的关系，可以写出描述系统的状态方程

$$\dot{x}_1(t) = -c_1x_1(t) + c_2x_2(t) - c_3x_1(t) - c_4x_1(t),$$
$$\dot{x}_2(t) = -c_3x_1(t) + c_2x_2(t) - c_5x_1(t) + f(t),$$
$$\dot{x}_3(t) = c_4x_1(t) - c_5x_2(t) - c_6x_1(t)。$$

状态方程的矩阵形式如下

$$\begin{bmatrix}\dot{x}_1(t)\\ \dot{x}_2(t)\\ \dot{x}_3(t)\end{bmatrix} = \begin{bmatrix}-c_1-c_3-c_4 & c_2 & 0\\ -c_3 & c_2 & -c_5\\ c_4 & 0 & -c_5-c_6\end{bmatrix}\begin{bmatrix}x_1(t)\\ x_2(t)\\ x_3(t)\end{bmatrix} + \begin{bmatrix}0\\ 1\\ 0\end{bmatrix}f(t)。$$

考虑到生态系统水资源的饱和性，在系统模型中加入饱和项。另外，考虑到过程中的时滞直接受系统各组成部分的影响，在系统中加入了时滞。通过考虑多个因素，生态系统模型可以建模为

$$\dot{\boldsymbol{x}}(t) = \boldsymbol{A}\boldsymbol{x}(t) + \boldsymbol{A}_d\boldsymbol{x}(t-d) + \boldsymbol{B}sat(\boldsymbol{u}(t)),$$
$$\boldsymbol{x}(t) = \boldsymbol{\phi}(t), t \in [-d, 0], \tag{8.1}$$

其中，$\boldsymbol{x}(t) \in \mathbf{R}^n$ 是状态向量，$\boldsymbol{u}(t) \in \mathbf{R}^m$ 是控制输入向量，$\boldsymbol{A}, \boldsymbol{A}_d \in \mathbf{R}^{n\times n}$ 是系统矩阵，$\boldsymbol{B} \in \mathbf{R}^{n\times m}$ 是控制输入矩阵，$\boldsymbol{\phi}(t) = (\phi_1(t), \phi_2(t), \cdots, \phi_n(t))^{\mathrm{T}} \in \mathbf{R}^n$ 是给定的系统初始状态。d 是状态时延，饱和函数是

$$sat(\boldsymbol{u}(t)) = [sat(u_1(t)), sat(u_2(t)), \cdots, sat(u_m(t))],$$

$$sat(u_i(t)) = \begin{cases}\underline{u}_i, & u_i(t) \leqslant \bar{u}_i < 0\\ u_i(t), & \underline{u}_i \leqslant u_i(t) \leqslant \bar{u}_i。\\ \bar{u}_i, & 0 < \bar{u}_i \leqslant u_i(t)\end{cases}$$

系统（8.1）的状态反馈控制器设计如下

$$\boldsymbol{u}(t) = 2\boldsymbol{K}\boldsymbol{x}(t) \tag{8.2}$$

其中，$\boldsymbol{K} \in \mathbf{R}^{m\times n}$ 是常数矩阵。将式（8.2）代入系统（8.1）得到闭环系统

$$\dot{\boldsymbol{x}}(t) = \bar{\boldsymbol{A}}\boldsymbol{x}(t) + \boldsymbol{A}_d\boldsymbol{x}(t-d) + \boldsymbol{B}\boldsymbol{\eta}(t),$$

$$x(t) = \phi(t), t \in [-d,0], \tag{8.3}$$

其中，$\bar{A} = A + BK$，$\eta(t) = sat(2Kx(t)) - Kx(t)$ 并满足

$$\eta^{T}(t)\eta(t) \leqslant x^{T}(t)K^{T}Kx(t)。 \tag{8.4}$$

本章的目的是确定控制器如式（8.2），使闭环系统（8.3）渐近稳定。

8.2 主要结果

定理 8.2.1 如果存在常数 $\varepsilon > 0$，对称正定矩阵 P、$Q \in \mathbf{R}^{n\times n}$ 和矩阵 $K \in \mathbf{R}^{m\times n}$ 使得下面的矩阵不等式成立

$$\Theta = \begin{bmatrix} \bar{A}^{T}P + P\bar{A} + Q + \varepsilon K^{T}K & PA_{d} & PB \\ * & -Q & 0 \\ * & * & -\varepsilon I \end{bmatrix} < 0, \tag{8.5}$$

闭环系统（8.3）是渐近稳定。

证明：选择 Lyapunov 函数

$$V(t) = x^{T}(t)Px(t) + \int_{t-d}^{t} x^{T}(s)Qx(s)\mathrm{d}s,$$

其中，$P,Q \in \mathbf{R}^{n\times n}$ 是待定正定矩阵。沿着系统（8.3），得到函数 $V(t)$ 的导数

$$\begin{aligned} \dot{V}(t) &= 2x^{T}(t)P\dot{x}(t) + x^{T}(t)Qx(t) - x^{T}(t-d)Qx(t-d) \\ &= x^{T}(t)(P\bar{A} + \bar{A}^{T}P)x(t) + 2x^{T}(t)PA_{d}x(t-d) + 2x^{T}(t)PB\eta(t) + \\ &\quad x^{T}(t)Qx(t) - x^{T}(t-d)Qx(t-d) \\ &= \Phi^{T}(t)\begin{bmatrix} P\bar{A} + \bar{A}^{T}P & PA_{d} & PB \\ * & -Q & 0 \\ * & * & 0 \end{bmatrix}\Phi(t), \end{aligned} \tag{8.6}$$

其中，

$$\Phi(t) = \begin{bmatrix} x(t) \\ x(t-h) \\ \eta(t) \end{bmatrix},$$

由不等式（8.4）得到

$$0 \leqslant \boldsymbol{\Phi}^{\mathrm{T}}(t)\begin{bmatrix} \varepsilon \boldsymbol{K}^{\mathrm{T}}\boldsymbol{K} & \boldsymbol{0} & \boldsymbol{0} \\ * & \boldsymbol{0} & \boldsymbol{0} \\ * & * & -\varepsilon \boldsymbol{I} \end{bmatrix}\boldsymbol{\Phi}(t),$$

其中，ε 是任意小的正数。

将上述不等式代入方程（8.6）得到

$$\dot{V}(t) \leqslant \boldsymbol{\Phi}^{\mathrm{T}}(t)\boldsymbol{\Theta}\boldsymbol{\Phi}(t),$$

其中，

$$\boldsymbol{\Theta} = \begin{bmatrix} \bar{\boldsymbol{A}}^{\mathrm{T}}\boldsymbol{P} + \boldsymbol{P}\bar{\boldsymbol{A}} + \boldsymbol{Q} + \varepsilon \boldsymbol{K}^{\mathrm{T}}\boldsymbol{K} & \boldsymbol{P}\boldsymbol{A}_d & \boldsymbol{P}\boldsymbol{B} \\ * & -\boldsymbol{Q} & \boldsymbol{0} \\ * & * & -\varepsilon \boldsymbol{I} \end{bmatrix},$$

根据 Lyapunov 稳定性理论，当条件（8.5）成立时，闭环系统（8.3）渐近稳定。

定理 8.2.2 如果存在常数 $\varepsilon > 0$，正定矩阵 $\boldsymbol{X},\bar{\boldsymbol{Q}} \in \mathbf{R}^{n\times n}$ 和矩阵 $\bar{\boldsymbol{K}} \in \mathbf{R}^{m\times n}$ 使得下面的线性矩阵不等式成立

$$\begin{bmatrix} \boldsymbol{A}\boldsymbol{X} + \boldsymbol{B}\bar{\boldsymbol{K}} + \boldsymbol{X}^{\mathrm{T}}\boldsymbol{A}^{\mathrm{T}} + \bar{\boldsymbol{K}}^{\mathrm{T}}\boldsymbol{B}^{\mathrm{T}} + \bar{\boldsymbol{Q}} & \boldsymbol{A}_d\boldsymbol{X} & \bar{\varepsilon}\boldsymbol{B} & \bar{\boldsymbol{K}}^{\mathrm{T}} \\ * & -\bar{\boldsymbol{Q}} & \boldsymbol{0} & \boldsymbol{0} \\ * & * & -\bar{\varepsilon}\boldsymbol{I} & \boldsymbol{0} \\ * & * & * & -\bar{\varepsilon}\boldsymbol{I} \end{bmatrix} < 0, \quad (8.7)$$

通过选择状态反馈控制器 $u(t) = 2\bar{\boldsymbol{K}}\boldsymbol{X}^{-1}\boldsymbol{x}(t)$，闭环系统（8.3）是渐近稳定的。

证明：由引理 2.1.1，我们知道不等式（8.5）等价于

$$\begin{bmatrix} \boldsymbol{P}\bar{\boldsymbol{A}} + \bar{\boldsymbol{A}}^{\mathrm{T}}\boldsymbol{P} + \boldsymbol{Q} & \boldsymbol{P}\boldsymbol{A}_d & \boldsymbol{P}\boldsymbol{B} & \varepsilon \boldsymbol{K}^{\mathrm{T}} \\ * & -\boldsymbol{Q} & \boldsymbol{0} & \boldsymbol{0} \\ * & * & -\varepsilon \boldsymbol{I} & \boldsymbol{0} \\ * & * & * & -\varepsilon \boldsymbol{I} \end{bmatrix} < 0,$$

在上述不等式的两边乘以矩阵 $\mathrm{diag}\{\boldsymbol{P}^{-1},\boldsymbol{P}^{-1},\varepsilon^{-1}\boldsymbol{I},\varepsilon^{-1}\boldsymbol{I}\}$ 得到

$$\begin{bmatrix} \bar{\boldsymbol{A}}\boldsymbol{P}^{-1} + \boldsymbol{P}^{-1}\bar{\boldsymbol{A}}^{\mathrm{T}} + \boldsymbol{P}^{-1}\boldsymbol{Q}\boldsymbol{P}^{-1} & \boldsymbol{A}_d\boldsymbol{P}^{-1} & \varepsilon^{-1}\boldsymbol{B} & \boldsymbol{P}^{-1}\boldsymbol{K}^{\mathrm{T}} \\ * & -\boldsymbol{P}^{-1}\boldsymbol{Q}\boldsymbol{P}^{-1} & \boldsymbol{0} & \boldsymbol{0} \\ * & * & -\varepsilon^{-1}\boldsymbol{I} & \boldsymbol{0} \\ * & * & * & -\varepsilon^{-1}\boldsymbol{I} \end{bmatrix} < 0,$$

把 $\bar{\boldsymbol{A}} = \boldsymbol{A} + \boldsymbol{B}\boldsymbol{K}$ 代入上述不等式得到

$$\begin{bmatrix} (\boldsymbol{A}+\boldsymbol{BK})\boldsymbol{P}^{-1}+\boldsymbol{P}^{-1}(\boldsymbol{A}+\boldsymbol{BK})^{\mathrm{T}}+\boldsymbol{P}^{-1}\boldsymbol{QP}^{-1} & \boldsymbol{A}_d\boldsymbol{P}^{-1} & \varepsilon^{-1}\boldsymbol{B} & \boldsymbol{P}^{-1}\boldsymbol{K}^{\mathrm{T}} \\ * & -\boldsymbol{P}^{-1}\boldsymbol{QP}^{-1} & \boldsymbol{0} & \boldsymbol{0} \\ * & * & -\varepsilon^{-1}\boldsymbol{I} & \boldsymbol{0} \\ * & * & * & -\varepsilon^{-1}\boldsymbol{I} \end{bmatrix} < 0,$$

并作一些替换，如 $\boldsymbol{X}=\boldsymbol{P}^{-1}$，$\bar{\boldsymbol{Q}}=\boldsymbol{P}^{-1}\boldsymbol{QP}^{-1}$，$\bar{\boldsymbol{K}}=\boldsymbol{KP}^{-1}$，$\bar{\varepsilon}=\varepsilon^{-1}$，上述不等式与（8.7）等价。

8.3 小结

本章利用线性矩阵不等式方法，首先建立了受饱和约束的生态系统数学模型，并在此基础上给出了其渐近稳定条件。通过在 Lyapunov 函数中引入参数矩阵，降低了系统稳定条件的保守性。与传统方法相比，本文方法更具实用性和有效性。

参 考 文 献

[1] ODUM H T. Enviroment, power and society [M]. New York: Willy, 1971.

[2] DE GROOT R S. A typology for the description, classification and valuation of ecosystem functions, goods and services [J]. Ecological economics, 2002, 41 (3): 393 – 408.

[3] BALVANERA P, PFISTERER A B, BUCHMANN N, et al. Quantifying the evidence for biodiversity effects on ecosystem functioning and services [J]. Ecology letters, 2006, 9 (10): 1146 – 1156.

[4] TSCHARNTKE T, KLEIN A M, KRUESS A, et al. Landscape perspectives on agricultural intensification and biodiversity-ecosystem service management [J]. Ecology letters, 2005, 8 (8): 857 – 874.

[5] LIAO C, PENG R, LUO Y, et al. Altered ecosystem carbon and nitrogen cycles by plant Invasion: a meta-analysis [J]. New phytologist, 2008, 177 (3): 706 – 714.

[6] SIMON K S, TOWNSEND C R. Impacts of freshwater invaders at different levels of ecological organisation, with emphasis on salmonids and ecosystem consequences [J]. Freshwater biology, 2010, 48 (6): 982 – 994.

[7] ROBERT C, RUDOLFDE G, PAUL C, et al. Changes in the global value of ecosystem services [J]. Global environmental change, 2014, 26: 152 – 158.

[8] SCHINDLER D W, HECKY R E, FINDLAY D L, et al. Eutrophication of lakes cannot

be controlled by reducing nitrogen input: Results of a 37-year whole-ecosystem experiment [J]. Proceedings of the national academy of sciences, 2008, 105 (32): 11254-11258.

[9] SITCH S, SMITH B, PRENTICE I C, et al. Evaluation of ecosystem dynamics, plant geography and terrestrial carbon cycling in the LPJ dynamic global vegetation model [J]. Global change biology, 2003, 9 (2): 161-185.

[10] FULLER A T. In the large stability of relay and saturating control systems with linear controllers [J]. International journal of control, 1969, 10 (4): 457-480.

[11] WANG C L. Semi-global practical stabilization of nonholonomic wheeled mobile robots with saturated inputs [J]. Automatica, 2008, 44 (3): 816-822.

[12] HU T S, LIN Z L, CHEN B M. An analysis and design method for linear systems subject to actuator saturation and disturbance [J]. Automatica, 2002, 38 (2): 351-359.

[13] ZHOU R J, ZHANG X X, SHI G Y. Output feedback stabilization of networked systems subject to actuator saturation and packet dropout [J]. Lecture notes in electrical engineering, 2012, 136: 149-154.

[14] 张美玉，刘玉忠. 具有非线性执行器饱和的时滞切换系统的控制器设计 [J]. 沈阳师范大学学报（自然科学版），2009，27（2）：144-147.

[15] 陈东彦，司玉琴. 具有饱和状态反馈离散时滞系统的渐近稳定性 [J]. 自动化学报，2008，34（11）：1445-1448.

第 9 章　不确定离散时延非匹配复杂大系统的滑模变结构控制

时延在各种工程、通信和生物系统中经常遇到。众所周知，时延会降低系统的性能，甚至导致系统不稳定。因此，时延系统的研究受到了广泛的关注，并且在过去的几年中发展了各种分析和综合方法[1-3]。参考文献［4］研究了不确定离散时变时延系统的鲁棒控制问题，利用 LMI 方法设计了指数稳定的输出反馈控制器。参考文献［5］利用 LMI 方法得到了时延系统的滑模控制。Park 等[6]研究了状态反馈增益变化下不确定离散时延大系统的鲁棒非脆弱控制问题。基于 Lyapunov 稳定性理论，利用线性矩阵不等式给出了鲁棒稳定性的状态反馈控制设计[6]。

基于不连续控制律的滑模控制方法是解决许多具有挑战性的鲁棒镇定问题的有效方法[7-8]。例如，恰当的滑模控制策略可以通过控制非线性项和加性扰动来达到稳定，只要有恰当的“匹配条件”。然而，时延现象与继电器执行器的结合使得情况变得更加复杂：设计一个不考虑延迟的滑动控制器可能会导致不稳定或混沌行为，或者至少会导致严重的抖振行为。近年来，研究了不确定时延系统的滑模控制问题[9-11]。但是，对于时延大系统的滑模控制，目前的研究成果还很少。在参考文献［12］中，张新政等考虑了通过滑模控制来设计具有死区输入的时延大系统的方法。对于离散时延大系统，还没有发现任何关于滑模控制的结果。本章研究具有时延和不匹配不确定性的不确定离散大系统的滑模控制问题。采用 LMI 方法设计滑模面，然后给出了满足到达条件的滑模控制器。

9.1　问题描述

考虑下面由相互关联的子系统组成的不确定离散时延大系统

$$
\begin{aligned}
&\boldsymbol{s}_i:(i=1,2,\cdots,N)\\
&\boldsymbol{x}_i(k+1)=(\boldsymbol{A}_i+\Delta\boldsymbol{A}_i(k))\boldsymbol{x}_i(k)+\boldsymbol{B}_i\boldsymbol{u}_i(k)+\\
&\qquad\sum_{j=1}^{N}(\boldsymbol{A}_{ij}+\Delta\boldsymbol{A}_{ij}(k))\boldsymbol{x}_j(k-h_{ij}),\\
&\boldsymbol{x}_i(k)=\boldsymbol{\psi}_i(k),-h\leqslant k\leqslant 0
\end{aligned}
\tag{9.1}
$$

其中，$\boldsymbol{x}_i(k)\in\mathbf{R}^{n_i}$ 是状态向量，$\boldsymbol{u}_i(k)\in\mathbf{R}^{m_i}$ 是控制输入，h_{ij} 表示系统时延，$h=\max\limits_{i,j=1,2,\cdots,N}\{h_{ij}\}$，$\boldsymbol{\psi}_i(k)$ 是定义在 $[-h,0]$ 上的实值初始函数，$\Delta\boldsymbol{A}_i(k)$、$\Delta\boldsymbol{A}_{ij}(k)$ 是具有适当维数的已知实常数矩阵，$\boldsymbol{A}_i$、$\boldsymbol{B}_i$ 和 $\boldsymbol{A}_{ij}$ 是表示时变参数不确定性的未知矩阵。

假设 9.1 $\boldsymbol{B}_i$ 是列满秩的。

假设 9.2 矩阵对 $(\boldsymbol{A}_i,\boldsymbol{B}_i)$ 是可控的。

对于系统（9.1），存在非奇异变换矩阵 $\boldsymbol{T}_i(i=1,2,\cdots,N)$，使得系统（9.1）等价于

$$
\begin{aligned}
\boldsymbol{z}_i(k+1)&=\begin{bmatrix} z_{i1}(k+1)\\ z_{i2}(k+1)\end{bmatrix}=\boldsymbol{T}_i\boldsymbol{x}_i(k+1)\\
&=\boldsymbol{T}_i(\boldsymbol{A}_i+\Delta\boldsymbol{A}_i(k))\boldsymbol{x}_i(k)+\boldsymbol{T}_i\boldsymbol{B}_i\boldsymbol{u}_i(k)+\\
&\quad\sum_{j=1}^{N}(\boldsymbol{T}_i\boldsymbol{A}_{ij}+\boldsymbol{T}_i\Delta\boldsymbol{A}_{ij}(k))\boldsymbol{x}_j(k-h_{ij})\\
&=\boldsymbol{T}_i\boldsymbol{A}_i\boldsymbol{T}_i^{-1}\boldsymbol{z}_i(k)+\boldsymbol{T}_i\Delta\boldsymbol{A}_i(k)\boldsymbol{T}_i^{-1}\boldsymbol{z}_i(k)+\boldsymbol{T}_i\boldsymbol{B}_i\boldsymbol{u}_i(k)+\\
&\quad\sum_{j=1}^{N}(\boldsymbol{T}_i\boldsymbol{A}_{ij}\boldsymbol{T}_i^{-1}+\boldsymbol{T}_i\Delta\boldsymbol{A}_{ij}(k)\boldsymbol{T}_i^{-1})\boldsymbol{z}_j(k-h_{ij}),
\end{aligned}
\tag{9.2}
$$

其中，

$$
\boldsymbol{T}_i\boldsymbol{A}_i\boldsymbol{T}_i^{-1}=\begin{bmatrix} A_{i11} & A_{i12}\\ A_{i21} & A_{i22}\end{bmatrix},\tag{9.3}
$$

$$
\boldsymbol{T}_i\Delta\boldsymbol{A}_i(k)\boldsymbol{T}_i^{-1}=\begin{bmatrix}\boldsymbol{0}\\ \Delta\boldsymbol{A}_{i2}(k)\end{bmatrix},\tag{9.4}
$$

$$
\boldsymbol{T}_i\boldsymbol{B}_i=\begin{bmatrix}\boldsymbol{0}\\ \boldsymbol{B}_{i2}\end{bmatrix}\tag{9.5}
$$

$$
\boldsymbol{T}_i\boldsymbol{A}_{ij}\boldsymbol{T}_i^{-1}=\begin{bmatrix} A_{ij11} & A_{ij12}\\ A_{ij21} & A_{ij22}\end{bmatrix},\tag{9.6}
$$

$$\boldsymbol{T}_i \Delta \boldsymbol{A}_{ij}(k) \boldsymbol{T}_i^{-1} = \begin{bmatrix} \boldsymbol{0} \\ \Delta \boldsymbol{A}_{ij2}(k) \end{bmatrix}。 \tag{9.7}$$

由式（9.2）—式(9.7)，可得

$$\boldsymbol{z}_i(k+1) = \begin{bmatrix} A_{i11} & A_{i12} \\ A_{i21} & A_{i22} \end{bmatrix} \boldsymbol{z}_i(k) + \begin{bmatrix} \boldsymbol{0} \\ \Delta \boldsymbol{A}_{i2}(k) \end{bmatrix} \boldsymbol{z}_i(k) + \begin{bmatrix} \boldsymbol{0} \\ \boldsymbol{B}_{i2} \end{bmatrix} \boldsymbol{u}_i(k) + \sum_{j=1}^{N} \left\{ \begin{bmatrix} A_{ij11} & A_{ij12} \\ A_{ij21} & A_{ij22} \end{bmatrix} + \begin{bmatrix} \boldsymbol{0} \\ \Delta \boldsymbol{A}_{ij2}(k) \end{bmatrix} \right\} \boldsymbol{z}_j(k-h_{ij}), \tag{9.8}$$

利用 $\boldsymbol{B}_i$ 的特征，可知 $\Delta \boldsymbol{A}_{i2}, \Delta \boldsymbol{A}_{ij2}$ 满足传统匹配条件

$$\Delta \boldsymbol{A}_{i2}(k) = \boldsymbol{B}_{i2} \Delta L_{i2}(k), \Delta \boldsymbol{A}_{ij2}(k) = \boldsymbol{B}_{i2} \Delta M_{ij2}(k),$$

其中，$\Delta L_{i2}(k), \Delta M_{ij2}(k)$ 满足

$$\| \Delta L_{i2}(k) \| \leqslant L_{i2}, \| \Delta M_{ij2}(k) \| \leqslant M_{ij2}, \tag{9.9}$$

其中，L_{i2} 和 M_{ij2} 是常数。

另外假设非匹配不确定性 $\Delta \boldsymbol{A}_{i1}(k), \Delta \boldsymbol{A}_{ij1}(k)$ 满足

$$\Delta \boldsymbol{A}_{i1}(k) = \boldsymbol{D}_i \boldsymbol{F}(k) \boldsymbol{E}_i, \Delta \boldsymbol{A}_{ij1}(k) = \boldsymbol{D}_{ijd} \boldsymbol{F}(k) \boldsymbol{E}_{ijd}, \tag{9.10}$$

其中，$\boldsymbol{D}_i$、$\boldsymbol{E}_i$、$\boldsymbol{D}_{ijd}$、$\boldsymbol{E}_{ijd}$ 是已知的具有适当维数的实常数矩阵，并且 $\boldsymbol{E}_i$、$\boldsymbol{E}_{ijd}$ 满足以下条件

$$\boldsymbol{E}_i = \boldsymbol{E}_{ia} c_i, \boldsymbol{E}_{ijd} = \boldsymbol{E}_{ijad} \boldsymbol{c}_j, \tag{9.11}$$

$\boldsymbol{F}(k)$ 是未知的时变矩阵函数满足

$$\boldsymbol{F}^{\mathrm{T}}(k) \boldsymbol{F}(k) \leqslant \boldsymbol{I}。$$

对于不确定离散时延大系统（9.2），选择以下滑模面

$$\boldsymbol{s}_i(k) = \boldsymbol{c}_i \boldsymbol{z}_i(k) = (\boldsymbol{c}_{i1}, \boldsymbol{I}) \boldsymbol{z}_i(k), i = 1,2,\cdots,N,$$

其中，$\boldsymbol{c}_{i1}$ 具有合适维数。令 $\boldsymbol{s}_i(k) = \boldsymbol{0}$，得到

$$\boldsymbol{z}_{i2}(k) = -\boldsymbol{c}_{i1} \boldsymbol{z}_{i1}(k), \tag{9.12}$$

接着，到达条件为[14]

$$\boldsymbol{s}_i^{\mathrm{T}}(k) \Delta \boldsymbol{s}_i(k) < 0, \boldsymbol{s}_i(k) \neq 0,\ i = 1,2,\cdots,N。$$

9.2　主要结果

本节中，我们将确定一个滑模面和一个使每个子系统的状态轨迹在有限时间内移动到滑动面上的滑模控制器。

把式（9.12）插入式（9.8）得到滑动模态方程

$$
\begin{aligned}
z_{i1}(k+1) &= A_{i11}z_{i1}(k) + A_{i12}z_{i2}(k) + \sum_{j=1}^{N}(A_{ij11}z_{j1}(k-h_{ij}) + A_{ij12})z_{j2}(k-h_{ij}) \\
&= (A_{i11} - A_{i12}c_{i1})z_{i1}(k) + \sum_{j=1}^{N}(A_{ij11} - A_{ij12}c_{j1})z_{j1}(k-h_{ij}) \\
&= \bar{A}_i z_{i1}(k) + \sum_{j=1}^{N}\bar{A}_{ij}z_{j1}(k-h_{ij}),
\end{aligned}
\tag{9.13}
$$

其中，

$$
\bar{A}_i = A_{i11} - A_{i12}c_{i1},
$$

$$
\bar{A}_{ij} = A_{ij11} - A_{ij12}c_{j1},\ i,j = 1,2,\cdots,N。
$$

定理 9.2.1 滑动模态方程（9.13）是渐近稳定的，如果存在矩阵 $Y_i \in \mathbf{R}^{m_i\times(n_i-m_i)}$，$(n_i-m_i)\times(n_i-m_i)$ 的正定矩阵 $Q_i, T_i \in \mathbf{R}^{(n_i-m_i)\times(n_i-m_i)}$，使得下面矩阵不等式成立

$$
\begin{bmatrix}
-Q_i & \Psi_{i0} & \Psi_{i1} & \cdots & \Psi_{iN} \\
* & -Q_i + \delta_i T_i & 0 & \cdots & 0 \\
* & * & -\delta(A_{i1})T_1 & \cdots & 0 \\
\vdots & \vdots & \vdots & & \vdots \\
* & * & * & \cdots & -\delta(A_{iN})T_N
\end{bmatrix} < 0,
\tag{9.14}
$$

其中，

$$
\Psi_{i0} = A_{i11}Q_i - A_{i12}Y_i,
$$

$$
\Psi_{in} = A_{in11}Q_n + L_{in12}Y_n, n = 1,2,\cdots,N,
$$

$\delta(\cdot)$ 是一个实值函数满足 $\delta(0)=0; \forall E\neq 0, \delta(E)=1; \delta_i = \sum_{j=1}^{N}\delta(A_{ji})$，滑模面设计为

$$
s_i = c_i z_i(k) = (c_{i1}, I)z_i(k) = (Y_i Q_i^{-1}, I)z_i(k)。
$$

证明：对滑动模态方程（9.13）选择如下 Lyapunov

$$
V(k) = \sum_{i=1}^{N}\left[z_{i1}^{\mathrm{T}}(k)P_i z_{i1}(k) + \sum_{j=1}^{N}\sum_{m=1}^{h_{ij}} z_{j1}^{\mathrm{T}}(k-m)R_j\delta(A_{ij})z_{j1}(k-m)\right],
$$

其中，P_i 和 R_i 是正定矩阵。沿系统（9.13）的解，得到 $V(k)$ 的前向差分

$$
\begin{aligned}
\Delta V(k) &= V(k+1) - V(k) \\
&= \sum_{i=1}^{N}\{[z_{i1}^{\mathrm{T}}(k+1)P_i z_{i1}(k+1) - z_{i1}^{\mathrm{T}}(k)P_i z_{i1}(k)] +
\end{aligned}
$$

$$
\begin{aligned}
&\sum_{j=1}^{N}[z_{j1}^{\mathrm{T}}(k)\boldsymbol{R}_j\delta(\boldsymbol{A}_{ij})z_{j1}(k)-z_{j1}^{\mathrm{T}}(k-h_{ij})\boldsymbol{R}_j\delta(\boldsymbol{A}_{ij})z_{j1}(k-h_{ij})]\}\\
=&\sum_{i=1}^{N}\{z_{i1}^{\mathrm{T}}(k)[\overline{\boldsymbol{A}}_i^{\mathrm{T}}\boldsymbol{P}_i\overline{\boldsymbol{A}}_i-\boldsymbol{P}_i+\boldsymbol{\delta}_i\boldsymbol{R}_i]z_{i1}(k)-\\
&\sum_{j=1}^{N}z_{j1}^{\mathrm{T}}(k-h_{ij})\delta(\boldsymbol{A}_{ij})\boldsymbol{R}_jz_{j1}(k-h_{ij})+2\sum_{j=1}^{N}z_{i1}^{\mathrm{T}}(k)\overline{\boldsymbol{A}}_i^{\mathrm{T}}\boldsymbol{P}_i\overline{\boldsymbol{A}}_{ij}z_{j1}(k-h_{ij})+\\
&\sum_{j=1}^{N}\sum_{l=1}^{N}z_{j1}^{\mathrm{T}}(k-h_{ij})\overline{\boldsymbol{A}}_{ij}^{\mathrm{T}}\boldsymbol{P}_i\overline{\boldsymbol{A}}_{il}z_{l1}(k-h_{il})\}\\
=&\sum_{i=1}^{N}\boldsymbol{\xi}^{\mathrm{T}}\sum\boldsymbol{\xi},
\end{aligned}
$$

其中，

$$
\boldsymbol{\xi}=(z_{i1}(k),z_{i1}(k-h_{i1}),\cdots,\boldsymbol{x}_{i1}(k-h_{iN}))^{\mathrm{T}},
$$

$$
\Sigma=\begin{bmatrix}
\boldsymbol{J}_{i0} & \overline{\boldsymbol{A}}_i^{\mathrm{T}}\boldsymbol{P}_i\overline{\boldsymbol{A}}_{i1} & \overline{\boldsymbol{A}}_i^{\mathrm{T}}\boldsymbol{P}_i\overline{\boldsymbol{A}}_{i2} & \cdots & \overline{\boldsymbol{A}}_i^{\mathrm{T}}\boldsymbol{P}_i\overline{\boldsymbol{A}}_{iN}\\
* & \boldsymbol{J}_{i1} & \overline{\boldsymbol{A}}_{i1}^{\mathrm{T}}\boldsymbol{P}_i\overline{\boldsymbol{A}}_{i2} & \cdots & \overline{\boldsymbol{A}}_{i1}^{\mathrm{T}}\boldsymbol{P}_i\overline{\boldsymbol{A}}_{iN}\\
* & * & \boldsymbol{J}_{i2} & \cdots & \overline{\boldsymbol{A}}_{i2}^{\mathrm{T}}\boldsymbol{P}_i\overline{\boldsymbol{A}}_{iN}\\
\vdots & \vdots & \vdots & & \vdots\\
* & * & * & \cdots & \boldsymbol{J}_{iN}
\end{bmatrix}<0,
$$

$$
\boldsymbol{J}_{i0}=\overline{\boldsymbol{A}}_i^{\mathrm{T}}\boldsymbol{P}_i\overline{\boldsymbol{A}}_i-\boldsymbol{P}_i+\boldsymbol{\delta}_i\boldsymbol{R}_i,
$$

$$
\boldsymbol{J}_{in}=\overline{\boldsymbol{A}}_{in}^{\mathrm{T}}\boldsymbol{P}_i\overline{\boldsymbol{A}}_{in}-\boldsymbol{\delta}(\boldsymbol{A}_{in})\boldsymbol{R}_n,n=1,2,\cdots,N,
$$

矩阵不等式

$$
\boldsymbol{\Sigma}<0, \tag{9.15}
$$

可写为

$$
\boldsymbol{\Sigma}=\begin{bmatrix}
-\boldsymbol{P}_i+\boldsymbol{\delta}_i\boldsymbol{R}_i & \boldsymbol{0} & \cdots & \boldsymbol{0}\\
\boldsymbol{0} & -\delta(\boldsymbol{A}_{i1})\boldsymbol{R}_1 & \cdots & \boldsymbol{0}\\
\vdots & \vdots & & \vdots\\
\boldsymbol{0} & 0 & \cdots & -\delta(\boldsymbol{A}_{iN})\boldsymbol{R}_N
\end{bmatrix}+
$$

$$
\begin{bmatrix}
\overline{\boldsymbol{A}}_i^{\mathrm{T}}\\
\overline{\boldsymbol{A}}_{i1}^{\mathrm{T}}\\
\vdots\\
\overline{\boldsymbol{A}}_{iN}^{\mathrm{T}}
\end{bmatrix}\boldsymbol{P}_i(\overline{\boldsymbol{A}}_i,\overline{\boldsymbol{A}}_{i1},\cdots,\overline{\boldsymbol{A}}_{iN})<0,
$$

由引理 2. 1. 1 可知，不等式（9. 15）等价于

$$
\begin{bmatrix}
-\boldsymbol{P}_i^{-1} & \overline{\boldsymbol{A}}_i & \overline{\boldsymbol{A}}_{i1} & \cdots & \overline{\boldsymbol{A}}_{iN} \\
* & -\boldsymbol{P}_i+\delta_i\boldsymbol{R}_i & \boldsymbol{0} & \cdots & \boldsymbol{0} \\
* & * & -\delta(\boldsymbol{A}_{i1})\boldsymbol{R}_1 & \cdots & \boldsymbol{0} \\
\vdots & \vdots & \vdots & & \vdots \\
* & * & * & \cdots & -\delta(\boldsymbol{A}_{iN})\boldsymbol{R}_N
\end{bmatrix} < 0, \quad (9.16)
$$

其中，

$$
\overline{\boldsymbol{A}}_i = \boldsymbol{A}_{i11} - \boldsymbol{A}_{i12}\boldsymbol{c}_{i1},
$$

$$
\overline{\boldsymbol{A}}_{ij} = \boldsymbol{A}_{ij11} - \boldsymbol{A}_{ij12}\boldsymbol{c}_{j1},\ i,j = 1,2,\cdots,N,
$$

用 $\{\boldsymbol{I},\boldsymbol{P}_i^{-1},\boldsymbol{P}_1^{-1},\boldsymbol{P}_2^{-1},\cdots,\boldsymbol{P}_N^{-1}\}$ 左乘右乘不等式（9.16）并做变换 $\boldsymbol{Q}_i = \boldsymbol{P}_i^{-1}$，$\boldsymbol{Y}_j = \boldsymbol{c}_{i1}\boldsymbol{Q}_j,\boldsymbol{T}_i = \boldsymbol{Q}_i\boldsymbol{R}_i\boldsymbol{Q}_i$，可知不等式（9.15）等价于不等式（9.14）。由不等式（9.15），可知 $\Delta V < 0$，因此滑模方程是渐近稳定的。

定理 9.2.2 对于不确定离散时延大系统（9.1），如果选择以下控制器，系统状态将在有限时间内到达滑模面（9.13），

$$
\begin{aligned}
\boldsymbol{u}_i(k) = & -\boldsymbol{B}_{i2}^{-1}\Big[\boldsymbol{c}_{i1}\Big(\boldsymbol{A}_{i11}\boldsymbol{z}_{i1}(k) + \boldsymbol{A}_{i12}\boldsymbol{z}_{i2}(k) + \sum_{j=1}^{N}(\boldsymbol{A}_{ij11}\boldsymbol{z}_{j1}(k-h_{ij}) + \\
& \boldsymbol{A}_{ij12}\boldsymbol{z}_{j2}(k-h_{ij}))\Big) + \boldsymbol{A}_{i21}\boldsymbol{z}_{i1}(k) + \boldsymbol{A}_{i22}\boldsymbol{z}_{i2}(k) + \sum_{j=1}^{N}(\boldsymbol{A}_{ij21}\boldsymbol{z}_{j1}(k-h_{ij}) + \\
& \boldsymbol{A}_{ij22}\boldsymbol{z}_{j2}(k-h_{ij})) - \boldsymbol{c}_{i1}\boldsymbol{z}_{i1}(k) - \boldsymbol{z}_{i2}(k) + \frac{1}{2}\boldsymbol{s}_i^{\mathrm{T}}(k)\boldsymbol{c}_{i1}\boldsymbol{D}_i\boldsymbol{D}_i^{\mathrm{T}}\boldsymbol{c}_{i1}^{\mathrm{T}}\boldsymbol{s}_i(k) + \\
& \frac{1}{2}\boldsymbol{s}_i^{\mathrm{T}}(k)\boldsymbol{E}_{ia}^{\mathrm{T}}\boldsymbol{E}_{ia}\boldsymbol{s}_i(k) + \sum_{j=1}^{N}\frac{1}{2}\boldsymbol{s}_i^{\mathrm{T}}(k)\boldsymbol{c}_{i1}\boldsymbol{D}_{id}\boldsymbol{D}_{id}^{\mathrm{T}}\boldsymbol{c}_{i1}^{\mathrm{T}}\boldsymbol{s}_i(k) + \\
& \frac{1}{2}\frac{\boldsymbol{s}_i}{\|\boldsymbol{s}_i\|^2}\sum_{j=1}^{N}\boldsymbol{s}_j^{\mathrm{T}}(k-h_{ij})\boldsymbol{E}_{ijad}^{\mathrm{T}}\boldsymbol{E}_{ijad}\boldsymbol{s}_j(k-h_{ij}) + \frac{\boldsymbol{s}_i}{\|\boldsymbol{s}_i\|^2}\|\boldsymbol{s}_i^{\mathrm{T}}(k)\boldsymbol{B}_{i2}\|\boldsymbol{L}_{i2} + \\
& \frac{\boldsymbol{s}_i}{\|\boldsymbol{s}_i\|^2}\sum_{j=1}^{N}\|\boldsymbol{s}_i^{\mathrm{T}}(k)\boldsymbol{B}_{i2}\|\boldsymbol{M}_{ij}\|\boldsymbol{z}_j(k-h_{ij})\| + (k_{i1}\operatorname{sgn}\boldsymbol{s}_i(k) + k_{i2}\boldsymbol{s}_i(k))\Big]。
\end{aligned} \quad (9.17)
$$

证明：沿系统（9.2）的解，$\boldsymbol{s}_i(k)$ 的前向差分为

$$
\begin{aligned}
\boldsymbol{s}_i^{\mathrm{T}}(k)\Delta\boldsymbol{s}_i(k) = & \boldsymbol{s}_i^{\mathrm{T}}(k)[\boldsymbol{c}_i\boldsymbol{z}_i(k+1) - \boldsymbol{c}_i\boldsymbol{z}_i(k)] \\
= & \boldsymbol{s}_i^{\mathrm{T}}(k)\Big[\boldsymbol{c}_{i1}\Big(\boldsymbol{A}_{i11}\boldsymbol{z}_{i1}(k) + \boldsymbol{A}_{i12}\boldsymbol{z}_{i2}(k) + \sum_{j=1}^{N}(\boldsymbol{A}_{ij11}\boldsymbol{z}_{j1}(k-h_{ij}) + \\
& \boldsymbol{A}_{ij12}\boldsymbol{z}_{j2}(k-h_{ij}))\Big) + \boldsymbol{A}_{i21}\boldsymbol{z}_{i1}(k) + \boldsymbol{A}_{i22}\boldsymbol{z}_{i2}(k) + \boldsymbol{B}_{i2}\boldsymbol{u}_i(k) + \\
& \sum_{j=1}^{N}(\boldsymbol{A}_{ij21}\boldsymbol{z}_{j1}(k-h_{ij}) + \boldsymbol{A}_{ij22}\boldsymbol{z}_{j2}(k-h_{ij})) - \boldsymbol{c}_{i1}\boldsymbol{z}_{i1}(k) - \boldsymbol{z}_{i2}(k) +
\end{aligned}
$$

$$\boldsymbol{\Pi}_i(k)],\tag{9.18}$$

其中,

$$\boldsymbol{\Pi}_i(k)=\boldsymbol{c}_{i1}\boldsymbol{D}_i\boldsymbol{F}(k)\boldsymbol{E}_i\boldsymbol{z}_i(k)+\sum_{j=1}^{N}(\boldsymbol{c}_{i1}\boldsymbol{D}_{ijd}\boldsymbol{F}(k)\boldsymbol{E}_{ijd}\boldsymbol{z}_j(k-h_{ij}))+\boldsymbol{B}_{i2}\Delta\boldsymbol{L}_{i2}(k)+\sum_{j=1}^{N}(\boldsymbol{B}_{i2}\Delta\boldsymbol{M}_{ij2}(k)\boldsymbol{z}_j(k-h_{ij})),\tag{9.19}$$

将式(9.9)—(9.11)和式(9.19)与引理3.2.1结合,得到

$$\begin{aligned}\boldsymbol{s}_i^{\mathrm{T}}(k)\boldsymbol{\Pi}_i(k)&=\boldsymbol{s}_i^{\mathrm{T}}\boldsymbol{c}_{i1}\boldsymbol{D}_i\boldsymbol{F}(k)\boldsymbol{E}_{ia}\boldsymbol{s}_i(k)+\sum_{j=1}^{N}\boldsymbol{s}_i^{\mathrm{T}}(k)\boldsymbol{c}_{i1}\boldsymbol{D}_{ijd}\boldsymbol{F}(k)\boldsymbol{E}_{ijad}\boldsymbol{s}_j(k-h_{ij})+\\&\quad\boldsymbol{s}_i^{\mathrm{T}}(k)\boldsymbol{B}_{i2}\Delta\boldsymbol{L}_{i2}(k)+\sum_{j=1}^{N}\boldsymbol{s}_i^{\mathrm{T}}(k)\boldsymbol{B}_{i2}\Delta\boldsymbol{M}_{ij2}(k)\boldsymbol{z}_j(k-h_{ij})\\&\leqslant\frac{1}{2}\boldsymbol{s}_i^{\mathrm{T}}(k)\boldsymbol{c}_{i1}\boldsymbol{D}_i\boldsymbol{D}_i^{\mathrm{T}}\boldsymbol{c}_{i1}^{\mathrm{T}}\boldsymbol{s}_i(k)+\frac{1}{2}\boldsymbol{s}_i^{\mathrm{T}}(k)\boldsymbol{E}_{ia}^{\mathrm{T}}\boldsymbol{E}_{ia}^{\mathrm{T}}\boldsymbol{s}_i(k)+\\&\quad\sum_{j=1}^{N}\left[\frac{1}{2}\boldsymbol{s}_i^{\mathrm{T}}(k)\boldsymbol{c}_{i1}\boldsymbol{D}_{ijd}\boldsymbol{D}_{ijd}^{\mathrm{T}}\boldsymbol{c}_{i1}^{\mathrm{T}}\boldsymbol{s}_i(k)+\frac{1}{2}\boldsymbol{s}_j^{\mathrm{T}}(k-h_{ij})\boldsymbol{E}_{ijad}^{\mathrm{T}}\boldsymbol{E}_{ijad}\boldsymbol{s}_j(k-h_{ij})\right]+\\&\quad\|\boldsymbol{s}_i^{\mathrm{T}}(k)\boldsymbol{B}_{i2}\|\boldsymbol{L}_{i2}+\sum_{j=1}^{N}\|\boldsymbol{s}_i^{\mathrm{T}}(k)\boldsymbol{B}_{i2}\|\boldsymbol{M}_{ij}\|\boldsymbol{z}_j(k-h_{ij})\|,\end{aligned}\tag{9.20}$$

利用控制器(9.17)和等式(9.18)、式(9.20),得到

$$\boldsymbol{s}_i^{\mathrm{T}}(k)\Delta\boldsymbol{s}_i(k)\leqslant-(k_{i1}\|\boldsymbol{s}_i(k)\|+k_{i2}\boldsymbol{s}_i^2(k))<0\ ,\ \boldsymbol{s}_i(k)\neq0,$$

其中,k_{i1},k_{i2} 是常数并满足

$$k_{i1}>0,k_{i2}>0(i=1,2,\cdots,N)。$$

9.3 数值算例

考虑形如等式(9.8),而且由3个相互关联的子系统组成的不确定时延大系统,其中

$$\bar{\boldsymbol{A}}_1=\begin{bmatrix}0&0.5\\0&0.1\end{bmatrix},\Delta\bar{\boldsymbol{A}}_1(k)=\begin{bmatrix}0&0.4\cos(k)\\0.2\sin(k)&0\end{bmatrix},\bar{\boldsymbol{B}}_1=\begin{bmatrix}0\\1\end{bmatrix},$$

$$\bar{\boldsymbol{A}}_{12}=\begin{bmatrix}0&0.1\\0.1&0\end{bmatrix},\Delta\bar{\boldsymbol{A}}_{12}(k)=\begin{bmatrix}0&0\\0&0.05\cos(k)\end{bmatrix},\bar{\boldsymbol{A}}_{13}=\begin{bmatrix}0.1&0\\0&0.1\end{bmatrix},$$

$$\Delta\bar{\boldsymbol{A}}_{13}(k)=\begin{bmatrix}0 & 0.04\cos(k)\\0 & 0.04\sin(k)\end{bmatrix},\bar{\boldsymbol{A}}_{2}=\begin{bmatrix}0 & 1\\0.5 & -1.4\end{bmatrix},$$

$$\Delta\bar{\boldsymbol{A}}_{2}(k)=\begin{bmatrix}0 & 0.09\cos(k)\\0.09\sin(k) & 0\end{bmatrix},\bar{\boldsymbol{B}}_{2}=\begin{bmatrix}0\\2\end{bmatrix},\bar{\boldsymbol{A}}_{21}=\begin{bmatrix}0.05 & 0\\0 & 0.05\end{bmatrix},$$

$$\Delta\bar{\boldsymbol{A}}_{21}(k)=\begin{bmatrix}0 & 0.04\cos(k)\\0 & 0\end{bmatrix},\bar{\boldsymbol{A}}_{23}=\begin{bmatrix}0 & 0.09\\0.09 & 0\end{bmatrix},$$

$$\Delta\bar{\boldsymbol{A}}_{23}(k)=\begin{bmatrix}0 & 0.05\cos(k)\\0 & 0.05\sin(k)\end{bmatrix},\bar{\boldsymbol{A}}_{3}=\begin{bmatrix}-0.5 & 0\\0 & 0.3\end{bmatrix},$$

$$\Delta\bar{\boldsymbol{A}}_{3}(k)=\begin{bmatrix}0 & 0.1\cos(k)\\0 & 0.2\sin(k)\end{bmatrix},\bar{\boldsymbol{B}}_{3}=\begin{bmatrix}0\\3\end{bmatrix},\bar{\boldsymbol{A}}_{31}=\begin{bmatrix}0 & 0.1\\0.02 & 0.1\end{bmatrix},$$

$$\Delta\bar{\boldsymbol{A}}_{31}(k)=\begin{bmatrix}0 & 0.04\cos(k)\\0.04\sin(k) & 0\end{bmatrix},\bar{\boldsymbol{A}}_{32}=\begin{bmatrix}0 & 0\\0.1 & 0.1\end{bmatrix},$$

$$\Delta\bar{\boldsymbol{A}}_{32}(k)=\begin{bmatrix}0 & 0.04\cos(k)\\0.04\sin(k) & 0\end{bmatrix},\boldsymbol{z}_i(k)=(z_{i1}^{\mathrm{T}}(k),z_{i2}^{\mathrm{T}}(k))^{\mathrm{T}},$$

$$\boldsymbol{u}_i(k)=(u_{i1}^{\mathrm{T}}(k),u_{i2}^{\mathrm{T}}(k))^{\mathrm{T}},i=1,2,3。$$

时延和初始条件为：

$$h_{ij}=j,j=1,2,3。(z_1^{\mathrm{T}}(0),z_2^{\mathrm{T}}(0),z_3^{\mathrm{T}}(0),z_4^{\mathrm{T}}(0))^{\mathrm{T}}=(1,-0.5,2,1)^{\mathrm{T}},$$

$$L_{12}=0.2,L_{22}=0.09,L_{32}=0.2,M_{122}=0.05,M_{132}=0.04,M_{212}=0,$$

$$M_{232}=0.05,M_{312}=0.04,M_{322}=0.04,D_1=D_2=D_3=D_{12d}=D_{13d}=$$

$$D_{21d}=D_{23d}=D_{31d}=D_{32d},F(k)=\cos(k)。$$

求解线性矩阵不等式（9.14），得到

$$\boldsymbol{c}_1=(0,1),\boldsymbol{c}_2=\left(0,\frac{1}{2}\right),\boldsymbol{c}_3=\left(0,\frac{1}{3}\right),$$

$$E_{1a}=0.4,E_{2a}=0.09,E_{3a}=0.1,E_{12ad}=0,E_{13ad}=0.12,$$

$$E_{21ad}=0.04,E_{23ad}=0.15,E_{31ad}=0.04,E_{32ad}=0.08。$$

选择定理9.2.2中的滑模控制器（9.17），系统仿真结果如图9.1—图9.3所示。

由图9.1—图9.3可以看出，系统状态是渐近稳定的。

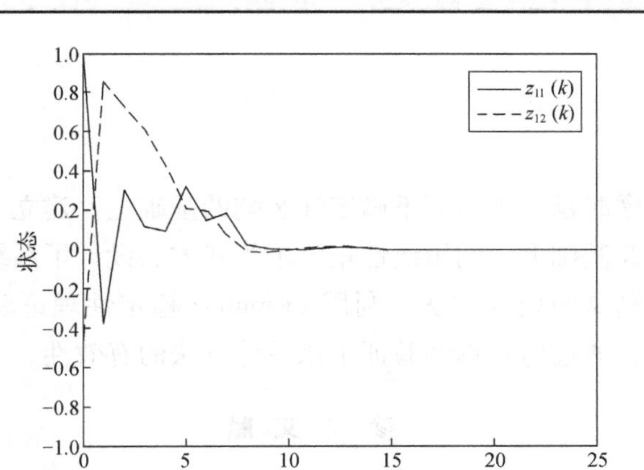

图 9.1　子系统 1 的仿真结果

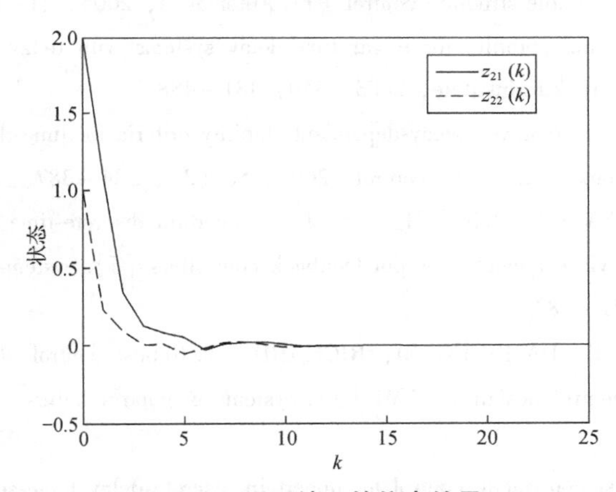

图 9.2　子系统 2 的仿真结果

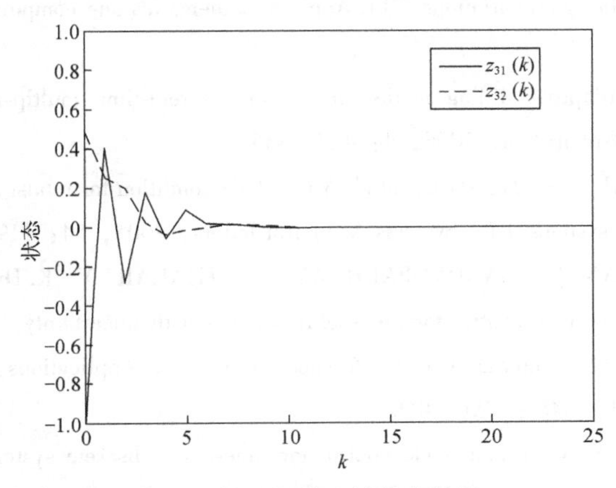

图 9.3　子系统 3 的仿真结果

9.4 小结

本章在考虑时延和不匹配不确定性影响的基础上，建立了离散大系统的数学模型。在此基础上，利用线性矩阵不等式方法设计了系统的滑模面，并给出了滑模控制器的设计方法，利用 Lyapunov 稳定性理论验证了系统状态满足到达条件，通过仿真算例验证了该设计方法的有效性。

参考文献

[1] SHYU K K, LIU W J, HSU K C. Design of large-scale time-delayed systems with dead-zone input via variable structure control [J]. Automatica, 2005, 41: 1239 - 1246.

[2] LIU L. Exponential stability for linear time-delay systems with delay dependence [J]. Journal of the Franklin institute, 2003, 340: 481 - 488.

[3] XU S Y, LAM J. Improved delay-dependent stability criteria for time-delay systems [J]. IEEE transactions on automatic control, 2005, 50 (3): 384 - 387.

[4] XU S Y, CHEN T W. Robust H_∞ control for uncertain discrete-time systems with time-varying delays via exponential output feedback controllers [J]. Systems & control letters, 2004, 51: 171 - 183.

[5] GOUAISBAUT F, DAMBRINE M, RICHARD J P. Robust control of delay systems: a sliding mode control design via LMI [J]. Systems & control letters, 2002, 46: 219 - 230.

[6] PARK J. Robust non-fragile control for uncertain discrete-delay large-scale systems with a class of controller gain variations [J]. Applied mathematics and computation, 2004, 149: 147 - 164.

[7] CHEN X K. Adaptive sliding mode control for discrete-time multip-input multip-output systems [J]. Automatica, 2006, 4: 427 - 435.

[8] KAU S W, LIU Y S, HONG L, et al. A new LMI condition for robust stability of discrete-time uncertain systems [J]. Systems & control letters, 2005, 54: 1195 - 1203.

[9] JANARDHANAN S, BANDYOPADHGAY B, THAKAR V K. Discrete-time output feedback sliding mode control for time-delay systems with uncertainty [C] //Proceedings of the 2004 IEEE International Conference on Control Applications, Taipei, Taiwan, September2 - 4, 2004: 395 - 403.

[10] MI Y, JING Y W. Sliding mode control for time-delay discrete systems with unmatched uncertainty [J]. Control engineering of China, 2006, 13 (6): 560 - 562.

[11] MI Y，HUANG J X，LI W L. Variable structure control for multi-input discrete systems with control delay [J]. Control and decision，2006，21（12）：1425－1428.

[12] 张新政，邓则名，高存臣．滞后离散线性定常系统的准滑模变结构控制［J］. 自动化学报，2002，28（4）：625－630.

第10章　基于自适应模糊变结构控制的复杂生态系统的稳定性分析与控制

海洋生态系统可以看作是一个由海洋生物群落与其生存相互作用的复杂模型，其基本生态类群包括浮游生物、游泳生物和底栖生物。海洋浮游生物生态系统是指在一定空间范围内，浮游生物和海水等非生物环境中能量和物质循环形成的自然整体[1-2]。海洋浮游生物生态系统是海洋生态系统的重要组成部分，处于海洋生态系统的底层。更重要的是，海洋浮游生物是海洋生产力的基础，也是海洋生态系统能量流和物质循环的最重要环节。近年来，由于人为因素对海洋浮游生态系统的严重影响和自然气候的直接或间接影响，海洋环境严重退化。因此，对海洋浮游生态系统进行预测，调控物种的发展过程和趋势具有重要意义。这也是保护海洋的第一个问题[3-4]。

近年来，许多学者致力于建立海洋生态系统的生态模型。通过数值模拟观察物种的发展，获得了许多浮游生态系统模型和数据估计方法[5-7]。Feng等[8]建立了藻类浮游植物的非线性动力学模型，并探讨了与水华复发的关系，发现在参数不断变化的情况下存在Hopf分岔。通过对这些参数的具体分析，得到了藻类浮游植物非线性动力学模型的动态特性。Wang等[9]在考虑捕获污染对浮游生物的弱化作用和海洋浮游生物生态系统自净能力的基础上，利用Logistic模型建立了海洋浮游生物生态系统的非线性动力学模型，得到了海洋浮游生物生态系统的稳定条件和Hopf分岔，研究了捕捞强度参数变化对海洋浮游生物生态系统稳定性的影响。万振文等[10]通过构建目标函数对公共生态系统动力学模型的有效性进行了预评价，提出了一种生态系统参数优化评价方法，与文献中的结果和参数值进行了比较，并对数据进行了比较，说明了所构建目标函数的有效性。Herrmann等[11]基于碳循环对海洋和大气冬季条件年际变化的响应，建立了三维物理-生物地球化学耦合模型，并进行了统计和预算分析。Schartau等[12]研究了海洋浮游生态系统建模中的参数识别问题。

模糊方法在许多非线性工程问题中得到了广泛的应用。然而，模糊方法在稳定性、鲁棒性、完备性等特性方面很难在理论上得到充分的分析和证明[13-16]。利用其他非线性工具，如变结构控制和自适应控制，可以更好地解决简单非线性系统的稳定性和鲁棒性问题。变结构控制是一种相对简单、鲁棒性好的控制方法。将变结构控制与模糊控制相结合已成为一个研究课题[17]。Wang 等[18]利用模糊逻辑系统逼近未知的非线性函数，简化了系统模型。然后，设计了一种自适应模糊控制器。基于 Lyapunov 函数方法，提出了一种新的自适应控制算法[18]。考虑输入饱和、未知死区输出、动态干扰等因素的影响，采用模糊逻辑系统逼近不确定非线性系统函数。基于 Backstepping 技术和小增益方法，提出了一种具有三个自适应律的自适应模糊跟踪控制器[19]。Ray 等[20]将自适应模糊变结构控制方法应用于非线性电力系统，分析了系统的渐近稳定性，设计了基于自适应模糊变结构控制的鲁棒电力系统稳定器。

以往研究成果的优点是多考虑了动态约束和数据约束，可以同时估计出大量的参数。然而，在进行参数估计时，往往会遇到 3 个困难：①浮游生态系统模型不完善；②数据往往过于稀疏，无法约束所有模型参数；③计算量大，难以实现。本章的研究目的是寻找一种更简单有效的方法来研究模型的稳定性和其他动态特性，应用非线性动力学理论建立了海洋浮游生态系统的非线性动力学模型，采用自适应模糊变结构控制对其稳定性和控制进行了研究，并通过数值模拟验证了理论结果。为海洋管理部门制定海洋发展战略和发展规划提供科学依据，确保海洋生态系统健康、可持续发展。

10.1　模型建立

Wang 等[9]认为：浮游生物遵循 Logistic 增长模型，考虑了人类捕捞行为和人类捕捞行为造成的污染对浮游生物生存的弱化作用；人类捕捞行为造成的污染和捕捞行为本身对浮游生物的生存有负面影响浮游生物生态系统具有一定的自净能力。针对 7.1 节中的海洋浮游生态系统的非线性动力学模型如下：

$$\frac{\mathrm{d}\hat{x}}{\mathrm{d}t}=\hat{a}\hat{x}\left(1-\frac{\hat{x}}{\hat{k}}\right)-\hat{c}\hat{x}\hat{y}-\hat{\lambda}\hat{x}\hat{z},$$

$$\frac{\mathrm{d}\hat{y}}{\mathrm{d}t}=\hat{\delta}\hat{c}\hat{x}\hat{y}-\hat{b}\hat{y}\hat{z}-\hat{\gamma}\hat{y},$$

$$\frac{\mathrm{d}\hat{z}}{\mathrm{d}t} = \hat{h}\hat{z}\hat{y} - \hat{\varepsilon}\hat{z},$$

在系统方程（7.1）中，$\hat{x}(t)$ 定义为浮游生物总量，$\hat{y}(t)$ 作为总渔获量，$\hat{z}(t)$ 作为人类捕捞行为造成的污染，$\hat{a}(>0)$ 作为浮游生物的内部生长速率，$\hat{k}(>0)$ 作为浮游生物的承载能力，$\hat{c}(>0)$ 是浮游生物总量随着捕捞频率的增加而减少的速率，$\hat{\lambda}(>0)$ 是指人类捕捞行为造成的污染所造成的浮游生物总量的减少率，$\hat{\delta}(>0)$ 是指浮游生物在系统中的利用效率，$\hat{b}(>0)$ 是指人类捕捞行为造成的污染对捕捞频率的减少率，$\hat{\gamma}(>0)$ 是指捕捞强度，$\hat{h}(>0)$ 是由捕捞频率的增加引起的污染率，$\hat{\varepsilon}(>0)$ 就是生态系统的净化率。

令 $\boldsymbol{x}(t) = \begin{bmatrix} \hat{x}(t) \\ \hat{y}(t) \\ \hat{z}(t) \end{bmatrix}$，系统方程（7.1）可写为

$$\dot{\boldsymbol{x}}(t) = \begin{bmatrix} \dot{\hat{x}}(t) \\ \dot{\hat{y}}(t) \\ \dot{\hat{z}}(t) \end{bmatrix} = \begin{bmatrix} \hat{a} & 0 & 0 \\ 0 & -\hat{\gamma} & 0 \\ 0 & 0 & -\hat{\varepsilon} \end{bmatrix} \begin{bmatrix} \hat{x}(t) \\ \hat{y}(t) \\ \hat{z}(t) \end{bmatrix} + \begin{bmatrix} -\frac{\hat{a}}{\hat{k}}\hat{x}^2 - \hat{c}\hat{x}\hat{y} - \hat{\lambda}\hat{x}\hat{z} \\ \hat{\delta}\hat{c}\hat{x}\hat{y} - \hat{b}\hat{y}\hat{z} \\ \hat{h}\hat{z}\hat{y} \end{bmatrix},$$

即

$$\dot{\boldsymbol{x}}(t) = \boldsymbol{A}\boldsymbol{x}(t) + \boldsymbol{f}_1(t),$$

其中，$\boldsymbol{A} = \begin{bmatrix} \hat{a} & 0 & 0 \\ 0 & -\hat{\gamma} & 0 \\ 0 & 0 & -\hat{\varepsilon} \end{bmatrix}$，$\boldsymbol{f}_1(t) = \begin{bmatrix} -\frac{\hat{a}}{\hat{k}}\hat{x}^2 - \hat{c}\hat{x}\hat{y} - \hat{\lambda}\hat{x}\hat{z} \\ \hat{\delta}\hat{c}\hat{x}\hat{y} - \hat{b}\hat{y}\hat{z} \\ \hat{h}\hat{z}\hat{y} \end{bmatrix}$。

考虑外部不确定性和时滞的影响，得到了海洋浮游生态系统的控制模型：

$$\begin{aligned} \dot{\boldsymbol{x}}(t) &= (\boldsymbol{A} + \Delta\boldsymbol{A}(t))\boldsymbol{x}(t) + (\boldsymbol{A}_d + \Delta\boldsymbol{A}_d(t))\boldsymbol{x}(t-\tau) + \boldsymbol{B}(\boldsymbol{u}(t) + \boldsymbol{f}_1(t)), \\ \boldsymbol{x}(t) &= \boldsymbol{\varphi}(t), t \in [-\tau, 0], \end{aligned} \tag{10.1}$$

其中，$\boldsymbol{x}(t) \in \mathbf{R}^3$ 是系统状态向量，$\boldsymbol{u}(t) \in \mathbf{R}$ 是系统的控制输入，$\boldsymbol{A} \in \mathbf{R}^{3\times3}$，$\boldsymbol{A}_d \in \mathbf{R}^{3\times3}$，$\boldsymbol{B} \in \mathbf{R}^3$ 是已知常数矩阵且 $\boldsymbol{B}$ 列满秩，$\tau > 0$ 是系统状态时滞，$\boldsymbol{\varphi}(t) \in C[-\tau, 0]$ 是系统的初始向量函数，$\boldsymbol{f}_1(t)$ 是外部干扰，$\Delta\boldsymbol{A}(t)$、$\Delta\boldsymbol{A}_d(t)$ 是系统的满足匹配条件的时变不确定项，存在 $\Delta\boldsymbol{A}_1(t)$，$\Delta\boldsymbol{A}_{d1}(t)$ 使得：

$$\Delta\boldsymbol{A}(t) = \boldsymbol{B}\Delta\boldsymbol{A}_1(t), \Delta\boldsymbol{A}_d(t) = \boldsymbol{B}\Delta\boldsymbol{A}_{d1}(t),$$

从而，方程（10.1）可重新写为：

$$\dot{\boldsymbol{x}}(t) = \boldsymbol{A}\boldsymbol{x}(t) + \boldsymbol{A}_d\boldsymbol{x}(t-\tau) + \boldsymbol{B}(\boldsymbol{u}(t) + \boldsymbol{f}(t)),$$
$$\boldsymbol{x}(t) = \boldsymbol{\varphi}(t), t \in [-\tau, 0], \tag{10.2}$$

其中，

$$\boldsymbol{f}(t) = \Delta\boldsymbol{A}_1(t)x(t) + \Delta\boldsymbol{A}_{d1}(t)\boldsymbol{x}(t-\tau) + \boldsymbol{f}_1(t)。\tag{10.3}$$

对列满秩矩阵 $\boldsymbol{B}$，存在非奇异变换 $\boldsymbol{T}$ 使得 $\boldsymbol{TB} = \begin{bmatrix}0\\1\end{bmatrix}$。不失一般性，假设：

$$\boldsymbol{B} = \begin{bmatrix}0\\1\end{bmatrix}, \boldsymbol{x}(t) = \begin{bmatrix}\boldsymbol{x}_1(t)\\\boldsymbol{x}_2(t)\end{bmatrix}, \boldsymbol{A} = \begin{bmatrix}\boldsymbol{A}_{11} & \boldsymbol{A}_{12}\\\boldsymbol{A}_{21} & A_{22}\end{bmatrix},$$

$$\boldsymbol{A}_d = \begin{bmatrix}\boldsymbol{A}_{d11} & \boldsymbol{A}_{d12}\\\boldsymbol{A}_{d21} & A_{d22}\end{bmatrix}, \boldsymbol{\varphi}(t) = \begin{bmatrix}\boldsymbol{\varphi}_1(t)\\\boldsymbol{\varphi}_2(t)\end{bmatrix},$$

其中，$\boldsymbol{x}_1(t) \in \mathbf{R}^2, x_2(t) \in \mathbf{R}, \boldsymbol{A}_{11}、\boldsymbol{A}_{d11} \in \mathbf{R}^{2\times2}, A_{22}、A_{d22} \in \mathbf{R}, \boldsymbol{\varphi}_1(t) \in \mathbf{R}^2$，$\boldsymbol{\varphi}_2(t) \in \mathbf{R}^2$。

因此，方程（10.2）可写为：

$$\dot{\boldsymbol{x}}_1(t) = \boldsymbol{A}_{11}\boldsymbol{x}_1(t) + \boldsymbol{A}_{d11}\boldsymbol{x}_1(t-\tau(t)) + \boldsymbol{A}_{12}x_2(t) + \boldsymbol{A}_{d12}x_2(t-\tau),$$
$$\boldsymbol{x}_1(t) = \boldsymbol{\varphi}_1(t), t \in [-\tau, 0], \tag{10.4}$$
$$\dot{x}_2(t) = \boldsymbol{A}_{21}\boldsymbol{x}_1(t) + \boldsymbol{A}_{d21}\boldsymbol{x}_1(t-\tau) + A_{22}x_2(t) +$$
$$A_{d22}x_2(t-\tau) + \boldsymbol{u}(t) + \boldsymbol{f}(t),$$
$$x_2(t) = \boldsymbol{\varphi}_2(t), t \in [-\tau, 0]。$$

10.2 滑模面的设计

引理 10.2.1[11]　设 $h(\boldsymbol{x})$ 是在紧集 $U \subset \mathbf{R}^n$ 上的一个连续函数，则对 $\forall \varepsilon > 0$，存在形如

$$u(\boldsymbol{x}) = \boldsymbol{\theta}^{\mathrm{T}}\xi(\boldsymbol{x}), \tag{10.5}$$

的模糊逻辑系统使得 $u(\boldsymbol{x})$ 满足：

$$\sup_{x\in U}|h(\boldsymbol{x}) - u(\boldsymbol{x})| \leqslant \varepsilon,$$

选择如下形式的滑模面

$$\boldsymbol{s} = \overline{\boldsymbol{C}}\boldsymbol{x}(t) = [\boldsymbol{C}, 1]\boldsymbol{x}(t) = \boldsymbol{C}\boldsymbol{x}_1(t) + \boldsymbol{x}_2(t), \tag{10.6}$$

其中，$\boldsymbol{C} \in \mathbf{R}^{1\times2}$ 是常数矩阵。

由 $s=\mathbf{0}$，可得 $\boldsymbol{x}_2(t)=-\boldsymbol{C}\boldsymbol{x}_1(t)$，从而可以得到滑模面如下

$$\begin{aligned}\dot{\boldsymbol{x}}_1(t)&=(\boldsymbol{A}_{11}-\boldsymbol{A}_{12}\boldsymbol{C})\boldsymbol{x}_1(t)+(\boldsymbol{A}_{d11}-\boldsymbol{A}_{d12}\boldsymbol{C})\boldsymbol{x}_1(t-\tau),\\ \boldsymbol{x}_1(t)&=\boldsymbol{\varphi}_1(t),t\in[-\tau,0]。\end{aligned}\tag{10.7}$$

定理 10.2.1 对给定的常数 $\varepsilon>0$、$\beta>0$、$\tau>0$，如果存在正定矩阵 $\boldsymbol{P}\in\mathbf{R}^{2\times2}$ 和矩阵 $\boldsymbol{C}\in\mathbf{R}^{1\times2}$ 满足如下矩阵不等式

$$\begin{bmatrix}2\varepsilon\boldsymbol{P}+\boldsymbol{P}(\boldsymbol{A}_{11}-\boldsymbol{A}_{12}\boldsymbol{C})+\\(\boldsymbol{A}_{11}-\boldsymbol{A}_{12}\boldsymbol{C})^{\mathrm{T}}\boldsymbol{P} & \boldsymbol{P}(\boldsymbol{A}_{d11}-\boldsymbol{A}_{d12}\boldsymbol{C})\\ (\boldsymbol{A}_{d11}-\boldsymbol{A}_{d12}\boldsymbol{C})^{\mathrm{T}}P & \mathbf{0}\end{bmatrix}\leqslant\begin{bmatrix}-\beta\boldsymbol{P} & \mathbf{0}\\ \mathbf{0} & \beta\mathrm{e}^{-2\varepsilon\tau}\boldsymbol{P}\end{bmatrix},\tag{10.8}$$

则系统方程（10.7）是指数稳定的。

证明：构造 Lyapunov 函数如下：

$$V(t)=\mathrm{e}^{2\varepsilon t}\boldsymbol{x}_1^{\mathrm{T}}(t)\boldsymbol{P}\boldsymbol{x}_1(t),$$

沿方程（10.7）的解，可得

$$\begin{aligned}\dot{V}&=2\varepsilon\mathrm{e}^{2\varepsilon t}\boldsymbol{x}_1^{\mathrm{T}}(t)\boldsymbol{P}\boldsymbol{x}_1(t)+2\mathrm{e}^{2\varepsilon t}\boldsymbol{x}_1^{\mathrm{T}}(t)\boldsymbol{P}[(\boldsymbol{A}_{11}-\boldsymbol{A}_{12}\boldsymbol{C})\boldsymbol{x}_1(t)+(\boldsymbol{A}_{d11}-\boldsymbol{A}_{d12}\boldsymbol{C})\boldsymbol{x}_1(t-\tau)]\\&=\mathrm{e}^{2\varepsilon t}\begin{bmatrix}\boldsymbol{x}_1(t)\\ \boldsymbol{x}_1(t-\tau)\end{bmatrix}^{\mathrm{T}}\begin{bmatrix}2\varepsilon\boldsymbol{P}+\boldsymbol{P}(\boldsymbol{A}_{11}-\boldsymbol{A}_{12}\boldsymbol{C})+(\boldsymbol{A}_{11}-\boldsymbol{A}_{12}\boldsymbol{C})^{\mathrm{T}}\boldsymbol{P} & \boldsymbol{P}(\boldsymbol{A}_{d11}-\boldsymbol{A}_{d12}\boldsymbol{C})\\ (\boldsymbol{A}_{d11}-\boldsymbol{A}_{d12}\boldsymbol{C})^{\mathrm{T}}\boldsymbol{P} & \mathbf{0}\end{bmatrix}\cdot\\&\quad\begin{bmatrix}\boldsymbol{x}_1(t)\\ \boldsymbol{x}_1(t-\tau)\end{bmatrix},\end{aligned}$$

把不等式（10.8）代入上式得到

$$\begin{aligned}\dot{V}&\leqslant\mathrm{e}^{2\varepsilon t}\begin{bmatrix}\boldsymbol{x}_1(t)\\ \boldsymbol{x}_1(t-\tau)\end{bmatrix}^{\mathrm{T}}\begin{bmatrix}-\beta\boldsymbol{P} & \mathbf{0}\\ \mathbf{0} & \beta\mathrm{e}^{-2\varepsilon\tau}\boldsymbol{P}\end{bmatrix}\begin{bmatrix}\boldsymbol{x}_1(t)\\ \boldsymbol{x}_1(t-\tau)\end{bmatrix}\\&=-\beta V(t)+\beta\mathrm{e}^{2\varepsilon t}\mathrm{e}^{-2\varepsilon\tau}\mathrm{e}^{2\varepsilon\tau}\mathrm{e}^{-2\varepsilon\tau}\boldsymbol{x}_1^{\mathrm{T}}(t-\tau)\boldsymbol{P}\boldsymbol{x}_1(t-\tau)\leqslant\beta[-V(t)+V(t-\tau)]。\end{aligned}\tag{10.9}$$

定义 $\|\boldsymbol{\phi}\|=\max\limits_{t\in[-\tau,0]}\|\boldsymbol{x}_1(t)\|$，并取 $V(t)=\mathrm{e}^{2\varepsilon t}\boldsymbol{x}_1^{\mathrm{T}}(t)\boldsymbol{P}\boldsymbol{x}_1(t)$，可得

$$V(t)<(1+\delta)\lambda_{\max}(\boldsymbol{P})\|\boldsymbol{\phi}\|^2,\quad\forall t\in[-\tau,0],\forall\delta>0。$$

下面证明 $\forall t>0$，有 $V(t)<(1+\delta)\lambda_{\max}(\boldsymbol{P})\|\boldsymbol{\phi}\|^2$。

假设 $\exists t_1>0$，使得

$$V(t_1)=(1+\delta)\lambda_{\max}(\boldsymbol{P})\|\boldsymbol{\phi}\|^2,$$

其中，$\dot{V}(t_1)\geqslant0$。由不等式（10.9）可知 $\dot{V}(t_1)\leqslant-\beta[V(t_1)-V(t_1-\tau)]<0$，矛盾。从而对 $\forall t>0$，可得

$$V(t) < (1+\delta)\lambda_{\max}(\boldsymbol{P})\|\boldsymbol{\phi}\|^2。$$

另外，当 $\delta \to 0^+$ 时，可得

$$V(t) \leqslant \lambda_{\max}(\boldsymbol{P})\|\boldsymbol{\phi}\|^2, \tag{10.10}$$

而且

$$V(t) = e^{2\varepsilon t}\boldsymbol{x}_1^{\mathrm{T}}(t)\boldsymbol{P}\boldsymbol{x}_1(t) \geqslant e^{2\varepsilon t}\lambda_{\min}(\boldsymbol{P})\|\boldsymbol{x}_1(t)\|^2, \tag{10.11}$$

由不等式（10.10）和不等式（10.11），容易得到

$$\|\boldsymbol{x}_1(t)\| \leqslant \sqrt{\frac{\lambda_{\max}(\boldsymbol{P})}{\lambda_{\min}(\boldsymbol{P})}}\|\boldsymbol{\phi}\|e^{-\varepsilon t},$$

则系统（10.7）是指数稳定的。

推论 10.2.1　对给定的正常数 $\varepsilon > 0, \beta > 0, \tau > 0$，若存在正定矩阵 $\boldsymbol{M} \in \mathbf{R}^{(n-1)\times(n-1)}$ 和一般矩阵 $\boldsymbol{N} \in \mathbf{R}^{1\times(n-1)}$，使下面的矩阵不等式成立，

$$\begin{bmatrix} (2\varepsilon+\beta)\boldsymbol{M} + (\boldsymbol{A}_{11}\boldsymbol{M} - \boldsymbol{A}_{12}\boldsymbol{N}) + (\boldsymbol{A}_{11}\boldsymbol{M} - \boldsymbol{A}_{12}\boldsymbol{N})^{\mathrm{T}} & \boldsymbol{A}_{d11}\boldsymbol{M} - \boldsymbol{A}_{d12}\boldsymbol{N} \\ (\boldsymbol{A}_{d11}\boldsymbol{M} - \boldsymbol{A}_{d12}\boldsymbol{N})^{\mathrm{T}} & -\beta e^{-2\varepsilon\tau}\boldsymbol{M} \end{bmatrix} \leqslant 0, \tag{10.12}$$

选取 $\boldsymbol{C} = \boldsymbol{N}\boldsymbol{M}^{-1}$，系统（10.7）是指数稳定的。

证明：在矩阵不等式（10.8）的两边同时乘以对角矩阵 $\mathrm{diag}(\boldsymbol{M},\boldsymbol{M})$，其中，$\boldsymbol{M} = \boldsymbol{P}^{-1} > 0$，并令 $\boldsymbol{N} = \boldsymbol{C}\boldsymbol{M}$，则式（10.8）等价于不等式（10.12）。

10.3　变结构控制器设计

取理想控制器：

$$\boldsymbol{u}^*(t) = \boldsymbol{u}_1(t) + \boldsymbol{u}_2(t),$$

其中，$\boldsymbol{u}_1(t) = -\bar{\boldsymbol{C}}\boldsymbol{A}\boldsymbol{x}(t) - \bar{\boldsymbol{C}}\boldsymbol{A}_d\boldsymbol{x}(t-\tau) - \boldsymbol{f}(t)$，$\boldsymbol{u}_2(t) = -k\boldsymbol{s}$，$k > 0$ 是任意正常数。

由于 $\boldsymbol{F}(t) = \bar{\boldsymbol{C}}\boldsymbol{A}_d\boldsymbol{x}(t-\tau) + \boldsymbol{f}(t)$ 未知，因此 $\boldsymbol{u}^*(t)$ 不能实现。假设存在未知的连续函数 $\boldsymbol{u}_1^*(\boldsymbol{x}(t))$ 使得下式成立

$$\|\boldsymbol{F}(t)\| \leqslant \boldsymbol{u}_1^*(\boldsymbol{x}(t)), \tag{10.13}$$

选取形如（10.5）的模糊逻辑系统 $\boldsymbol{u}(\boldsymbol{x} \mid \boldsymbol{\theta}) = \boldsymbol{\theta}^{\mathrm{T}}\boldsymbol{\xi}(\boldsymbol{x})$ 逼近连续函数 $\boldsymbol{u}_1^*(\boldsymbol{x}(t))$。

定义最优参数向量：

$$\boldsymbol{\theta}^* = \arg\min_{\theta\in\Omega_\theta}\left(\sup_{x\in\Omega_x}\left|\boldsymbol{u}(\boldsymbol{x} \mid \boldsymbol{\theta}) - \boldsymbol{u}_1^*(\boldsymbol{x})\right|\right)。$$

其中，Ω_{θ}、Ω_{x} 分别是 θ 和 x 的界，$\rho^{*} = |\boldsymbol{u}(\boldsymbol{x}|\boldsymbol{\theta}^{*}) - \boldsymbol{u}_1^{*}(\boldsymbol{x})|$ 定义为最小估计误差。

对系统（10.1）选取控制器为

$$\boldsymbol{u}(t) = -\overline{\boldsymbol{C}}\boldsymbol{A}\boldsymbol{x}(t) - \boldsymbol{u}(\boldsymbol{x}|\boldsymbol{\theta})\operatorname{sgn}(\boldsymbol{s}) - \rho\operatorname{sgn}(\boldsymbol{s}) + \boldsymbol{u}_2(t), \tag{10.14}$$

其中，$\boldsymbol{u}(\boldsymbol{x}|\boldsymbol{\theta}) = \boldsymbol{\theta}^{\mathrm{T}}\boldsymbol{\xi}(\boldsymbol{x})$，$\boldsymbol{u}_2(t) = -k\boldsymbol{s}$，$k>0$ 是常数。$\boldsymbol{\theta}$、ρ 是自适应参数，其自适应律为

$$\dot{\boldsymbol{\theta}} = -r\sigma(t)\boldsymbol{\theta} + r|\boldsymbol{s}|\boldsymbol{\xi}(\boldsymbol{x}), \tag{10.15}$$

$$\dot{\boldsymbol{\rho}} = r_1|\boldsymbol{s}|, \tag{10.16}$$

其中，$\sigma(t)>0$ 和 $\int_{t_0}^{+\infty}\sigma(t)\mathrm{d}t \leqslant \overline{\sigma}$，$\overline{\sigma}>0$，$r>0$、$r_1>0$ 均是正常数。

定理 10.3.1 考虑系统（10.1），滑模方程（10.7），若选取控制器（10.14）—（10.16）则闭环系统状态渐近趋于切换面，即闭环系统状态在有限时间内到达切换面的任何一个小邻域内。

证明：

$$\begin{aligned}\dot{\boldsymbol{s}} &= \overline{\boldsymbol{C}}\dot{\boldsymbol{x}}(t) = \overline{\boldsymbol{C}}\boldsymbol{A}\boldsymbol{x}(t) + \overline{\boldsymbol{C}}\boldsymbol{A}_d\boldsymbol{x}(t-\tau) + \overline{\boldsymbol{C}}\boldsymbol{B}(\boldsymbol{u}(t) + \boldsymbol{f}(t))\\ &= -k\boldsymbol{s} - \boldsymbol{u}(\boldsymbol{x}|\boldsymbol{\theta})\operatorname{sgn}(\boldsymbol{s}) - \rho\operatorname{sgn}(\boldsymbol{s}) + \boldsymbol{F}(t),\end{aligned} \tag{10.17}$$

构造 Lyapunov 函数

$$V_1(t) = \frac{1}{2}\boldsymbol{s}^2 + \frac{1}{2r}\tilde{\boldsymbol{\theta}}^{\mathrm{T}}\tilde{\boldsymbol{\theta}} + \frac{1}{2r_1}\tilde{\rho}^2,$$

其中，$\tilde{\boldsymbol{\theta}} = \boldsymbol{\theta}^{*} - \boldsymbol{\theta}$，$\tilde{\rho} = \rho^{*} - \rho$。

$V_1(t)$ 沿式（10.17）对时间 t 求导：

$$\begin{aligned}\dot{V}_1(t) &= -k\boldsymbol{s}^2 - |\boldsymbol{s}|\boldsymbol{u}(\boldsymbol{x}|\boldsymbol{\theta}) + \boldsymbol{s}F(t) - \boldsymbol{s}\rho\operatorname{sgn}(\boldsymbol{s}) - \frac{1}{r}\tilde{\boldsymbol{\theta}}^{\mathrm{T}}\dot{\boldsymbol{\theta}} - \frac{1}{r_1}\tilde{\rho}\dot{\rho}\\ &\leqslant -k\boldsymbol{s}^2 - |\boldsymbol{s}|\boldsymbol{u}(\boldsymbol{x}|\boldsymbol{\theta}) + |\boldsymbol{s}|\boldsymbol{u}_1^{*}(\boldsymbol{x}) - |\boldsymbol{s}|\rho - \frac{1}{r}\tilde{\boldsymbol{\theta}}^{\mathrm{T}}\dot{\boldsymbol{\theta}} - \frac{1}{r_1}\tilde{\rho}\dot{\rho}\\ &\leqslant -k\boldsymbol{s}^2 + |\boldsymbol{s}|\tilde{\boldsymbol{\theta}}^{\mathrm{T}}\boldsymbol{\xi}(\boldsymbol{x}) + |\boldsymbol{s}|\,|\boldsymbol{u}(\boldsymbol{x}|\boldsymbol{\theta}^{*}) - \boldsymbol{u}_1^{*}(\boldsymbol{x})| - |\boldsymbol{s}|\rho - \frac{1}{r}\tilde{\boldsymbol{\theta}}^{\mathrm{T}}\dot{\boldsymbol{\theta}} - \frac{1}{r_1}\tilde{\rho}\dot{\rho}\\ &= -k\boldsymbol{s}^2 + \sigma(t)[\tilde{\boldsymbol{\theta}}^{\mathrm{T}}\boldsymbol{\theta}^{*} - \tilde{\boldsymbol{\theta}}^{\mathrm{T}}\tilde{\boldsymbol{\theta}}]\\ &\leqslant -k\boldsymbol{s}^2 + \frac{1}{4}|\boldsymbol{\theta}^{*}|^2\sigma(t),\end{aligned}$$

取 $\lambda = \frac{1}{4}|\boldsymbol{\theta}^{*}|^2 > 0$，可得 $\dot{V}_1(t) \leqslant -k\boldsymbol{s}^2 + \lambda\sigma(t)$。令 $\boldsymbol{z} = [\boldsymbol{s}, \tilde{\boldsymbol{\theta}}^{\mathrm{T}}, \tilde{\rho}]^{\mathrm{T}}$，则有：

$$m\|z\|^2 \leqslant V(z) \leqslant n\|z\|^2,$$

其中，

$$m = \min\left\{\frac{1}{2},\frac{1}{2r},\frac{1}{2r_1}\right\} > 0,\ n = \max\left\{\frac{1}{2},\frac{1}{2r},\frac{1}{2r_1}\right\} > 0。$$

显然有：

$$0 \leqslant m\|z\|^2 \leqslant V(z) = V(z(t_0)) + \int_{t_0}^{t}\dot V(z(\tau))\mathrm{d}\tau \leqslant n\|z(t_0)\|^2 - \int_{t_0}^{t}ks^2\mathrm{d}\tau + \int_{t_0}^{t}\lambda\sigma(\tau)\mathrm{d}\tau, \tag{10.18}$$

两边取极限得

$$k\int_{t_0}^{\infty}s^2\mathrm{d}\tau \leqslant n\|z(t_0)\|^2 + \int_{t_0}^{\infty}\lambda\sigma(\tau)\mathrm{d}\tau \leqslant n\|z(t_0)\|^2 + \lambda\bar\sigma。$$

所以 s 平方可积。

由式（10.18）有

$$m\|z\|^2 \leqslant n\|z(t_0)\|^2 - \lim_{t\to\infty}\int_{t_0}^{t}ks^2\mathrm{d}\tau + \lim_{t\to\infty}\int_{t_0}^{t}\lambda\sigma(\tau)\mathrm{d}\tau,$$

即

$$m\|z\|^2 \leqslant n\|z(t_0)\|^2 + \int_{t_0}^{\infty}\lambda\sigma(\tau)\mathrm{d}\tau \leqslant n\|z(t_0)\|^2 + \lambda\bar\sigma,$$

所以 $z(t)$ 一致有界，也即 $s,\tilde\theta,\tilde\rho$ 一致有界。

由 $\dot s$ 的表达式（10.17）知 $\dot s$ 有界。从而由 Barbalat 定理知，$s \to 0$，也即状态趋向于原点的一个小邻域内。

10.4　仿真算例

考虑不确定时滞系统（10.1），其中

$$\boldsymbol{A} = \begin{bmatrix} -5 & 1 & 0 \\ 0 & -2 & 0 \\ 1 & 0 & -1 \end{bmatrix},\boldsymbol{A}_d = \begin{bmatrix} 0 & 1 & 0 \\ 0 & 1 & 0 \\ 1 & 0 & 1 \end{bmatrix},\Delta\boldsymbol{A} = \begin{bmatrix} 0 & 0 & 0 \\ 0 & 0 & 0 \\ 0.1 & 0.03 & 0.2 \end{bmatrix},$$

$$\Delta\boldsymbol{A}_d = \begin{bmatrix} 0 & 0 & 0 \\ 0 & 0 & 0 \\ 0.01 & 0.2 & 0.02 \end{bmatrix},\boldsymbol{B} = \begin{bmatrix} 0 \\ 0 \\ 1 \end{bmatrix},$$

$$f_1 = 0.1\mathrm{e}^{-t},\varepsilon = 0.5,\beta = 0.5,\tau = 0.5,\rho(0) = 0.2,$$

$$r = r_1 = k = 1,\sigma(t) = \mathrm{e}^{-t} > 0,\bar\sigma = 1。$$

求解线性矩阵不等式（10.12）可得：

$$\boldsymbol{C} = \boldsymbol{N}\boldsymbol{M}^{-1} = (-1.2468, 2.5295)。$$

为了方便仿真取 7 条模糊规则，隶属度函数取为：

$$\mu_{F_I^1}(x_i) = \frac{1}{1+\exp(5(x_i+2.5))}, \mu_{F_i^2}(x_i) = \exp(-(x_i+1.5)^2),$$

$$\mu_{F_i^3}(x_i) = \exp(-(x_i+0.5)^2), \mu_{F_i^4}(x_i) = \exp(-x_i^2),$$

$$\mu_{F_i^5}(x_i) = \exp(-(x_i-0.5)^2), \mu_{F_i^6}(x_i) = \exp(-(x_i-1.5)^2),$$

$$\mu_{F_i^7}(x_i) = \frac{1}{1+\exp(-5(x_i+2.5))}。$$

则

$$\boldsymbol{\xi}(x) = [\xi_1,\xi_2,\cdots,\xi_7]^{\mathrm{T}}, \xi_l = \frac{\prod_{i=1}^{n}\mu_{F_i^l}(x_i)}{\sum_{l=1}^{7}\prod_{i=1}^{n}\mu_{F_i^l}(x_i)}。$$

模糊逻辑系统为：

$$u(x) = \sum_{l=1}^{7}\theta_l\xi_l(x) = \boldsymbol{\theta}^{\mathrm{T}}\boldsymbol{\xi}(x)。其中，\boldsymbol{\theta} = [\theta_1,\theta_2,\cdots,\theta_7]^{\mathrm{T}}。$$

选择 $\theta_i(0) = 0$，$i = 1,2,\cdots,7$，初始状态为：

$$\boldsymbol{\varphi}(0) = \begin{bmatrix} -6 \\ 10 \\ 3 \end{bmatrix},$$

则系统状态 $x_1(t), x_2(t), x_3(t)$ 的仿真结果如图 10.1 至图 10.3 所示。

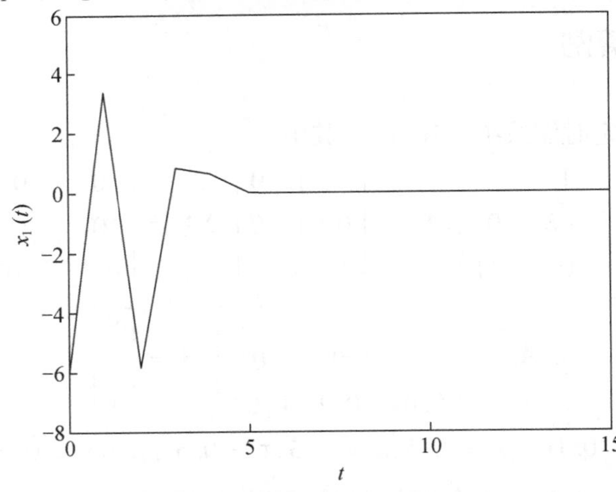

图 10.1　系统状态 $x_1(t)$ 的仿真结果

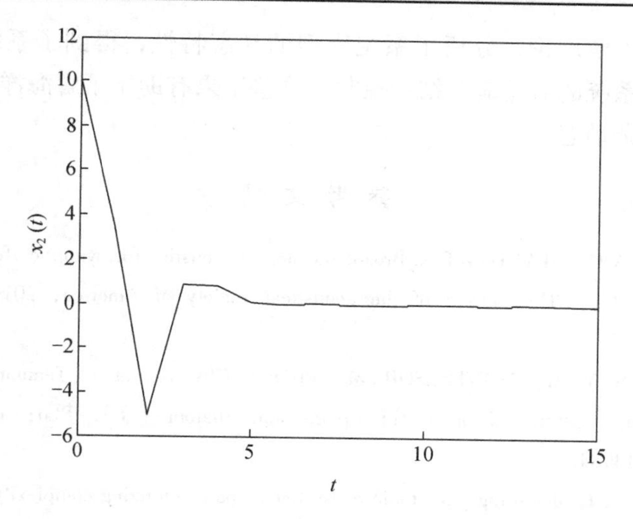

图 10.2　系统状态 $x_2(t)$ 的仿真结果

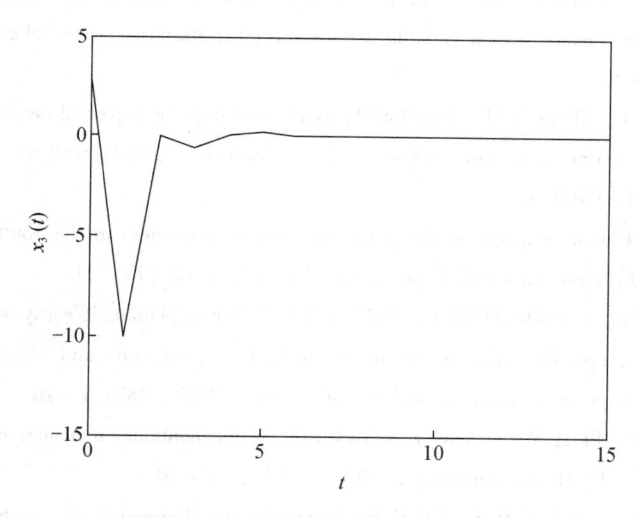

图 10.3　系统状态 $x_3(t)$ 的仿真结果

由图 10.1 至图 10.3 可知，系统状态是指数稳定的。

10.5 小结

本章建立了一个新的海洋浮游生物生态系统非线性动力学模型，基于现代非线性动力学理论，分析了系统模型的动态特性，得到了系统的稳定条件，设计了系统的自适应变结构控制，这些结果有助于了解海洋浮游生物生态系统的复杂动态。

参考文献

[1] LAVERY A C，STANTON T K. Broadband active acoustics for synoptic studies of marine ecosystem [J]. The journal of the acoustical society of America，2016，139 (4)：2173 -2173.

[2] TESSON S V M，MONTRESOR M，PROCACCIN G，et al. Temporal changes in population structure of a marine planktonic diatom [J]. PLoS one，2014，9 (12)：114984.

[3] DENMAN K L. Modelling planktonic ecosystems：parameterizing complexity [J]. Progress in oceanography，2003，57 (3)：429 -452.

[4] WANG H L，GE G，XU J，et al. Nonlinear dynamic analysis and study of a nutrient phytoplankton model with a variable parameters [J]. Marine science bulletin，2007，26 (3)：48 -52.

[5] ZHANG J L，SPITZ Y H，STEELE M，et al. Modeling the impact of declining sea ice on the arctic marine planktonic ecosystem [J]. Journal of geophysical research：oceans，2010，115：C10015.

[6] KIM H J. Climate impacts on the planktonic marine ecosystem in the Southern California current [J]. Dissertations & theses-gradworks，2008，12 (7)：14.

[7] BEATRIZ E，CASARETO M P，NIRAULA Y S. Marine planktonic ecosystem dynamics in an artificial upwelling area of Japan：Phytoplankton production and biomass fate [J]. Journal of experimental marine biology and ecology，2017，487：1 -10.

[8] FENG J F，LI H M，WANG H L. Research on the nonlinear dynamics of the plankton ecosystem [J]. Ocean technology，2007，1 (3)：17 -20.

[9] WANG H L，HENY H S，GE G. Nonlinear dynamical research of the steady of marine planktonic ecosystem's model [J]. Marine science bulletin，2009，28 (5)：97 -101.

[10] 万振文，袁业立，乔方利．海洋赤潮生态模型参数优化研究 [J]. 海洋与湖沼，2000，31 (2)：205 -209.

[11] HERRMANN M，DIAZ F，ESTOURNEL C，et al. Impact of atmospheric and oceanic interannual variability on the northwestern Mediterranean sea pelagic planktonic ecosystem and associated carbon cycle [J]. Journal of geophysical research atmospheres，2013，118 (10)：1 -22.

[12] SCHARTAU M, WALLHEAD P, HEMMINGS J, et al. Reviews and syntheses: parameter identification in marine planktonic ecosystem modeling [J]. Biogeosciences, 2017, 14 (6): 1647-1701.

[13] WANG Y Z, ZOU L, ZHAO Z Y, et al. H_∞ fuzzy PID control for discrete time-delayed T-S fuzzy systems [J]. Neurocomputing, 2019, 332: 91-99.

[14] SHI W X, LI B Q. Adaptive fuzzy control for feedback linearizable MIMO nonlinear systems with prescribed performance [J]. Fuzzy sets and systems, 2018, 344: 70-89.

[15] GE C, SHI Y P, PARK J H, et al. Robust H_∞ stabilization for T-S fuzzy systems with time-varying delays and memory sampled-data control [J]. Applied mathematics and computation, 2019, 346: 500-512.

[16] WANG Y C, WANG R, XIE X P, et al. Observer-based H_∞ fuzzy control for modified repetitive control systems [J]. Neurocomputing, 2018, 286: 141-149.

[17] FENG S, WU H N. Robust adaptive fuzzy control for a class of nonlinear coupled ODE-beam systems with boundary uncertainty [J]. Fuzzy sets and systems, 2018, 344: 27-50.

[18] WANG H, WANG Z F, LIU Y J, et al. Fuzzy tracking adaptive control of discrete-time switched nonlinear systems [J]. Fuzzy sets and systems, 2017, 316: 35-48.

[19] MA L, HUO X, ZHAO X D, et al. Adaptive fuzzy tracking control for a class of uncertain switched nonlinear systems with multiple constraints: a small-gain approach [J]. International journal of fuzzy systems, 2019, 21 (9): 2609-2624.

[20] RAY P K, PAITAL S R, MOHANTY A, et al. A robust power system stabilizer for enhancement of stability in power system using adaptive fuzzy sliding mode control [J]. Applied soft computing, 2018, 73: 471-481.

第11章 不确定时变输出约束非完整复杂系统的固定时间镇定与控制

数十年来，非完整系统由于其在移动机器人、轮式车辆和欠驱动卫星等领域的重要应用而受到了广泛的关注[1-2]。然而，非完整系统具有控制输入小于自由度的显著特点，使得其控制极具挑战性。事实上，已证明该类非线性系统不能通过任何连续的时不变反馈来镇定[3]。为克服这一困难，经研究者不懈探索，得到不少新颖的构造性控制方法，主要包括不连续时不变反馈[4-5]、平滑时变反馈[6-8]和混合反馈[9]。借助于这些行之有效方法，非完整系统镇定问题得到系统研究，形成了一系列的丰硕成果，参考文献［10-18］及相关文献。

值得注意的是，现有成果大多是关于系统渐近稳定的研究，这意味着只有时间趋于无穷大时，系统才能达到稳定平衡点。然而，在许多实际应用中，人们更期望控制系统的轨迹在有限时间内收敛到感兴趣的平衡点。此外，有限时间稳定系统还具有更好的鲁棒性和抗干扰性能[19]。因此，近年来非完整系统的有限时间镇定问题受到越来越多的关注。尤其是，参考文献［20］对一类具有弱漂移不确定的非完整系统，研究了状态反馈有限时间镇定问题。参考文献［21］和参考文献［22］分别讨论了具有线性参数化和非线性参数化不确定性非完整系统的自适应有限时间镇定问题。在放松系统增长限制的条件下，参考文献［23］考虑了一类具有一般性不确定的非完整系统有限时间镇定问题。利用齐次控制技术，参考文献［24］针对一类高阶非完整系统给出了输出反馈有限时间镇定控制策略。然而，上述研究的一个共同缺陷是其收敛时间依赖于系统状态的初始条件，这使得它们无法在的预设时间内实现期望的系统性能。更为严重的是，由于其切换策略是建立在已知系统收敛时间的信息之上，这也将导致当初始条件未知时，参考文献［20-24］所提方法不再适用。近年来，为了消除有限时间控制算法的局限性，参考文献［25］引入了固定时间稳定性的概念，由于该稳定性的停息时间与初始条件无关，从而即使在系统初始条件未知情况下其收敛时间也可预先设定。显然，这种稳定性为有限时间控制问题研究提供新的思路与视角，并产生了许多重要的成果，例如线性系统[26]、非线性系统[27-30]和电力系统的混沌振荡[31]的固定时间控制等。对于无/有不确定性的非完整系统，参考文献［32］和参考文献［33］分别提出了固定时间状态反馈控制器的设计方法。然而，上述文献均忽略了状态/输出约束的影响。

事实上，由于物理限制和性能要求，许多实际系统在运行过程中通常会受到状态/输出约束。违反这些约束可能导致系统损坏、不可预测性危险或性能下降[34-35]。由于工程实际的需求，近年来受约束的线性/非线性系统的控制设计已成为一个重要的研究课题[36-49]。然而，据笔者所知，除了文献［50］外，关于状态/输出约束非完整系统的研究结果尚不多见。并且需要指出的是，基于非线性映射处理常数输出约束，参考文献［50］给出的非完整系统有限时间镇定控制方案与现有的有限时间控制方案存在相同的缺陷，即无法实现固定时间或给定的有限时间收敛。此外，这一控制方案也不能应用于无约束系统，这也就是说，如果输出约束增长到无穷大，该控制方案将不再适用。因此，相应地产生了这样一个有趣的问题。对于非完整系统，在有/无输出约束的统一框架下，能否设计一个控制器，在给定的时间内实现系统有限时间镇定（即固定时间镇定）？如果可能，在什么条件下设计及如何设计？

本章将针对上述问题进行研究，并给出肯定的回答。具体而言，通过引入一个新颖的 tan – 型障碍 Lyapunov 函数（BLF）来处理时变输出约束，解决一类具有非匹配不确定性和时变输出约束的链式非完整系统的状态反馈镇定固定时间问题。所提控制方案在满足输出约束下，使得闭环系统状态在给定的有限时间内收敛到零点。其贡献可归纳如下：

在有/无输出约束的系统统一框架下，首次讨论了非完整系统的固定时间镇定问题。

给出一个较弱的非匹配不确定系统的固定时间稳定充分条件。

构造了一个充分利用系统结构特点的新颖 tan – 型 BLF 以满足系统输出的约束要求。

通过巧妙地运用 API 技术和切换策略，提出了一种系统化的状态反馈控制设计方法，在不违反输出约束的情况下，使闭环系统的状态在固定时间内收敛到零点。

本章使用的符号均是控制领域的标准符号。对于向量 $\boldsymbol{x} = (x_1, x_2, \cdots,$

$x_n)^{\mathrm{T}} \in \mathbf{R}^n$ 和正函数 $a(t)$，定义 $\bar{x}_j = (x_1, x_2, \cdots, x_j)^{\mathrm{T}} \in \mathbf{R}^j, j = 1,2,\cdots,n$，$\Gamma^{a(t)_j} = \{\bar{x}_j : \bar{x}_j \in \mathbf{R}$ 且 $|x_1| < a(t)\}$。对任意的 $b > 0$ 和 $x \in \mathbf{R}$，函数 $\lceil x \rceil^b$ 定义为：$\lceil x \rceil^b = x^b$，如果 $x > 0$；$\lceil x \rceil^b = 0$，如果 $x = 0$ 且 $\lceil x \rceil^b = -|x|^b$，如果 $x < 0$。此外，为了便于书写，只要上下文没有出现混乱，就省略函数的自变量。

11.1 问题描述

考虑参考文献［50］中如下形式的受扰链式非完整系统：

$$\begin{cases} \dot{x}_0 = u_0, \\ \dot{x}_i = x_{i+1}u_0 + \Delta_i(t, x_0, \bar{x}_i, u_0), i = 1,2,\cdots,n-1, \\ \dot{x}_n = u_1 + \Delta_n(t, x_0, \bar{x}_n, u_0), \boldsymbol{y} = (x_0, x_1)^{\mathrm{T}}, \end{cases} \tag{11.1}$$

其中，$(x_0, \boldsymbol{x})^{\mathrm{T}} \in \mathbf{R}^{n+1}, \boldsymbol{u} = (u_0, u_1)^{\mathrm{T}} \in \mathbf{R}^2, \boldsymbol{y} \in \mathbf{R}^2$ 分别是系统状态，控制输入和系统输出。$\Delta_i : \mathbf{R}^+ \times \mathbf{R} \times \mathbf{R}^i \times \mathbf{R} \to \mathbf{R}, i = 1,2,\cdots,n$ 是未知的连续函数代表输入和状态驱动的不确定性。显然，不确定性 Δ_i，$i = 1,2,\cdots,n-1$ 出现在系统的非输入通道，因此是非匹配的。此外，由于物理特性或性能的限制，本文考虑输出 $\boldsymbol{y}$ 受时变约束

$$\Omega_{x_i} = \{-k_i(t) < x_i(t) < k_i(t)\}, i = 0,1, \tag{11.2}$$

其中，$k_i(t) > 0$ 是一些预先设定的函数。

本章的控制目标是：设计一个状态反馈控制器使得闭环系统的状态在满足约束（11.2）的情况下固定时间收敛到零点。

注 11.1 关于时变约束（11.2），强调以下 2 点：

(i) 该约束限制在实际中系统随处可见。例如，考虑一个如图 11.1 所示的移动机器人，其运动学描述为：

$$\begin{cases} \dot{x}_c = v\cos\theta, \\ \dot{y}_c = v\sin\theta, \\ \dot{\theta} = w, \end{cases} \tag{11.3}$$

其中，(x_c, y_c) 是机器人质心的位置，θ、w、v 分别表示机器人的航向角、角速度和前向线速度。

引入新的坐标变换

$$x_0 = x_c, x_1 = y_c, x_2 = \tan\theta, u_0 = v\cos\theta, u_1 = w\sec^2\theta, \tag{11.4}$$

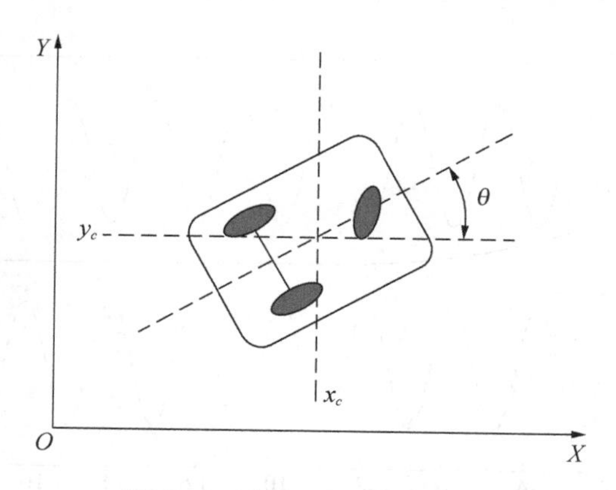

图 11.1　移动机器人的平面图

系统（11.3）转化为

$$\begin{cases}\dot{x}_0 = u_0, \\ \dot{x}_1 = u_0 x_2, \\ \dot{x}_2 = u_1。\end{cases} \tag{11.5}$$

显然，当 $n = 2, \Delta_1 = \Delta_2 = 0$ 时，系统（11.5）是具有系统（11.1）的形式，并且输出约束（11.2）等同于此类机器人的空间约束。在具有空间约束限制的情况下解决固定时间停车问题仍然是一个开放性问题。

（ii）时变约束的存在限制了现有的有限/固定时间控制技术（主要用于无约束系统）直接应用于系统（11.1）。

例如，考虑具有约束 $|x_0(t)| < k_0(t)$ 的 x_0 子系统。如果选取 $k_0(t) = 1 + 0.6\sin 3t$ 和无约束控制 $u_0 = -0.2\lceil x_0 \rfloor^{\frac{1}{2}}$，当 $x_0(0) = 0.95$ 时，状态 x_0 的响应如图 11.2 所示。从图中可以清楚地看出，尽管初始条件确实满足该时变约束，但是 $x_0(t)$ 却不满足该约束。因此，需要探寻新的控制技术来解决时变约束系统（11.1）的固定时间镇定问题。

假设 11.1.1　时变输出约束 $k_i(t)(i = 0,1)$ 是连续可微的而且存在正常数 k_{i1} 和 k_{i2} 使得 $k_{i1} \leqslant k_i(t)$ 且 $|\dot{k}_i(t)| \leqslant k_{i2}$。

假设 11.1.2　对 $i = 1, 2, \cdots, n$，存在常数 $\tau \in \left(-\frac{1}{n}, 0\right), \lambda_{ij} \geqslant 0$ 和光滑函数 $\varphi_i \geqslant 0$ 使得

$$|\Delta_i(t, x_0, \bar{x}_i, u_0)| \leqslant \phi_i(x_0, \bar{x}_i, u_0) \sum_{j=1}^{i} |x_j|^{\frac{r_i+\tau}{r_j}+\lambda_{ij}}, \tag{11.6}$$

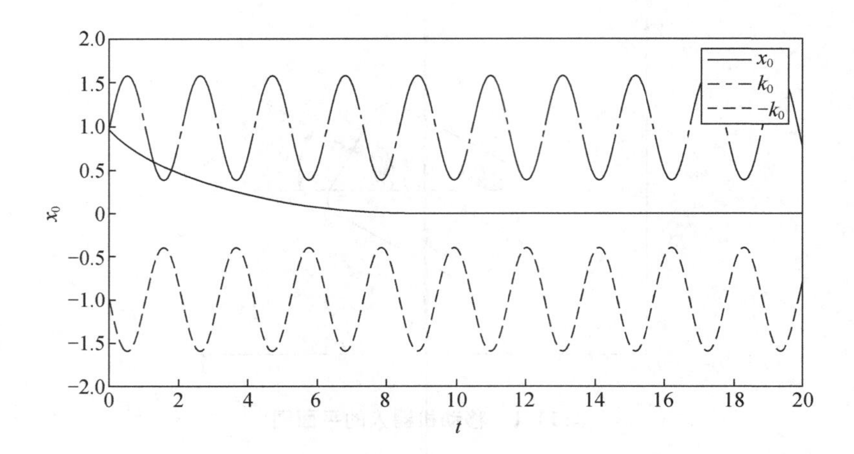

图 11.2　状态 x_0 的响应曲线

其中，$r_i = 1 + (i - 1)\tau > 0, i = 1, 2, \cdots, n$。

注 11.2　假设 11.1.1 通过移除约束的下限限制，适当放宽了参考文献［37，40，44－50］对约束非线性系统的相应假设。与参考文献［23，33，44-45］中的相应假设相比，事实上假设 11.1.2 放宽了对不确定性的限制：其常数幂被扩展到区间（0，$+\infty$），确切地说，当 $\lambda_{ij} = 0$，假设 11.1.2 退化成参考文献［23，44-45］中的假设。如果 $\lambda_{ij} = 1 - \frac{r_i + \tau}{r_j}$，则与参考文献［33］中的假设 11.3 一致。因此，假设 11.1.1 和假设 11.1.2 通过在本质上放松了系统约束和增长的限制，扩大了不确定非完整系统的类型。

11.2　预备知识

考虑非线性系统

$$\dot{\boldsymbol{x}} = f(t, \boldsymbol{x}), \quad f(t, \boldsymbol{0}) = \boldsymbol{0}, \tag{11.7}$$

其中，$f: \mathbf{R}^+ \times U_0 \to \mathbf{R}^n$ 在初始值 U_0 的开区域上相对于 $\boldsymbol{x}$ 是连续的。

定义 11.2.1[19]　如果系统（11.7）的原点是渐近稳定的，并且在原点的邻域 $U \subseteq U_0$ 内有限时间收敛，则称系统（11.7）的原点是有限时间稳定的。“有限时间收敛”是指如果对任意的 $\boldsymbol{x}(0) = \boldsymbol{x}_0 \in U$ 存在一个停息时间函数 $T: U \setminus \{0\} \to (0, \infty)$，使得系统（11.7）的任意解 $\boldsymbol{x}(t, \boldsymbol{x}_0)$ 在 $t \in [0,$

$T(\boldsymbol{x}_0))$ 有定义，并且对任意的 $t \geqslant T(\boldsymbol{x}_0)$ 满足 $\boldsymbol{x}(t,\boldsymbol{x}_0) = 0$ 。

定义 11.2.2[26]　如果系统原点是有限时间稳定的，并且其停息时间函数 $T(\boldsymbol{x}_0)$ 有界，即存在一个常数 $T_{\max}$ 使得 $T(\boldsymbol{x}_0) \leqslant T_{\max}, \forall \boldsymbol{x}_0 \in U$ ，则称系统（11.7）的原点是固定时间稳定的。

引理 11.2.1[26]　对非线性系统（11.7），如果存在 C^1 和定义在原点 $\hat{U}$ 且 $\hat{U} \subseteq U$ 的领域上的正定函数 $V(\boldsymbol{x})$ 及实数 $c > 0$、$d > 0$、$0 < \alpha < 1$ 和 $\gamma > 1$ 使得 $\dot{V}(\boldsymbol{x}) \leqslant -cV^{\alpha}(\boldsymbol{x}) - dV^{\gamma}(\boldsymbol{x}), \forall \boldsymbol{x} \in \hat{U}$, 则系统（11.7）的原点是固定时间稳定的，而且其停息时间 $T(\boldsymbol{x}_0)$ 满足

$$T(\boldsymbol{x}_0) \leqslant T_{\max} := \frac{1}{c(1-\alpha)} + \frac{1}{d(\gamma-1)}, \forall \boldsymbol{x} \in \hat{U}。$$

引理 11.2.2[51]　对任意的 $\zeta \in \mathbf{R}, \eta \in \mathbf{R}$ 和 $m \geqslant 1$ ，有如下结论：

(i) $|\zeta + \eta|^m \leqslant 2^{m-1} |\zeta^m + \eta^m|$;

(ii) $(|\zeta| + |\eta|)^{\frac{1}{m}} \leqslant |\zeta|^{\frac{1}{m}} + |\eta|^{\frac{1}{m}} \leqslant 2^{\frac{m-1}{m}}(|\zeta| + |\eta|)^{\frac{1}{m}}$ 。

引理 11.2.3[51]　对任意正常数 c, d 和任意的实值函数 $\vartheta(\zeta,\eta) > 0$ ，有

$$|\zeta|^c |\eta|^d \leqslant \frac{c}{c+d}\vartheta(\zeta,\eta)|\zeta|^{c+d} + \frac{d}{c+d}\vartheta^{-\frac{c}{d}}(\zeta,\eta)|\eta|^{c+d}。$$

引理 11.2.4[52]　对任意的 $\zeta, \eta \in \mathbf{R}$ 和 $0 < p \leqslant 1, a > 0$ ，有

$$|\lceil\zeta\rceil^{ap} - \lceil\eta\rceil^{ap}| \leqslant 2^{1-p} |\lceil\zeta\rceil^a - \lceil\eta\rceil^a|^p。$$

引理 11.2.5[28]　对任意正常数 $\eta_1, \eta_2, \cdots, \eta_n$ 和 $p > 0$ ，有

$$(\sum_{i=1}^{n} \eta_i)^p \leqslant b(\sum_{i=1}^{n} \eta_i^{\ p}),$$

其中，$b = n^{p-1}$ 如果 $p \geqslant 1$ 且 $b = 1$ ，如果 $0 < p < 1$ 。

引理 11.2.6　对任意的 $\eta \in [0,1)$ ，下面不等式成立

$$\tan\left(\frac{\pi\eta}{2}\right) \leqslant \left(\frac{\pi\eta}{2}\right)\sec\left(\frac{\pi\eta}{2}\right) \leqslant \left(\frac{\pi\eta}{2}\right)\sec^2\left(\frac{\pi\eta}{2}\right)。$$

证明：当 $y \in \left[0,\frac{\pi}{2}\right)$ 时，不等式 $\sin y < y$ 和 $0 < \cos y \leqslant 1$ 同时成立，从而可以直接得到结论。

11.3　主要结果

本节对任意给定的停息时间 $T>0$，在避免违反时变约束（11.2）下给

设计固定时间镇定器控制的构造步骤。特别地，首先提出了一个新颖的 tan－型 BLF 来处理约束条件。然后，将 API 技术与弹性 BLF 巧妙地结合起来，利用基于分解的切换控制策略，设计了一种状态反馈固定时间镇定器，保证了约束要求。

11.3.1 一个新颖的 tan－型 BLF

为了避免状态 x_1 违反约束，引入一个新颖的 tan－型 BLFV_{k_1}：$\Gamma_1^{k_1}\to\mathbf{R}$ 如下：

$$V_{k_1}(x_1)=\frac{2k_1^{2-\tau}}{\pi(2-\tau)}\tan\left(\frac{\pi|x_1|^{2-\tau}}{2k_1^{2-\tau}}\right),\tag{11.8}$$

其中，τ是由假设 11.1.2 给定。

注意到对所有的 $x_1\in\Gamma_1^{k_1}$，有 $0\leqslant\frac{\pi|x_1|^{2-r}}{2k_1^{2-r}}<\frac{\pi}{2}$。由 $V_{k_1}(x_1)$ 的定义，容易知道 $V_{k_1}(x_1)$ 是 C^1 的而且在 $\Gamma_1^{k_1}$ 上是正定的，并满足

$$\begin{cases}\dfrac{\partial V_{k_1}(x_1)}{\partial x_1}=\Phi(x_1)\lceil x_1\rceil^{1-\tau},\\[2ex]\dfrac{\partial V_{k_1}(x_1)}{\partial k_1}=\dfrac{2k_1^{1-\tau}}{\pi}\tan\left(\dfrac{\pi|x_1|^{2-\tau}}{2k_1^{2-\tau}}\right)-\dfrac{1}{k_1}\Phi(x_1)|x_1|^{2-\tau},\end{cases}\tag{11.9}$$

其中，

$$\Phi(x_1)=\sec^2\left(\frac{\pi|x_1|^{2-\tau}}{2k_1^{2-\tau}}\right)。$$

注 11.3 与传统的 log－型或 tan－型 BLF 相比，新构造的 tan－型 BLF$V_{k_1}(x_1)$ 充分利用了系统（11.1）的结构特性，并具有更好的特性

$$\lim_{k_1\to\infty}V_{k_1}(x_1)=\lim_{k_1\to\infty}\frac{2k_1^{2-\tau}}{\pi(2-\tau)}\tan\left(\frac{\pi|x_1|^{2-\tau}}{2k_1^{2-\tau}}\right)=\frac{1}{2-\tau}|x_1|^{2-\tau}。\tag{11.10}$$

也就是说，当对 x_1 没有约束（即约束 k_1 是无限的）且 $k_1\to\infty$ 时，将 $V_{k_1}(x_1)$ 代入式（11.8）中，得到一个适用性更广的无约束的镇定方法[20-25]。因此，所提出的 tan－型 BLF$V_{k_1}(x_1)$ 是一个更具一般性的工具，能够同时处理具有时变/定常约束或无约束要求的镇定问题。

11.3.2 子系统的固定时间镇定

对 x_0－子系统，选择控制 u_0 如下

$$u_0 = \begin{cases} c_0^*, & x_0(0) < 0, \\ -c_0^*, & x_0(0) \geqslant 0, \end{cases} \tag{11.11}$$

其中 $c_0^* > 0$ 是一个常数并满足：$c_0^* < \dfrac{k_{01}}{\delta T}$对一个常数 $\delta \in (0,1)$ 成立。

下面的引理可经简单推导得到。

引理 11.3.1　在条件（11.11）下，x_0 - 子系统的解 $x_0(t)$ 是定义在 $[0, \delta T)$ 上并满足当初始条件 $x_0(0) \in \Omega_{x_0}$ 时，$x_0(t) \in \Omega_{x_0}$。

为了方便起见并不失一般性，在以后的使用中，设 $x_0(0) < 0$，也就是说，u_0 的符号是正的。此时，x - 子系统可以重写为

$$\begin{cases} \dot{x}_1 = c_0^* x_2 + \Delta_1(t, x_0, x_1), \\ \dot{x}_i = c_0^* x_{i+1} + \Delta_i(t, x_0, \bar{x}_i), i = 2, \cdots, n-1, \\ \dot{x}_n = u_1 + \Delta_n(t, x_0, \bar{x}_n)。 \end{cases} \tag{11.12}$$

下面采用递推法设计控制器，使得系统（11.12）在固定时间 δT 内镇定。

第 1 步：令 $\xi = x$ 并选择 $V_1(x_1) = V_{k_1}(x_1)$ 作为本步的 Lyapunov 函数。基于（11.2）和（11.8），假设 11.1.1—11.1.2 和引理 11.2.6，可得

$$\begin{aligned} \dot{V}_1 &= \frac{\partial V_{k_1}(x_1)}{\partial x_1}\dot{x}_1 + \frac{\partial V_{k_1}(x_1)}{\partial k_1}\dot{k}_1 \\ &= \Phi(x_1)\lceil x_1 \rceil^{1-\tau}(c_0^* x_2 + \Delta_1) + \frac{2k_1^{1-\tau}}{\pi}\tan\left(\frac{\pi |x_1|^{2-\tau}}{2k_1^{2-\tau}}\right)\dot{k}_1 - \frac{1}{k_1}\Phi(x_1)|x_1|^{2-\tau}\dot{k}_1 \\ &\leqslant \Phi(x_1)\lceil x_1 \rceil^{1-\tau}(c_0^* x_2 + \Delta_1) + \frac{2}{k_1}\Phi(x_1)|x_1|^{2-\tau}|\dot{k}_1| \\ &\leqslant \Phi(x_1)\lceil \xi_1 \rceil^{1-\tau}c_0^*(x_2 - x_2^*) + \Phi(x_1)\lceil \xi_1 \rceil^{1-\tau}c_0^* x_2^* + \Phi(x_1)|\xi_1|^2\bar{\varphi}_1, \end{aligned} \tag{11.13}$$

其中，$\bar{\varphi} \geqslant |x_1|^{\lambda_{11}}\varphi_1 + \dfrac{2k_{12}|x_1|}{k_{11}}$ 光滑函数而且 x_2^* 是 x_2 的虚拟控制器。

选择虚拟控制器 x_2^* 为

$$\begin{aligned} x_2^* &= -\frac{1}{c_0^*}(n - 1 + l + l|\xi_1|^p + \bar{\varphi}_1)\lceil \xi_1 \rceil^{r_2} \\ &:= -\alpha_1(x_1)\lceil \xi_1 \rceil^{r_2}, \end{aligned} \tag{11.14}$$

其中，$l > 0$ 和 $p > -\tau$ 是待定的设计参数。把式（11.14）代入式（11.13），得到

$$\dot{V} \leqslant -\Phi(x_1)(n-1+l)|\xi_1|^2 - l\Phi(x_1)|\xi_1|^{2+p} + \Phi(x_1)\lceil \xi_1 \rceil^{1-\tau} c_0^* (x_2 - x_2^*) \tag{11.15}$$
$$\leqslant -l\Phi(x_1)(|\xi_1|^2 + |\xi_1|^{2+p}) - (n-1)|\xi_1|^2 + \Phi(x_1)\lceil \xi_1 \rceil^{1-\tau} c_0^* (x_2 - x_2^*)。$$

第2步：基于虚拟控制器 x_2^*，定义 $\xi_2 = \lceil x_2 \rceil^{\frac{1}{r_2}} - \lceil x_2^* \rceil^{\frac{1}{r_2}}$ 并选择 Lyapunov 函数 $V(\bar{x}_2) = V_1(x_1) + W_2(\bar{x}_2)$，其中，

$$W_2 = \int_{x_2^*}^{x_2} \lceil \lceil s \rceil^{\frac{1}{r_2}} - \lceil x_2^* \rceil^{\frac{1}{r_2}} \rceil^{2-\tau-r_2} ds。 \tag{11.16}$$

由

$$\begin{cases} \dfrac{\partial W_2}{\partial x_2} = \lceil \xi_2 \rceil^{2-\tau-r_2}, \\ \dfrac{\partial W_2}{\partial x_1} = -(2-\tau-r_2)\dfrac{\partial(\lceil x_2^* \rceil^{\frac{1}{r_2}})}{\partial x_1} \times \int_{x_2^*}^{x_2} \lceil \lceil s \rceil^{\frac{1}{r_2}} - \lceil x_2^* \rceil^{\frac{1}{r_2}} \rceil^{1-\tau-r_2} ds, \end{cases} \tag{11.17}$$

可得到

$$\dot{V}_2 \leqslant -l\Phi(x_1)(|\xi_1|^2 + |\xi_1|^{2+p}) - (n-1)|\xi_1|^2 + \Phi(x_1)\lceil \xi_1 \rceil^{1-\tau} c_0^* (x_2 - x_2^*) + \frac{\partial W_2}{\partial x_1}(c_0{}^* x_2 + \Delta_1) + \frac{\partial W_2}{\partial x_2}(c_0^* x_3 + \Delta_2)$$
$$\leqslant -l\Phi(x_1)(|\xi_1|^2 + |\xi_1|^{2+p}) - (n-1)|\xi_1|^2 + \lceil \xi_2 \rceil^{2-\tau-r_2} c_0^* (x_3 - x_3{}^*) + \Phi(x_1)\lceil \xi_1 \rceil^{1-\tau} c_0^* (x_2 - x_2^*) + \lceil \xi_2 \rceil^{2-\tau-r_2}\Delta_2 + \frac{\partial W_2}{\partial x_1}(c_0^* x_2 + \Delta_1), \tag{11.18}$$

其中，x_3^* 是后续设计的虚拟控制器。为了继续该设计，给出式（11.18）的右边最后3个项的上界估计。

首先，由 ξ_j 和 x_j^*，$j=1,2$ 的定义可知

$$|\lceil x_2 \rceil - \lceil x_2^* \rceil| = |(\lceil x_2 \rceil^{\frac{1}{r_2}})^{r_2} - (\lceil x_2^* \rceil^{\frac{1}{r_2}})^{r_2}| \leqslant 2^{1-r_2} |\lceil x_2 \rceil^{\frac{1}{r_2}} - \lceil x_2^* \rceil^{\frac{1}{r_2}}|^{r_2} = 2^{1-r_2}|\xi_2|^{r_2}。 \tag{11.19}$$

这样，由式（11.19）和引理11.3.1，可以得到

$$\Phi(x_1)\lceil\xi_1\rceil^{1-\tau}c_0^*(x_2-x_2^*)\leqslant 2^{1-r_2}\Phi(x_1)c_0^*|\xi_1|^{1-\tau}|\xi_2|^{r_2}\leqslant\frac{1}{3}|\xi_1|^2+|\xi_2|^2h_{21},\tag{11.20}$$

其中，$h_{21}\geqslant 0$ 是一个光滑函数。

其次，根据假设 11.2 和引理 11.2，我们有

$$\begin{aligned}|\Delta_2|&\leqslant\varphi_2\left(|x_1|^{\frac{r_2+\tau}{r_1}+\lambda_{21}}+|x_2|^{\frac{r_2+\tau}{r_2}+\lambda_{22}}\right)\\&\leqslant\bar{\varphi}_2\left(|x_1|^{\frac{r_2+\tau}{r_1}}+|x_2|^{\frac{r_2+\tau}{r_2}}\right)\\&\leqslant\bar{\varphi}_2\left(|\xi_1|^{r_2+\tau}+|\xi_2-\alpha_1^{\frac{1}{r_2}}\xi_1|^{r_2+\tau}\right)\\&\leqslant\bar{\varphi}_2\left(|\xi_1|^{r_2+\tau}+\alpha_1^{\frac{r_2+\tau}{r_2}}|\xi_1|^{r_2+\tau}+|\xi_2|^{r_2+\tau}\right)\\&\leqslant\bar{\bar{\varphi}}_2\left(|\xi_1|^{r_2+\tau}+|\xi_2|^{r_2+\tau}\right),\end{aligned}\tag{11.21}$$

其中，$\bar{\varphi}_2\geqslant\varphi_2(|x_1|^{\lambda_{21}}+|x_2|^{\lambda_{22}})$ 和 $\bar{\bar{\varphi}}_2=(1+\alpha_1^{\frac{r_2+\tau}{r_2}})\bar{\varphi}_2\geqslant 0$ 是光滑函数。

利用式（11.21）和引理 11.3.1，得到

$$\lceil\xi_2\rceil^{2-\tau-r_2}\Delta_2\leqslant\bar{\bar{\varphi}}_2(|\xi_1|^{r_2+\tau}+|\xi_2|^{r_2+\tau})|\xi_2|^{2-\tau-r_2}\leqslant\frac{1}{3}|\xi_1|^2+|\xi_2|^2h_{22}。\tag{11.22}$$

其中，$h_{22}\geqslant 0$ 是一个光滑函数。

最后，注意到

$$\begin{aligned}&(2-\tau-r_2)\int_{x_2^*}^{x_2}|\lceil s\rceil^{\frac{1}{r_2}}-\lceil x_2^*\rceil^{\frac{1}{r_2}}|^{1-\tau-r_2}\mathrm{d}s\\&\leqslant(2-\tau-r_2)|\xi_2|^{1-\tau-r_2}|x_2-x_2^*|\leqslant(2-\tau-r_2)2^{1-r_2}|\xi_2|^{1-\tau},\end{aligned}\tag{11.23}$$

和

$$\left|\frac{\partial(\lceil x_2^*\rceil^{\frac{1}{r_2}})}{\partial x_1}\right|\leqslant\left|\frac{\partial(\alpha_1^{\frac{1}{r_2}})}{\partial x_1}\right||\xi_1|+\frac{1}{r_1}\alpha_1|\xi_1|^{1-r_1}\leqslant|\xi_1|^{1-r_1}\gamma_{21},\tag{11.24}$$

其中，$\gamma_{21}\geqslant 0$ 是一个光滑函数。

从而，根据式（11.20）、式（11.21）和式（11.23）、式（11.24）和引理 11.3.1，有

$$\frac{\partial W_2}{\partial x_1}(c_0^*x_2+\Delta_1)\leqslant(2-\tau-r_2)\int_{x_2^*}^{x_2}|\lceil s\rceil^{\frac{1}{r_2}}-\lceil x_2^*\rceil^{\frac{1}{r_2}}|^{1-\tau-r_2}\mathrm{d}s\times$$

$$\left|\frac{\partial(\lceil x_2^* \rceil^{\frac{1}{r_2}})}{\partial x_1}\right|(c_0^* |x_2| + |\Delta_1|),$$

$$\leqslant \frac{1}{3}|\xi_1|^2 + |\xi_2|^2 h_{23}, \tag{11.25}$$

其中，$h_{23} \geqslant 0$ 是一个光滑函数。

把式（11.20），式（11.22）和式（11.25）代入式（11.19）中得到

$$\dot{V}_2 \leqslant -l\Phi(x_1)(|\xi_1|^2 + |\xi_1|^{2+p}) - (n-2)|\xi_1|^2 + \lceil \xi_2 \rceil^{2-\tau-r_2} c_0^* (x_3 - x_3^*) + \lceil \xi_2 \rceil^{2-\tau-r_2} c_0^* x_3^* + (h_{21} + h_{22} + h_{23})|\xi_2|^2。 \tag{11.26}$$

设计虚拟控制器

$$x_3^* = -\frac{1}{c_0^*}(n - 2 + l + l|\xi_2|^p + h_{21} + h_{22} + h_{23})\lceil \xi_1 \rceil^{r_3}$$
$$:= -\alpha_2(\bar{x}_2)\lceil \xi_2 \rceil^{r_3}。 \tag{11.27}$$

则 V_2 关于时间的导数为

$$\dot{V}_2 \leqslant -l\Phi(x_1)(|\xi_1|^2 + |\xi_1|^{2+p}) - (n-2)(|\xi_1|^2 + |\xi_2|^2) - l(|\xi_2|^2 + |\xi_2|^{2+p}) + \lceil \xi_2 \rceil^{2-\tau-r_2} c_0^* (x_3 - x_3^*)。 \tag{11.28}$$

递归步：假设在第 $i-1(i = 3,\cdots,n)$ 步，存在一个 C^1，正定 Lyapunov 函数 $V_{k_1}:\Gamma_{i-1}^{k_1} \to \mathbf{R}$ 和一组连续虚拟控制器 $x_1^*,\cdot,x_i^*$ 定义如下

$$x_1^* = 0, \xi_1 = \lceil x_1 \rceil^{\frac{1}{r_1}} - \lceil x_1^* \rceil^{\frac{1}{r_1}},$$
$$x_2^* = -\alpha_1(\bar{x}_1)\lceil \xi_1 \rceil^{r_2}, \xi_2 = \lceil x_2 \rceil^{\frac{1}{r_2}} - \lceil x_2^* \rceil^{\frac{1}{r_2}},$$
$$\vdots \qquad \vdots$$
$$x_i^* = -\alpha_{i-1}(\bar{x}_{i-1})\lceil \xi_{i-1} \rceil^{r_i}, \xi_i = \lceil x_i \rceil^{\frac{1}{r_i}} - \lceil x_i^* \rceil^{\frac{1}{r_i}}, \tag{11.29}$$

其中，$\alpha_j(\bar{x}_j) > 0, j = 1,2,\cdots,i-1$ 是光滑的，使得

$$\dot{V}_{i-1} \leqslant -l\Phi(x_1)(|\xi_1|^2 + |\xi_1|^{2+p}) - (n-i+1)\sum_{j=1}^{i-1}|\xi_j|^2 - l\sum_{j=2}^{i-1}(|\xi_j|^2 + |\xi_j|^{2+p}) + \lceil \xi_{i-1} \rceil^{2-\tau-r_{i-1}} c_0^* (x_i - x_i^*) \tag{11.30}$$

下面，设计虚拟控制器 x_{i+1}^* 并证明式（11.30）在第 i 步也成立。为此，选择 Lyapunov 函数 V_i 为 $V_i = V_{i-1} + W_i$。其中，

$$W_i = \int_{x_i^*}^{x_i} \lceil \lceil s \rceil^{\frac{1}{r_i}} - \lceil x_i^* \rceil^{\frac{1}{r_i}} \rceil^{2-\tau-r_i} \mathrm{d}s。\tag{11.31}$$

由式（11.30）可以推导出

$$\begin{aligned}\dot{V}_i \leqslant & - l\Phi(x_1)(|\xi_1|^2 + |\xi_1|^{2+p}) - (n-i+1)\sum_{j=1}^{i-1}|\xi_j|^2 - \\ & l\sum_{j=2}^{i-1}(|\xi_j|^2 + |\xi_j|^{2+p}) + \lceil \xi_i \rceil^{2-\tau-r_i} c_0^* x_{i+1}^* + \lceil \xi_i \rceil^{2-\tau-r_i} c_0^* (x_{i+1} - x_{i+1}^*) + \\ & \lceil \xi_i \rceil^{2-\tau-r_i}\Delta_i + \lceil \xi_{i-1} \rceil^{2-\tau-r_{i-1}} c_0^* (x_i - x_i^*) + \sum_{j=1}^{i-1}\frac{\partial W_i}{\partial x_j}(c_0^* x_{j+1} + \Delta_j)。\end{aligned}\tag{11.32}$$

与第 2 步类似，下面给出式（11.32）的每一项的估计，其证明见附录 1。

$$\lceil \xi_{i-1} \rceil^{2-\tau-r_{i-1}} c_0^* (x_i - x_i^*) \leqslant \frac{1}{3}|\xi_{i-1}|^2 + |\xi_i|^2 h_{i1},\tag{11.33}$$

$$|\xi_i|^{2-\tau-r_i}\Delta_i \leqslant \frac{1}{3}\sum_{j=1}^{i-1}|\xi_j|^2 + |\xi_i|^2 h_{i2},\tag{11.34}$$

$$\sum_{j=1}^{i-1}\frac{\partial W_i}{\partial x_j}(c_0^* x_{j+1} + \Delta_j) \leqslant \frac{1}{3}\sum_{j=1}^{i-1}|\xi_j|^2 + |\xi_i|^2 h_{i3},\tag{11.35}$$

其中，$h_{ik}, k = 1,2,3$ 为非负光滑函数。

把式（11.33）—式(11.35）代入式（11.32）得到

$$\begin{aligned}\dot{V}_i \leqslant & - l\Phi(x_1)(|\xi_1|^2 + |\xi_1|^{2+p}) - (n-i)\sum_{j=1}^{i-1}|\xi_j|^2 - \\ & l\sum_{j=2}^{i-1}(|\xi_j|^2 + |\xi_j|^{2+p}) + \lceil \xi_j \rceil^{2-\tau-r_i} c_0^* (x_{i+1} - x_{i+1}^*) + \\ & (h_{i1} + h_{i2} + h_{i3})|\xi_i|^2,\end{aligned}\tag{11.36}$$

显然，虚拟控制器

$$x_{i+1}^* = -\alpha_i(\bar{x}_i)\lceil \xi_i \rceil^{r_{i+1}},\tag{11.37}$$

其中，

$$\alpha_i(\bar{x}_i) = \frac{1}{c_0^*}(n - i + l + l\lceil \xi_i \rceil^p + h_{i1} + h_{i2} + h_{i3}),\tag{11.38}$$

使得

$$\begin{aligned}\dot{V}_i \leqslant & - l\Phi(x_1)(|\xi_1|^2 + |\xi_1|^{2+p}) - (n-i)\sum_{j=1}^{i}|\xi_j|^2 - \\ & l\sum_{j=2}^{i}(|\xi_j|^2 + |\xi_j|^{2+p}) + \lceil \xi_i \rceil^{2-\tau-r_i} c_0^* (x_{i+1} - x_{i+1}^*)。\end{aligned}\tag{11.39}$$

最终步：选取 Lyapunov 函数

$$V_n = V_1 + \sum_{j=2}^{n} W_j = \frac{2k_1^{2-\tau}}{\pi(2-\tau}\tan\left(\frac{\pi|x_1|^{2-\tau}}{2k_1^{2-\tau}}\right)+ \quad (11.40)$$

$$\sum_{j=2}^{n}\int_{x_j^*}^{x_j}\lceil\lceil s\rceil^{\frac{1}{r_j}} - \lceil x_j^*\rceil^{\frac{1}{r_j}}\rceil^{2-\tau-r_j}ds。$$

根据上面的递推步，可以设计出连续状态反馈控制律

$$u = x_{n+1}^* = -\alpha_n(\bar{x}_n)\lceil\xi_n\rceil^{r_{n+1}}, \quad (11.41)$$

使得

$$\dot{V}_n \leqslant -l\Phi(x_1)(|\xi_1|^2 + |\xi_1|^{2+p}) - l\sum_{j=2}^{n}(|\xi_j|^2 + |\xi_j|^{2+p})。\quad (11.42)$$

从而，得到如下结论。

定理 11.3.1 如果系统（11.12）的控制器 u_1 由式（11.29）给出，式（11.41）中的设计参数 $l>0$ 和 $-\tau<p<2-2\tau$ 满足

$$\frac{2(\tau-2)}{\delta l_1 \tau} + \frac{(2-\tau 2^{\frac{2+p}{2-\tau}}n^{\frac{p+\tau}{2-\tau}}}{\delta l_2(p+\tau)} < T, \quad (11.43)$$

则对所有的 $x(0) \in \Gamma_n^{k_1}$，下面结论成立。

（i）状态 x_1 停留在集合 $\Omega_{x_1} = \{-k_1(t) < x_1(t) < k_1(t)\}, \forall t \geqslant 0$ 内。

（ii）所有的闭环系统状态在固定时间 δT 内收敛到零点。

证明：证明过程分为如下 2 个部分。

Ⅰ：约束 $|x_1(t)| < k_1(t)$ 的证明

由 V_1 和 W_j 的定义，容易证明 $V_n = V_1 + \sum_{j=2}^{n} W_j$ 在 $\Gamma_n^{k_1}$ 上是正定的。结合式（11.42）可知 CLS 的原点是渐近稳定的，从而，对所有的 $t\geqslant 0$，有

$$V_1(x_1) = \frac{2k_1^{2-\tau}}{\pi(2-\tau)}\tan\left(\frac{\pi|x_1|^{2-\tau}}{2k_1^{2-\tau}}\right) \leqslant V_n(x) \leqslant V_n(x(0)), \quad (11.44)$$

即

$$\frac{\pi|x_1|^{2-\tau}}{2k_1^{2-\tau}} \leqslant \tan^{-1}\left(\frac{\pi(2-\tau)}{2k_1^{2-\tau}}V_n(x(0))\right) < \frac{\pi}{2}, \quad (11.45)$$

对所有的 $t\geqslant 0$。因此，状态 x_2 将保持在集合 Ω_{x_1} 内并不违背该约束。

Ⅱ：固定时间稳定性分析

由于在第一部分已经证明闭环系统在原点处是渐近稳定的，由定义 11.2.1 和定义 11.2.2 可知，为了实现闭环系统的固定时间稳定，只需要证

明它的停息时间函数存在并且是有界即可。根据引理 11.2.5，很容易得到

$$W_j = \int_{x_j^*}^{x_j} |\lceil s \rceil^{\frac{1}{r_j}} - \lceil x_j^* \rceil^{\frac{1}{r_j}}|^{2-\tau-r_j} \mathrm{d}s \leqslant |\xi_j|^{2-\tau-r_j} |x_j - x_j^*| \leqslant 2 |\xi_j|^{2-\tau}。\tag{11.46}$$

从而，可获得如下估计

$$V_n = V_1 + \sum_{j=2}^{n} W_j \leqslant \frac{2k_1^{2-\tau}}{\pi(2-\tau)} \tan\left(\frac{\pi |x_1|^{2-\tau}}{2k_1^{2-\tau}}\right) + 2\sum_{j=2}^{n} |\xi_j|^{2-\tau}。\tag{11.47}$$

另外，对所有的 $x_1 \in \Gamma_1^{k_1}, 0 \leqslant \frac{\pi |x_1|^{2-\tau}}{2k_1^{2-\tau}} \leqslant \frac{\pi}{2}$ 有 $2-\tau>1$ 。从而，根据引理 11.2.6 中正切函数的特点，可以得到

$$\tan\left(\frac{\pi |x_1|^{2-\tau}}{2k_1^{2-\tau}}\right) \leqslant \frac{\pi}{2k_1^{2-\tau}} \Phi^{\frac{1}{2}}(x_1) |x_1|^{2-\tau} \leqslant \frac{\pi(2-\tau)}{2k_1^{2-\tau}} \Phi^{\frac{1}{2}}(x_1) |\xi_1|^{2-\tau},\tag{11.48}$$

$$\tan\left(\frac{\pi |x_1|^{2-\tau}}{2k_1^{2-\tau}}\right) \leqslant \frac{\pi}{2k_1^{2-\tau}} \Phi(x_1) |x_1|^{2-\tau} \leqslant \frac{\pi(2-\tau)}{2k_1^{2-\tau}} \Phi(x_1) |\xi_1|^{2-\tau}。\tag{11.49}$$

注意到 $\Phi(x_1) \geqslant 1$ 对所有的 $x_1 \in \Gamma_1^{k_1}$ 和 $0 < \frac{2}{2-\tau} < 1$ ，并由式（11.47）、式（11.49）和引理 11.2.2，可推导出

$$\begin{aligned}
V_n^{\frac{2}{2-\tau}} &\leqslant \left(\frac{2k_1^{2-\tau}}{\pi(2-\tau}\tan\left(\frac{\pi |x_1|^{2-\tau}}{2k_1^{2-\tau}}\right) + 2\sum_{j=2}^{n} |\xi_j|^{2-\tau}\right)^{\frac{2}{2-\tau}} \\
&\leqslant \left(\Phi(x_1) |\xi_1|^{2-\tau} + 2\sum_{j=2}^{n} |\xi_j|^{2-\tau}\right)^{\frac{2}{2-\tau}} \\
&\leqslant \Phi^{\frac{2}{2-\tau}}(x_1) |\xi_1|^2 + 2^{\frac{2}{2-\tau}} \sum_{j=2}^{n} |\xi_j|^2 \leqslant 2\left(\Phi(x_1) |\xi_1|^2 + \sum_{j=2}^{n} |\xi_j|^2\right),
\end{aligned}\tag{11.50}$$

另一方面，观察到 $1 < \frac{2+p}{2-\tau} < 2$ ，由引理 11.2.2 并考虑式（11.47）和式（11.48），可以得到

$$V_n^{\frac{2+p}{2-\tau}} \leqslant \left(\frac{2k_1^{2-\tau}}{\pi(2-\tau)}\tan\left(\frac{\pi |x_1|^{2-\tau}}{2k_1^{2-\tau}}\right) + 2\sum_{j=2}^{n} |\xi_j|^{2-\tau}\right)^{\frac{2+p}{2-\tau}}$$

$$\leqslant \left(\Phi^{\frac{1}{2}}(x_1)\,|\xi_1|^{2-\tau} + 2\sum_{j=2}^{n}|\xi_j|^{2-\tau}\right)^{\frac{2+p}{2-\tau}}$$

$$\leqslant n^{\frac{p+\tau}{2-\tau}}\left(\Phi^{\frac{2+p}{4-2\tau}}(x_1)\,|\xi_1|^{2+p} + 2^{\frac{2+p}{2-\tau}}\sum_{j=2}^{n}|\xi_j|^{2+p}\right)$$

$$\leqslant n^{\frac{2+p}{2-\tau}-1}2^{\frac{2+p}{2-\tau}}\left(\Phi(x_1)\,|\xi_1|^{2+p} + \sum_{j=2}^{n}|\xi_j|^{2+p}\right) \tag{11.51}$$

从而，考虑式（11.42）、式（11.50）和式（11.51），得到

$$\dot{V}_n \leqslant -l2^{-1}V_n - l2^{-\gamma}n^{1-\gamma}V_n^{\gamma}, \tag{11.52}$$

其中，

$$\alpha = \frac{2}{2-\tau},\ \gamma = \frac{2+p}{2-\tau}。$$

这样，根据引理11.2.1，可知闭环系统的平衡点 $x=0$ 是固定时间稳定的而且停息时间 T_1 满足

$$T_1 \leqslant \frac{2}{l(1-\alpha)} + \frac{2^{\gamma}n^{\gamma-1}}{l(\gamma-1)} = \frac{2(\tau-2)}{l\tau} + \frac{(2-\tau)2^{\frac{2+p}{2-\tau}}n^{\frac{p+\tau}{2-\tau}}}{l(p+\tau)} < \delta T。 \tag{11.53}$$

11.3.3 x_0 - 子系统的固定时间镇定

由定理11.3.1，可得知当 $t \geqslant \delta T$ 时，$x(t) \equiv 0$。从而，下面我们只需要在固定时间 $(1-\delta)T$ 内镇定 x_0 - 子系统。为了防止状态 x_0 违反约束，与11.3.1的部分过程类似，对 x_0 - 子系统设计 tan - 型 BLF$V_0:\Gamma_0^{k_0}\to\mathbf{R}$ 如下

$$V_0(x_0) = \frac{2k_0^{\ 2}}{\pi}\tan\left(\frac{\pi|x_0|^2}{2k_0^2}\right), \tag{11.54}$$

它对时间的导数满足

$$\dot{V}_0(x_0) = \sec^2\left(\frac{\pi|x_0|^2}{2k_0^2}\right)x_0u_0 + \frac{4k_0}{\pi}\tan\left(\frac{\pi|x_0|^2}{2k_0^2}\right)\dot{k}_0 - \frac{2}{k_0}\Phi_1(x_0)\,|x_0|^2\dot{k}_0,$$

$$\leqslant \Phi_1(x_0)x_0u_0 + \frac{4}{k_0}\Phi_1(x_0)\,|x_0|^2\,|\dot{k}_0| \tag{11.55}$$

其中，

$$\Phi_1(x_0) = \sec^2\left(\frac{\pi|x_0|^2}{2k_0^2}\right)。$$

从而，对 x_0 - 子系统，控制器 u_0 可采用

$$u_0 = -m(1 + |x_0|^q + \varphi_0)|x_0|^\sigma, \tag{11.56}$$

其中，$\varphi_0 \geqslant \dfrac{4k_{02}|x_0|^{1-\sigma}}{k_{01}}$ 是光滑函数而且是待定的设计参数。与 11.3.2 的过程相类似，可以得到如下结果。

定理 11.3.2　如果设计参数 $0<\sigma<1$，$m>0$ 和式（11.56）中的 $1-\sigma<q<3-\sigma$ 满足

$$\frac{2}{m(1-\sigma)(1-\delta)} + \frac{2}{m(\sigma+q-1)(1-\delta)} < T, \tag{11.57}$$

则，对任意的初始条件 $x_0(0) \in \Omega_{x_0}$，下面结论成立。

(i) 状态 x_0 保持在集合 $\Omega_{x_0} = \{-k_0(t) < x_0(t) < k_0(t)\}, \forall t \geqslant 0$ 内而且不违背约束。

(ii) 状态 x_0 在固定时间 $(1-\delta)T$ 内收敛到零点。

证明：其证明与定理 11.3.1 的证明类似。

到目前为止，系统（11.1）的固定时间状态反馈镇定器的设计已完成，从而获得本章主要结果。

定理 11.3.3　对具有输出约束（11.2）的系统（11.1），通过恰当的选取设计参数，下面切换控制策略

$$u_0 = \begin{cases} c_0^*, t < \delta T, \\ -m(1 + |x_0|^q + \phi_0)|x_0|^\sigma, t \geqslant \delta T, \end{cases} \tag{11.58}$$

$$u_1 = -\alpha_n(\bar{x}_n)|\xi_n|^{r_{n+1}}, \tag{11.59}$$

使得闭环系统的状态在不违反其约束（11.2）情况下，在任意给定的有限时间 T 内收敛到零点。

注 11.4　如果在控制器设计中不考虑 $l|\xi_i|^p$ 和 $m|x_0|^q$，则给出的固定时间控制方案就退化成有限时间控制方案，而且切换时间 δT 随初始条件的改变而改变。因此，有限时间控制方案严重依赖于所研究系统的初始条件，无法在精确的预设时间内实现系统预期性能。

注 11.5　由 $V_n(x)$ 的结构，容易知道，当 $k_1(t)$ 趋于无限大时，$V_n(x)$ 在 $\mathbf{R}^n$ 上有定义。而且，这种情况下，$V_n(x)$ 变成了一个 C^1，定义在 $\mathbf{R}^n$ 上的正定 Lyapunov 函数（对 $V_0(x_0)$ 有相同的结论）。因此，在输出约束 $k_i(t)(k=0,1)$ 为无穷大这种特殊情况时，定理 11.3.1—定理 11.3.3 包括了参考文献［32-33］中给出的固定时间镇定结果，即对输出没有约束。这表明，该方法可以作为约束和非约束情况下的统一处理方案。

11.4 仿真例子

考虑具有非匹配不确定性的链式非完整系统

$$\begin{cases}\dot{x}_0 = u_0, \\ \dot{x}_1 = u_0 x_2 + \dfrac{1}{2}x_1, \\ \dot{x}_2 = u_1,\end{cases} \tag{11.60}$$

该系统可被视为扰动的独轮移动机器人模型（备注 2.1）。当机器人在有限的区域内工作时，如何在固定的时间内将机器人泊驻变成为具有输出约束 $|x_0| < k_0$ 和 $|x_1| < k_1$ 系统（11.60）的固定时间镇定问题。

为了验证我们提出的控制器设计方案，并为了简单起见，假设 $x_0(0) < 0$ 。此时，对 x_0 －子系统，选择 $u_0 = c_0^*$ ，其中 c_0^* 是一个正常数并满足 $c_0^* < \dfrac{k_{01}}{\delta T}$，其中 $\delta \in (0,1)$ 。

选择 $\tau = -\dfrac{1}{3}$ ，容易验证当 $\varphi_1 = \dfrac{1 + x_1^2}{2}, \varphi_2 = 0, \lambda_{11} = \lambda_{21} = \lambda_{22} = 0$ 时，系统（11.60）满足本文的假设条件。根据第 11.3 节中的控制器设计步骤，可以构造

$$u_1 = -(l + l|\xi_2|^p + h_{21} + h_{22})\lceil \xi_2 \rceil^{\frac{1}{3}}, \tag{11.61}$$

其中，$x_2^* = -\alpha_1 \lceil x_1 \rceil^{\frac{2}{3}}, \xi_2 = \lceil x_2 \rceil^{\frac{3}{2}} - \lceil x_2^* \rceil^{\frac{3}{2}}, \bar{\varphi}_1 = \varphi_1 + \dfrac{2k_{12}(1 + {x_1}^2)}{k_{11}}, \alpha_1 = \dfrac{\frac{3}{2} + l + l|\xi_1|^p + \bar{\varphi}_1}{c_0^*}, h_{21} = 2.6667(c_0^* \Phi)^3, h_{22} = 2.0999\left|\dfrac{\partial(\lceil x_2^* \rceil^{\frac{3}{2}})}{\partial x_1}\right| c_0^* + 2.0286\left|\dfrac{\partial(\lceil x_2^* \rceil^{\frac{3}{2}})}{\partial x_1}\right| c_0^{*\frac{3}{2}} |1 + \alpha_1|^{\frac{3}{2}}$ ，而且 l 和 p 是合适的正常数。它将 x －子系统（11.60）的状态在固定的设定时间 δT 内调节为零点，而且不违反约束。

接着，当 $t \geqslant \delta T$ 时，x_0 －子系统的控制输入 u_0 被切换到

$$u_0 = -m(1 + |x_0|^q + \phi_0)\lceil x_0 \rceil^{\sigma}, \tag{11.62}$$

其中，$\varphi_0 = \dfrac{4k_{02}|x_0|^{1-\sigma}}{k_{01}}$ ，而且 σ, m 和 q 是一些合适的正常数，在此情况下，

在固定的设定时间 $(1-\delta)T$ 内，状态 x_0 被调节为零点，而且不违反约束。如果在式（11.61）和式（11.62）内不考虑 $l|\xi_i|^p$ 和 $m|x_0|^q$，则所给出的固定时间控制方案将退化为有限时间控制方案。

在仿真中，我们选择约束 $k_0(t)=k_1(t)=1+0.18\sin 2t$，设定时间为 $T=10$，控制律增益为 $c_0^*=0.1, \delta=0.8, l=3, p=2, \sigma=0.5, m=4$ 和 $q=2$。对 3 种不同的初始条件：(i) $(x_0(0), x_1(0), x_2(0))=(-0.2, 0.4, 1)$；(ii) $(x_0(0), x_1(0), x_2(0))=(-0.4, 0.6, 5)$；(iii) $(x_0(0), x_1(0), x_2(0))=(-0.6, 0.9, 50)$，在固定时间控制和有限时间控制作用下闭环系统的状态响应如图 11.3—图 11.7 所示。从图 11.3（a)—图 11.7（a）可以清晰地看出，在固定时间控制作用下系统状态收敛时间大概是 8.4 s，而且几乎保持不变，并且随着初始值的增加，确实低于预设的时间 10 s。此外，输出约束从未被违反。这意味着，在不违反输出约束的情况下，所提出的固定时间控制可以在设定时间内独立于初始条件稳定系统。图 11.3（b)—图 11.7（b）显示了有限时间控制作用下的收敛时间随着初始值的增加而迅速增加，并且

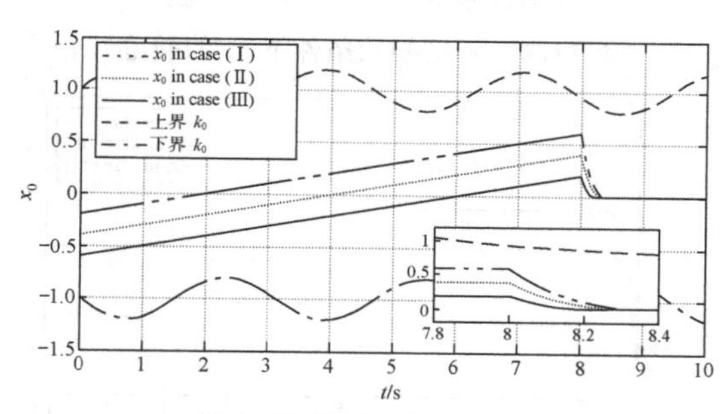

(a) 固定时间控制器作用下 x_0 的轨迹

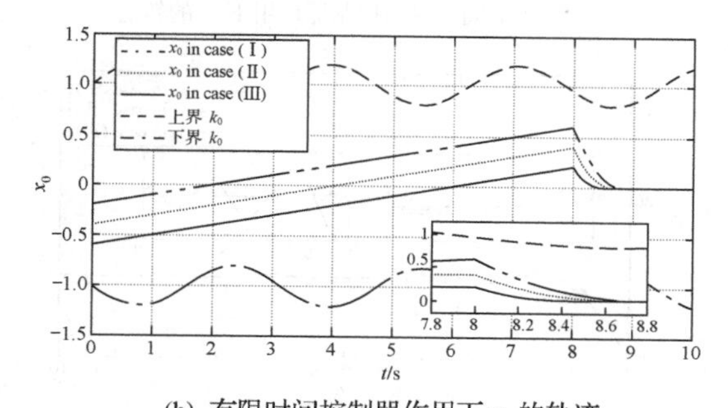

(b) 有限时间控制器作用下 x_0 的轨迹

图 11.3　不同初始条件下 x_0 的轨迹

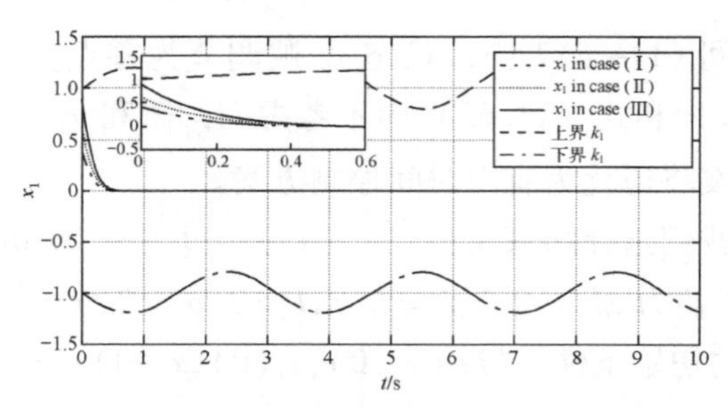

(a) 固定时间控制器作用下 x_1 的轨迹

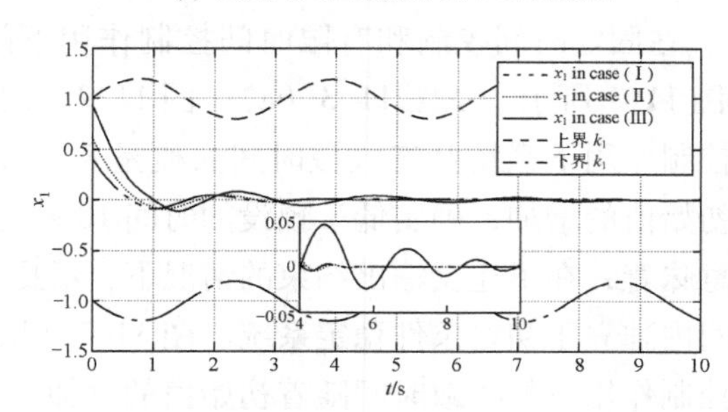

(b) 有限时间控制器作用下 x_1 的轨迹

图 11.4　不同初始条件下 x_1 的轨迹

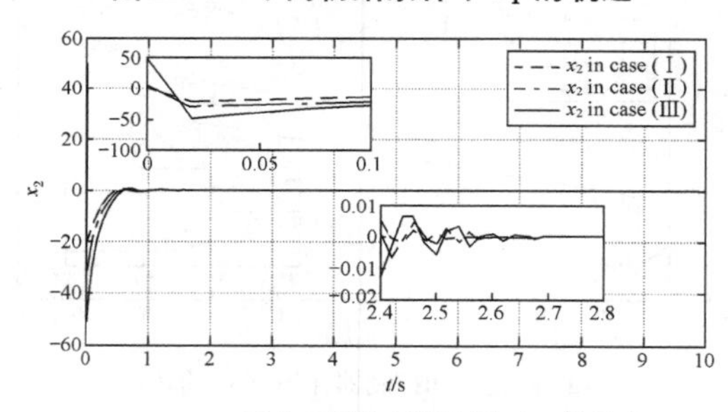

(a) 固定时间控制器作用下 x_2 的轨迹

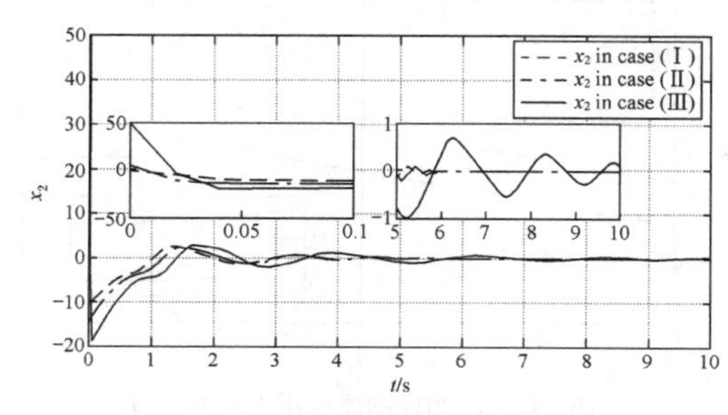

(b) 有限时间控制器作用下 x_2 的轨迹

图 11.5　不同初始条件下 x_2 的轨迹

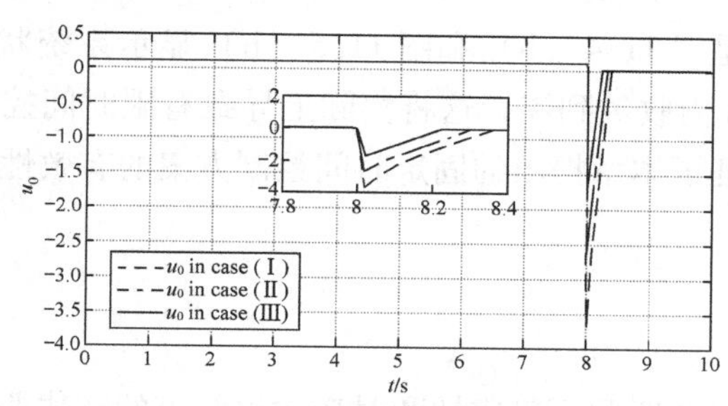

(a) 固定时间控制器作用下 u_0 的轨迹

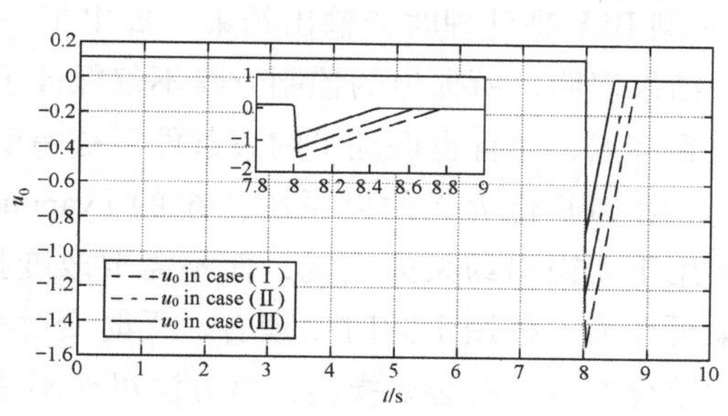

(b) 有限时间控制器作用下 u_0 的轨迹

图 11.6　不同初始条件下 u_0 的轨迹

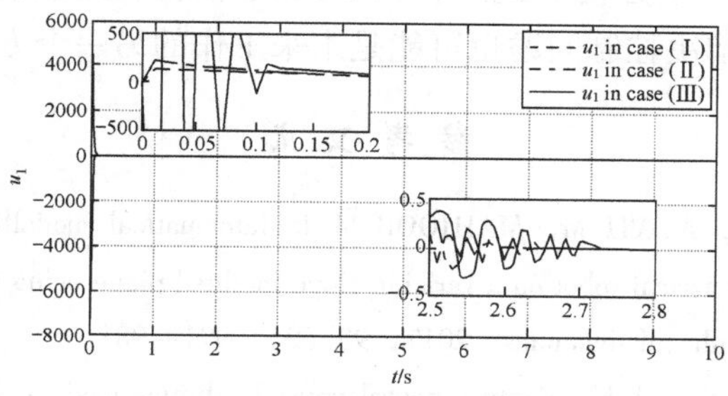

(a) 固定时间控制器作用下 u_1 的轨迹

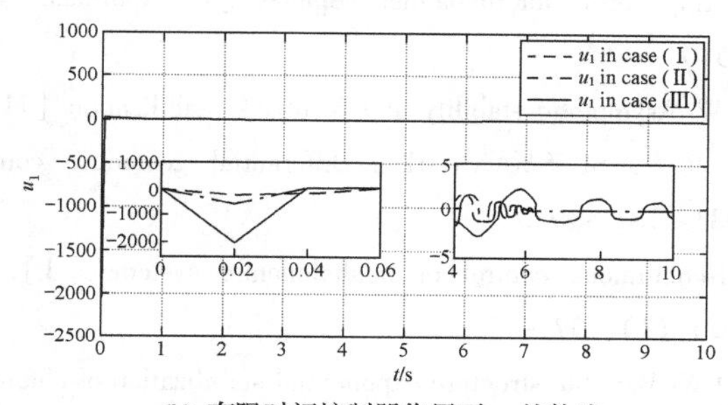

(b) 有限时间控制器作用下 u_1 的轨迹

图 11.7　不同初始条件下 u_1 的轨迹

没有上界。尤其是图 11.4（b）和图 11.5（b）显示系统状态 x_1, x_2 不能在预设切换时间 8 s 内收敛到零，这将实际上导致有限时间控制算法无效。从而，仿真结果验证了本章提出的固定时间控制方案的有效性。

11.5 小结

针对一类具有非匹配不确定性和时变输出约束的链式非完整系统，通过引入一种新的 tan－型 BLF 来处理时变输出约束，提出了一种状态反馈的固定时间镇定方案。结果表明，所提出的控制方案不仅保证了闭环系统的状态在固定时间内收敛到零点，而且也保证了约束条件不被违反。当约束趋于无穷大时，引入的 tan 型 BLF 化为无约束系统传统的 Lyapunov 函数，因此该控制方案也可以应用于无输出约束的系统，而不需要改变控制结构。因此，所提出的设计方案可作为一种用于同时处理有、无时变/恒定输出约束的固定时间镇定问题的综合方法。有必要指出，该方法可能不适用于受非消失扰动系统。因此，如何利用基于干扰观测器的技术[53-54]来解决这一问题将是我们今后工作的一个方向。此外，为状态约束系统探索新的 tan－型障碍 Lyapunov 函数并解决控制问题也可能是未来工作的另一个方向。

参考文献

[1] ROOZEGAR M，AYATI M，MAHJOOB M J. Mathematical modelling and control of a nonholonomic spherical robot on a variable-slope inclined plane using terminal sliding mode control［J］. Nonlinear dynamics，2017，90（2）：971－981.

[2] GUO J，LUO Y，LI K. Adaptive neural-network sliding mode cascade architecture of longitudinal tracking control for unmanned vehicles［J］. Nonlinear dynamics，2017，87（4）：2497－2510.

[3] BROCKETT R W. Asymptotic stability and feedback stabilization［M］//BROCKETT R W，MILLMAN R S，SUSSMANN H J. Differential geometric control theory. Boston：Birkhauser，1983：181－195.

[4] ASTOLFI A. Discontinuous control of nonholonomic systems［J］. Systems & control letters，1996，27（1）：37－45.

[5] XU W L，HUO W. Variable structure exponential stabilization of chained systems based on the extended nonholonomic integrator［J］. Systems & control letters，2000，41（4）：225－235.

[6] SAMSON C. Control of chained system: application to path following and time-varying point-stabilization of mobile robots [J]. IEEE transactions on automatic control, 1995, 40 (1): 64 - 77.

[7] TIAN Y P, LI S H. Exponential stabilization of nonholonomic dynamic systems by smooth time-varying control [J]. Automatica, 2002, 38 (7): 1139 - 1146.

[8] YUAN H L, QU Z H. Smooth time-varying pure feedback control for chained nonholonomic systems with exponential convergent rate [J]. IET control theory and applications, 2010, 4 (7): 1235 - 1244.

[9] PRIEUR C, ASTOLFI A. Robust stabilization of chained systems via hybrid control [J]. IEEE transactions on automatic control, 2003, 148 (10): 1768 - 1772.

[10] JIANG Z P. Robust exponential regulation of nonholonomic systems with uncertainties [J]. Automatica, 2000, 36 (2): 189 - 209.

[11] GE S S, WANG Z P, LEE T H. Adaptive stabilization of uncertain nonholonomic systems by state and output feedback [J]. Automatica, 2003, 39 (8): 1451 - 1460.

[12] LIU Y G, ZHANG J F. Output feedback adaptive stabilization control design for nonholonomic systems with strong nonlinear drifts [J]. International journal of control, 2005, 78 (7): 474 - 490.

[13] XI Z, FENG G, JIANG Z P, et al. Output feedback exponential stabilization of uncertain chained systems [J]. Journal of the Franklin institute, 2007, 344 (1): 36 - 57.

[14] ZHENG X, WU Y. Adaptive output feedback stabilization for nonholonomic systems with strong nonlinear drifts [J]. Nonlinear analysis theory methods & applications, 2009, 70 (2): 904 - 920.

[15] GAO F, YUAN F, YAO H. Robust adaptive control for nonholonomic systems with nonlinear parameterization [J]. Nonlinear analysis real world applications, 2010, 11 (4): 3242 - 3250.

[16] GAO F, YUAN F, YAO H, et al. Adaptive stabilization of high order nonholonomic systems with strong nonlinear drifts [J]. Applied mathematical modelling, 2011, 35 (9): 4222 - 4233.

[17] WU Y, ZHAO Y, YU J. Global asymptotic stability controller of uncertain nonholonomic systems [J]. Journal of the Franklin institute, 2013, 350 (5): 1248 - 1263.

[18] URAKUBO T. Feedback stabilization of a nonholonomic system with potential fields: application to a two-wheeled mobile robot among obstacles [J]. Nonlinear dynamics, 2015, 81 (3): 1475 - 1487.

[19] BHAT S P, BERNSTEIN D S. Finite-time stability of continuous autonomous systems [J]. SIAM journal of control and optimization, 2000, 38 (3): 751 - 766.

[20] HONG Y, WANG J, XI Z. Stabilization of uncertain chained form systems within finite settling time [J]. IEEE transactions on automatic control, 2005, 50 (9): 1379 - 1384.

[21] WANG J, ZHANG G, LI H. Adaptive control of uncertain nonholonomic systems in finite time [J]. Kybernetika, 2009, 45 (5): 809 - 824.

[22] GAO F, YUAN F. Adaptive finite-time stabilization for a class of uncertain high order nonholonomic systems [J]. ISA transactions, 2015, 55 (1): 41 - 48.

[23] WU Y, GAO F, LIU Z. Finite-time state feedback stabilization of nonholonomic systems with low-order nonlinearities [J]. IET control theory and applications, 2015, 9 (10): 1553 - 1560.

[24] XIE X J, LI G J. Finite-time output-feedback stabilization of high-order nonholonomic systems [J]. International journal of robust and nonlinear control, 2019, 29 (9): 2695 - 2711.

[25] ANDRIEU V, PRALY L, ASTOLFI A. Homogeneous approximation, recursive observer design, and output feedback [J]. SIAM journal of control and optimization, 2008, 47 (4): 1814 - 1850.

[26] POLYAKOV A. Nonlinear feedback design for fixed-time stabilization of linear control systems [J]. IEEE transactions on automatic control, 2012, 57 (8): 2106 - 2110.

[27] TIAN B, LU H, ZUO Z, et al. Fixed-time stabilization of high-order integrator systems with mismatched disturbances [J]. Nonlinear dynamics, 2018, 94 (4): 2889 - 2899.

[28] ZUO Z, HAN Q L, NING B, et al. Anoverview of recent advances in fixed-time cooperative control of multi-agent systems [J]. IEEE transactions on industrial informatics, 2018, 14 (6): 2322 - 2334.

[29] GAO F Z, WU Y Q, ZHANG Z C, et al. Global fixed-time stabilization for a class of switched nonlinear systems with general powers and its application [J]. Nonlinear analysis: hybrid systems, 2019, 31: 56 - 68.

[30] GAO F Z, WU Y Q, ZHANG Z C. Global fixed-time stabilization of switched nonlinear systems: a time-varying scaling transformation approach [J]. IEEE transactions on circuits and systems II: express briefs, 2019, 6611: 1890 - 1894.

[31] NI J K, LIU L, LIU C X, et al. Fixed-time dynamic surface high-order sliding mode control for chaotic oscillation in power system [J]. Nonlinear dynamics, 2016, 86 (1): 401 - 420.

[32] DEFOORT M, DEMESURE G, ZUO Z Y, et al. Fixed-time stabilisation and consensus of nonholonomic systems [J]. IET control theory and applications, 2016, 10 (18): 2497 - 2505.

[33] ZHANG Z C, WU Y Q. Fixed-time regulation control of uncertain nonholonomic systems and its applications [J]. International journal of control, 2017, 90 (7): 1327 - 1344.

[34] NI J K, LIU L, HE W, et al. Adaptive dynamic surface neural network control for nonstrict-feedback uncertain nonlinear systems with constraints [J]. Nonlinear dynamics, 2018, 94 (1): 165 - 184.

[35] CHANG W, TONG S. Adaptive fuzzy tracking control design for permanent magnet synchronous motors with output constraint [J]. Nonlinear dynamics, 2017, 87 (1): 291 - 302.

[36] TEE K P, GE S S, TAY E H. Barrier Lyapunov functions for the control of output constrained nonlinear systems [J]. Automatica, 2009, 45 (2): 918 - 927.

[37] TEE K P, RENB, GE S S. Control of nonlinear systems with time-varying output constraints [J]. Automatica, 2011, 47: 2511 - 2516.

[38] HE W, HUANG H, GE S S. Adaptive neural network control of a robotic manipulator with time-varying output constraints [J]. IEEE transactions on cybernetics, 2017, 47 (10): 3136 - 3147.

[39] JIN X. Adaptive fault tolerant tracking control for a class of stochastic nonlinear systems with output constraint and actuator faults [J]. Systems and control letters, 2017, 107: 100 - 109.

[40] LIU Y L, MA H J, MA H. Adaptive fuzzy fault-tolerant control for uncertain nonlinear switched stochastic systems with time-varying output constraints [J]. IEEE transactions on fuzzy systems, 2018, 26 (5): 2487 - 2498.

[41] LIU Y J, LU S M, TONG S C, et al. Adaptive control-based Barrier Lyapunov functions for a class of stochastic nonlinear systems with full state constraints [J]. Automatica, 2018, 87: 83 - 93.

[42] MA R C, JIANG B, LIU Y. Finite-time stabilization with output-constraints of a class of high order nonlinear systems [J]. International journal of control, automation, and systems, 2018, 16 (3): 945 - 952.

[43] DING S H, MEI K Q, LI S H. A new second-order sliding mode and its application to nonlinear constrained systems [J]. IEEE transactions on automatic control, 2018, 64 (6): 2545 - 2552.

[44] CHEN C C. A unified approach to finite-time stabilization of high-order nonlinear systems with and without an output constraint [J]. International journal of robust and nonlinear control, 2019, 29 (2): 393 - 407.

[45] CHEN C C, SUN Z Y. A unified approach to finite-time stabilization of high-order nonlinear systems with an asymmetric output constraint [J]. Automatica, 2020,

111: 108581.
[46] DING S, PARK J H, CHEN C C. Second-order sliding mode controller design with output constraint [J]. Automatica, 2020, 112: 108704.
[47] WANG C X, WU Y Q. Finite-time tracking control for strictfeedback nonlinear systems with full state constraints [J]. International journal of control, 2019, 92 (6): 1426 - 1433.
[48] SUN W, SUN S F, WU Y, et al. Adaptive fuzzy control with high-order barrier lyapunov functions for high-order uncertain nonlinear systems with full-state constraints [J]. IEEE transactions on cybernetics, 2019, 50 (8): 3424 - 3432.
[49] SUN W, SU S F, DONG G W, et al. Reduced adaptive fuzzy tracking control for high-order stochastic nonstrict feedback nonlinear system with full-state constraints [J]. IEEE transactions on systems man & cybernetics systems, 2019, 51 (3): 1496 - 1506.
[50] GAO F, WU Y Q, LI H S, et al. Finite-time stabilisation for a class of output-constrained nonholonomic systems with its application [J]. International journal of systems science, 2018, 49 (10): 2155 - 2169.
[51] QIAN C, LIN W. A continuous feedback approach to global strong stabilization of nonlinear systems [J]. IEEE transactions on automatic control, 2001, 46 (7): 1061 - 1079.
[52] DING S H, CHEN W H, MEI K Q, et al. Disturbance observer design for nonlinear systems represented by input-output models [J]. IEEE transactions on industrial electronics, 2020, 67 (2): 1222 - 1232.
[53] YAO X M, WU L G, GUO L. Disturbance-observer-based fault tolerant control of high-speed trains: a Markovian jump system model approach [J]. IEEE transactions on systems man & cybernetics systems, 2020, 50 (4): 1476 - 1485.
[54] YAO X M, PARK J H, WU L G, et al. Disturbanceobserver-based composite hierarchical anti-disturbance control for singular Markovian jump systems [J]. IEEE transactions on automatic control, 2019, 64 (7): 2875 - 2882.

第12章　切换有理数幂阶非线性复杂系统的全局预设时间镇定与控制

切换非线性系统作为一种典型的混杂动态系统，由于其在电力系统、机械系统和交通系统控制中的广泛应用，在过去几十年中受到广泛关注[1-4]。一般而言，常见的文献中研究的切换类型主要有2种：约束切换和任意切换。参考文献［5］证明了所有子系统的公共Lyapunov函数的存在可以保证整个切换系统在任意切换下渐近稳定。通过这一重要判据，切换非线性系统的渐近稳定/跟踪控制等方面出现了丰硕的研究成果，可参考文献［6-21］及其相关文献。

同时，由于有限时间稳定系统具有收敛速度快、鲁棒性好和抗干扰能力强等优点，有限时间稳定控制已成为近年来研究的热点。由于参考文献［22］提出了关于非线性系统Lyapunov有限时间稳定性定理的突破性工作，得到了许多有意义的结果[23-35]。注意，在上述结果中获得的停息时间函数依赖于初始系统条件，这使得收敛时间会随着初始条件变大而变大。为了克服这一缺点，Andrieu等在参考文献［36］中提出了一个新颖的有限时间稳定性概念，即固定时间稳定性，它要求相应的停息时间函数是有界的，并且与系统初始条件无关。近年来，在固定时间稳定性的框架下，线性/非线性系统的控制设计取得了许多优秀的成果。大体上，现有的固定时间控制设计方法可分为2类：双极限齐次方法[36-37]和基于Lyapunov方法[38-47]。需要指出的是，在双极限齐次方法中，停息时间函数上界存在，但是未知的。在基于Lyapunov方法中，（也就是说，通过构造一个恰当的正定函数V对常数$a>0,b>0,0<\beta<1,\eta>1$满足

$$\dot{V}\leqslant-\alpha V^{\beta}-cV^{\eta},$$

从而得到

$$T\leqslant\frac{1}{a-a\beta}+\frac{1}{b\eta-b},$$

尽管停息时间是有界且可调整的，但很难或甚至不可能根据要求任意地预先

设定。其主要原因是基于 Lyapunov 方法的停息时间函数一般依赖于几个设计参数，这些参数的选择很难满足给定的预设时间。

然而，许多实际应用如导弹制导，都期望有预先规定的收敛时间[48]。参考文献［49］通过构造一个计算奇异控制器，利用一个无限增长到终端时间的时变函数对系统状态进行变换，从而解决了 Brunovsky 系统的预设时间调节问题。通过引入时域映射来克服参考文献［49］中的计算奇异性问题，参考文献［50］提出了一类 p - 规范正规型系统的实用预设时间镇定的新方法。遗憾的是，控制器只能保证系统状态收敛到原点附近的一个小邻域。另外，需要注意的是，上述所有结果都是针对非切换非线性系统的研究，由于混合特征使得切换系统不能继承单个子系统的特性，使得通用的非切换非线性系统设计工具很难扩展到切换系统。考虑到切换非线性系统和精确预设时间稳定的重要性，一个有趣且悬而未决的研究问题是：对于一般的切换非线性系统，能否设计一个控制器来实现系统的精确预设时间稳定？如果可能的话，怎么设计呢？

本章研究一类具有切换有理数幂阶的一般切换非线性系统的全局预设时间控制与镇定问题，并对上述问题给出肯定答案。本章的主要贡献可以概括为：①在充分考虑实际系统需求的基础上，首次研究了切换非线性系统的全局预设时间稳定问题。②提出了一种新的时标变换，将原来的非奇异预设时间镇定问题转化为时变有限时间镇定问题。③在较弱的系统增长约束条件下，巧妙地利用 CLF-based-AOPI 技术，提出了一种公共坐标变换的系统设计方法。

符号：本文中使用的符号是标准的。具体地说，C^j 表示具有第 j 个连续偏导数的所有函数的集合，和函数 $\lceil z \rfloor^{\gamma}$ 定义为

$$\lceil z \rfloor^{\gamma} = \operatorname{sign}(z) \mid z \mid^{\gamma}。$$

12.1 问题描述

考虑如下 p - 范式切换非线性系统

$$\begin{cases} \dot{\zeta}_1(t) = d_{1,\sigma(t)}(t)\lceil \zeta_2(t) \rfloor^{p_{1,\sigma(t)}} + g_{1,\sigma(t)}(\zeta_1(t)), \\ \dot{\zeta}_2(t) = d_{2,\sigma(t)}(t)\lceil \zeta_3(t) \rfloor^{p_{2,\sigma(t)}} + g_{2,\sigma(t)}(\bar{\zeta}_2(t)), \\ \cdots\cdots \\ \dot{\zeta}_n(t) = d_{n,\sigma(t)}\lceil v_{\sigma(t)}(t) \rfloor^{p_{n,\sigma(t)}} + g_{n,\sigma(t)}(\bar{\zeta}_n(t)), \end{cases} \tag{12.1}$$

其中，$\boldsymbol{\zeta}(t)=(\zeta_1(t),\zeta_2(t),\cdots,\zeta_n(t))^{\mathrm{T}}\in\mathbf{R}^n$ 是系统状态，$\bar{\boldsymbol{\zeta}}_i(t)=(\zeta_1(t),\zeta_2(t),\cdots,\zeta_i(t))^{\mathrm{T}},i=1,2,\cdots,n$；$\sigma(t):[0,+\infty)\to M=\{1,2,\cdots,m\}$ 是（分段）连续切换函数。对任意的 $k\in M$，$v_k(t)\in\mathbf{R},d_{i,k}(t)\in\mathbf{R}$ 分别是第 k 个子系统的控制输入和控制系数。对任意的 $k\in M$ 和 $i=1,2,\cdots,n$，漂移项 $g_{i,k}:\mathbf{R}^i\to\mathbf{R}$ 是不确定连续函数，$p_{i,k}\in\mathbf{R}^+$ 是驱动命令。假设系统（12.1）的状态在切换瞬间不跳变。

注 12.1　参考文献［6-21］中系统幂阶 $p_{i,\sigma(t)}$ 仅限于 $p_{i,\sigma(t)}=1$ 或 $p_{i,\sigma(t)}=p_i$，与此不同，本章允许它们对不同的 $\sigma(t)$ 采取不同的数值。显然，所考虑的依赖于 $\sigma(t)$ 的系统幂阶在此意义上更具有一般性，即本章考虑的切换幂阶切换非线性系统具有更一般。

本章的控制目的是：在任意切换下设计一种状态反馈控制策略使系统（12.1）的状态在给定的预设时间 $T>0$ 内收敛到零点。

假设 12.1.1　对给定的数 $p_{i,k}$，存在光滑函数 $\varphi_{i,k}(\bar{\zeta}_i)\geqslant 0$，常数 $\tau_k\in\left(-\dfrac{1}{\sum_{l=1}^{n}p_{1,k}\cdots p_{l-1,k}},0\right)$ 和 $\lambda_{i,j,k}\geqslant 0$，使得

$$|g_{i,k}(\bar{\boldsymbol{\zeta}}_i)|\leqslant\varphi_{i,k}(\bar{\boldsymbol{\zeta}}_i)\sum_{j=1}^{i}|\boldsymbol{\zeta}_j|^{\frac{r_i+\tau_k}{r_j}+\lambda_{i,j,k}},\tag{12.2}$$

其中，$r_1=1,p_{i,k}r_{i+1}=r_i+\tau_k>0,i=1,2,\cdots,n,k\in M$。

假设 12.1.2　存在常数 $\underline{d}_{i,k}>0$ 和 $\overline{d}_{i,k}>0,i=1,2,\cdots,n$，$k\in M$ 使得 $\underline{d}_{i,k}\leqslant d_{i,k}\leqslant\overline{d}_{i,k}$。

注 12.2　假设 12.1.1 是描述系统不确定漂移限制更为一般，即增长幂阶从常数扩展到区间 $(0,+\infty)$。具体而言，如果 $\lambda_{i,j,k}=0$，假设 12.1.1 退化为参考文献［44-45］中的假设；如果 $\lambda_{i,j}=1-\dfrac{r_i+\tau}{r_j}$，则假设 12.1.1 转化为参考文献［29］中的条件。

12.2　预备知识

考虑非线性系统

$$\dot{z}=g(t,z),z(0)=z_0\in\mathbf{R}^n,\tag{12.3}$$

其中，$g:\mathbf{R}^+\times\mathbf{R}^n\to\mathbf{R}^n$ 是连续的而且满足 $g(t,\mathbf{0})=\mathbf{0}$。

定义 12.2.1[38]　如果系统（12.3）全局渐近稳定且对于任何 $z(0)$，

存在一个使得系统（12.3）的每个解 $z(t,z_0)$ 满足 $z(t,z_0)=\mathbf{0},\forall t\geqslant T(z_0)$ 的停息时间函数 $T:\mathbf{R}^n\setminus\{0\}\to(0,\infty)$，则称原系统（12.3）是全局有限时间稳定的。

定义 12.2.2[38]　如果系统（12.3）是全局有限时间稳定的且停息时间函数 $T(z_0)$ 有界，也就是说 $\exists T_{\max}>0$，s. t. $T(z_0)\leqslant T_{\max},\forall z_0\in\mathbf{R}^n$，则称原系统（12.3）是全局固定时间稳定的。

引理 12.2.1[22]　对系统（12.3），如果存在常数 C^1，正定、适当的函数 $U(z):\mathbf{R}^n\to\mathbf{R}$ 和常数 $d>0,0<\gamma<1$，使得

$$\dot{U}(z)\leqslant -dU^{\gamma}(z),\forall z\in\mathbf{R}^n,$$

则原系统（12.3）是全局有限时间稳定的而且停息时间函数 $T(z_0)$ 满足

$$T(z_0)\leqslant\frac{U^{1-\gamma}(z_0)}{d(1-\gamma)},\forall z_0\in\mathbf{R}^n。$$

引理 12.2.2[51]　如果 $\zeta\in\mathbf{R},\eta\in\mathbf{R}$ 且 $q\geqslant 1$ 是实数，则有

(i) $|\zeta+\eta|^q\leqslant 2^{q-1}|\zeta^q+\eta^q|$；

(ii) $(|\zeta|+|\eta|)^{1/q}\leqslant|\zeta|^{1/q}+|\eta|^{1/q}\leqslant 2^{(q-1)/q}(|\zeta|+|\eta|)^{1/q}$。

引理 12.2.3[51]　对任意的正数 m_1、m_2 和函数 $\delta(\zeta,\eta)>0$，则有

$$|\zeta|^{m_1}|\eta|^{m_2}\leqslant\frac{m_1}{m_1+m_2}\delta(\zeta,\eta)|\zeta|^{m_1+m_2}+\frac{m_2}{m_1+m_2}\delta^{-m_1/m_2}(\zeta,\eta)|\eta|^{m_1+m_2}。$$

引理 12.2.4[52]　如果 $0<q\leqslant 1$ 且 $p>0$，则对任意的 $\zeta,\eta\in\mathbf{R}$，有

$$\left||\zeta|^{pq}-|\eta|^{pq}\right|\leqslant 2^{1-q}\left||\zeta|^p-|\eta|^p\right|^q。$$

12.3　预设时间镇定

12.3.1　时标变换

为了将预设时间镇定转变为有限时间镇定，本节提出一种时标变换把有限时间区间 $t\in[0,T)$ 扩展到如下时域 s 中的一个无限时间区域

$$s=\Gamma(t)=-\alpha^{-1}\ln\left(\frac{T-t}{T}\right),\tag{12.4}$$

其中，α 是常数。

显然，函数 Γ 有连续逆函数

$$t=\Gamma^{-1}(s)=T(1-e^{-\alpha s}),\tag{12.5}$$

满足 $\Gamma^{-1}(s):[0,+\infty)\to[0,T)$，式（12.5）关于 s 求导可得

$$\frac{\mathrm{d}t}{\mathrm{d}s}=T\mathrm{e}^{-\alpha s}\overset{\Delta}{=}l(s)。\tag{12.6}$$

从而，当 $t\in[0,T)$ 时，系统（12.1）可以重述为

$$\begin{cases}\dot{\zeta}_1(s)=l(s)(d_{1,\sigma(t)}(s)\lceil\zeta_2(s)\rfloor^{p_{1,\sigma(t)}}+f_{1,\sigma(s)}(\zeta_1(s))),\\ \dot{\zeta}_2(s)=l(s)(d_{2,\sigma(s)}(s)\lceil\zeta_3(s)\rfloor^{p_{2,\sigma(t)}}+f_{2,\sigma(s)}(\bar{\zeta}_2(s))),\\ \cdots\cdots\\ \dot{\zeta}_n(s)=l(s)(d_{n,\sigma(s)}\lceil v_{\sigma(s)}(s)\rfloor^{p_{n,\sigma(t)}}+f_{n,\sigma(s)}(\bar{\zeta}_n(s)))。\end{cases}\tag{12.7}$$

注 12.3　显然 $l(s)$ 是系统（12.7）的时变控制系数的一个组成部分，因此，为了镇定变换系统（12.7），无界项 $1/l(s)$ 必须包含于虚拟（实际）控制器。这将导致如果变换系统（12.7）的渐近镇定是在时域 s 中实现，这使得在时域 t 中，原系统在给定的有限时间 T 内稳定。那么当 $t\to+\infty$ 时，控制器将不可避免是奇异的。为了避免这一问题，本章将通过研究变换系统（12.7）在时域 s 中的有限时间镇定问题来研究原系统在时域 t 中的某个有限时间 $t_f<T$ 内的镇定问题。

12.3.2　时域 s 内的有限时间控制设计

变换系统的下三角结构（12.7）表明，可以采用 CLF-based-AOPI 技术构造状态反馈有限时间镇定控制器[26]。

第一步：令 $\rho\geqslant\max_{1\leqslant i\leqslant n}\{r_i\}$ 是一个实数，选取公共的 Lyapunov 函数

$$U_1(\zeta_1)=W_1(\zeta_1)=\int_{\zeta_1^*}^{\zeta_1}\lceil\lceil\sigma\rfloor^{\frac{\rho}{r_1}}-\lceil\zeta_1^*\rfloor^{\frac{\rho}{r_1}}\rfloor^{\frac{2\rho-r_1}{\rho}}\mathrm{d}\sigma,\tag{12.8}$$

其中，$\zeta_1^*=0$。对系统（12.7）的第 k 个子系统，利用假设 12.1.1 和假设 12.1.2 可得

$$\begin{aligned}\dot{U}_1&=\lceil\pi_1\rfloor^{\frac{2\rho-r_1}{\rho}}l(d_{1,k}\zeta_2^{p_{1,k}}+g_{1,k})\\&\leqslant\lceil\pi_1\rfloor^{\frac{2\rho-r_1}{\rho}}ld_{1,k}(\lceil\zeta_2\rfloor^{p_{1,k}}-\lceil\zeta_2^*\rfloor^{p_{1,k}})+\\&\quad ld_{1,k}\lceil\pi_1\rfloor^{\frac{2\rho-r_1}{\rho}}\lceil\zeta_2^*\rfloor^{p_{1,k}}+l|\pi_1|^{\frac{2\rho+\tau_k}{\rho}}\varphi_{1,k}。\end{aligned}\tag{12.9}$$

其中，$\pi_1=\lceil\zeta_1\rfloor^{\frac{\rho}{r_1}}$，$\zeta_2^*$ 是虚拟控制器。

对任意的子系统 $k\in M$，选择公共的虚拟控制器 ζ_2^* 如下

$$\zeta_2^*=-\lceil\pi_1\rfloor^{\frac{r_2}{\rho}}\beta_1^{\frac{r_2}{\rho}}(\zeta_1,s),\tag{12.10}$$

其中，

$$\beta_1(\zeta_1,s) \geqslant \max_{k\in M}\left(\frac{n+l\varphi_{1,k}}{\underline{d}_{1,k}l}\right)^{\frac{\rho}{p_{i,k}r_2}}, \tag{12.11}$$

是光滑的。把式（12.10）和式（12.11）代入式（12.7）得到

$$\dot{U}_1 \leqslant -n|\pi_1|^{\frac{2\rho+\tau_k}{\rho}} + ld_{1,k}\lceil\pi_1\rceil^{\frac{2\rho-r_1}{\rho}}(\lceil\zeta_2\rceil^{p_{1,k}} - \lceil\zeta_2^*\rceil^{p_{1,k}})。 \tag{12.12}$$

第二步：定义 $\pi_2=\lceil\zeta_2\rceil^{\frac{\rho}{r_2}}-\lceil\zeta_2^*\rceil^{\frac{\rho}{r_2}}$，选择

$$U_2(\bar{\zeta}_2) = U_1(\zeta_1) + W_2(\bar{\zeta}_2),$$

其中，

$$W_2 = \int_{\zeta_2^*}^{\zeta_2}\lceil\lceil\sigma\rceil^{\frac{\rho}{r_1}} - \lceil\zeta_2^*\rceil^{\frac{\rho}{r_2}}\rceil^{\frac{2\rho-r_2}{\rho}}\mathrm{d}\sigma。 \tag{12.13}$$

注意到

$$\begin{cases}\dfrac{\partial W_2}{\partial\zeta_2} = \lceil\pi_2\rceil^{\frac{2\rho-r_2}{\rho}}, \\ \dfrac{\partial W_2}{\partial\zeta_1} = -\dfrac{2\rho-r_2}{\rho}\dfrac{\partial(\lceil\zeta_2^*\rceil^{\frac{\rho}{r_i}})}{\partial\zeta_1}\times\displaystyle\int_{\zeta_2^*}^{\zeta_2}|\lceil\sigma\rceil^{\frac{\rho}{r_2}} - \lceil\zeta_2^*\rceil^{\frac{\rho}{r_2}}|^{\frac{\rho-r_2}{\rho}}\mathrm{d}\sigma, \\ \dfrac{\partial W_2}{\partial s} = -\dfrac{2\rho-r_2}{\rho}\dfrac{\partial(\lceil\zeta_2^*\rceil^{\frac{\rho}{r_i}})}{\partial s}\times\displaystyle\int_{\zeta_2^*}^{\zeta_2}|\lceil\sigma\rceil^{\frac{\rho}{r_2}} - \lceil\zeta_2^*\rceil^{\frac{\rho}{r_2}}|^{\frac{\rho-r_2}{\rho}}\mathrm{d}\sigma,\end{cases} \tag{12.14}$$

容易求得

$$\begin{aligned}\dot{U}_2 \leqslant & -n|\pi_1|^{\frac{2\rho+\tau_k}{\rho}} + ld_{1,k}\lceil\pi_1\rceil^{\frac{2\rho-r_1}{\rho}}(\lceil\zeta_2\rceil^{p_{1,k}} - \lceil\zeta_2^*\rceil^{p_{1,k}}) + \\ & \frac{\partial W_2}{\partial\zeta_1}l(d_{1,k}\lceil\zeta_2\rceil^{p_{1,k}} + g_{1,k}) + \frac{\partial W_2}{\partial\zeta_2}l(d_{2,k}\lceil\zeta_3\rceil^{p_{2,k}} + g_{2,k}) + \frac{\partial W_2}{\partial s} \\ \leqslant & -n|\pi_1|^{\frac{2\rho+\tau_k}{\rho}} + ld_{1,k}\lceil\pi_1\rceil^{\frac{2\rho-r_1}{\rho}}(\lceil\zeta_2\rceil^{p_{1,k}} - \lceil\zeta_2^*\rceil^{p_{1,k}}) + \\ & \frac{\partial W_2}{\partial\zeta_1}l(d_{1,k}\lceil\zeta_2\rceil^{p_{1,k}} + g_{1,k}) + ld_{2,k}\lceil\pi_2\rceil^{\frac{2\rho-r_2}{\rho}}(\lceil\zeta_3\rceil^{p_{2,k}} - \lceil\zeta_3^*\rceil^{p_{2,k}}) + \\ & ld_{2,k}\lceil\pi_2\rceil^{\frac{2\rho-r_2}{\rho}}\lceil\zeta_3^*\rceil^{p_{2,k}} + \lceil\pi_2\rceil^{\frac{2\rho-r_2}{\rho}}\mathrm{l}g_{2,k} + \frac{\partial W_2}{\partial s},\end{aligned} \tag{12.15}$$

其中，虚拟控制器 ζ_3^* 随后设计。为了继续这一步骤，估计式（12.15）的某些项的上界是必要的。

首先，由 π_j 和 ζ_j^* 的定义可得

$$\begin{aligned}(\lceil \zeta_2 \rceil^{p_{1,k}} - \lceil \zeta_2^* \rceil^{p_{1,k}}) &= |(\lceil \zeta_2 \rceil^{\frac{\rho}{r_2}})^{\frac{r_2 p_{1,k}}{\rho}} - (\lceil \zeta_2^* \rceil^{\frac{\rho}{r_2}})^{\frac{r_2 p_{1,k}}{\rho}}| \\ &\leqslant 2^{1-\frac{r_2 p_{1,k}}{\rho}} |\lceil \zeta_2 \rceil^{\frac{\rho}{r_2}} - \lceil \zeta_2^* \rceil^{\frac{\rho}{r_2}}|^{\frac{r_2 p_{1,k}}{\rho}} \\ &= 2^{1-\frac{r_2 p_{1,k}}{\rho}} |\pi_2|^{\frac{r_2 p_{1,k}}{\rho}}。\end{aligned} \tag{12.16}$$

从而，由式（12.16）和引理 12.2.3 可得

$$\begin{aligned}ld_{1,k}\lceil \pi_1 \rceil^{\frac{2\rho-r_1}{\rho}}(\lceil \zeta_2 \rceil^{p_{1,k}} - \lceil \zeta_2^* \rceil^{p_{1,k}}) &\leqslant 2^{1-\frac{r_2 p_{1,k}}{\rho}} l\bar{d}_{1,k} |\pi_1|^{\frac{2\rho-r_1}{\rho}} |\pi_2|^{\frac{r_2 p_{1,k}}{\rho}} \\ &\leqslant \frac{1}{4}|\pi_1|^{\frac{2\rho+\tau_k}{\rho}} + |\pi_2|^{\frac{2\rho+\tau_k}{\rho}} \varpi_{2,1,k},\end{aligned} \tag{12.17}$$

其中，$\varpi_{2,1,k} \geqslant 0$ 是光滑函数。

另外，由假设 12.1.2 和引理 12.2.2 可得

$$\begin{aligned}|g_{2,k}| &\leqslant \varphi_{2,k}(|\zeta_1|^{\frac{r_2+\tau_k}{r_1}+\lambda_{2,1,k}} + |\zeta_2|^{\frac{r_2+\tau_k}{r_2}+\lambda_{2,2,k}}) \\ &\leqslant \bar{\varphi}_{2,k}(|\zeta_1|^{\frac{r_2+\tau_k}{r_1}} + |\zeta_2|^{\frac{r_2+\tau_k}{r_2}}) \\ &\leqslant \bar{\varphi}_{2,k}(|\pi_1|^{\frac{r_2+\tau_k}{\rho}} + |\pi_2|^{\frac{r_2+\tau_k}{\rho}} + \beta_1^{\frac{r_2+\tau_k}{\rho}}|\pi_1|^{\frac{r_2+\tau_k}{\rho}}) \\ &\leqslant \tilde{\varphi}_{2,k}(|\pi_1|^{\frac{r_2+\tau_k}{\rho}} + |\pi_2|^{\frac{r_2+\tau_k}{\rho}}),\end{aligned} \tag{12.18}$$

其中，$\bar{\varphi}_{2,k} \geqslant \varphi_{2,k}(|x_1|^{\lambda_{2,1,k}} + |x_2|^{\lambda_{2,2,k}})$ 和 $\tilde{\varphi}_{2,k} = (1+\beta_1^{\frac{\tau_2+\tau}{\rho}})\bar{\varphi}_{2,k} \geqslant 0$ 是光滑函数。

由式（12.18）和引理 12.2.3 可得

$$\begin{aligned}|\pi_2|^{\frac{2\rho-r_2}{\rho}} lg_{2,k} &\leqslant l|\pi_2|^{\frac{2\rho-r_2}{\rho}} \tilde{\varphi}_{2,k}(|\pi_1|^{\frac{r_2+\tau_k}{\rho}} + |\pi_2|^{\frac{r_2+\tau_k}{\rho}}) \\ &\leqslant \frac{1}{4}|\pi_1|^{\frac{2\rho+\tau_k}{\rho}} + |\pi_2|^{\frac{2\rho+\tau_k}{\rho}} \varpi_{2,2,k},\end{aligned} \tag{12.19}$$

其中，$\varpi_{2,2,k} \geqslant 0$ 是光滑函数。

最后，注意到

$$\begin{aligned}\frac{2\rho-r_2}{\rho}\int_{\zeta_2^*}^{\zeta_2} |\lceil \sigma \rceil^{\frac{\rho}{r_2}} - \lceil \zeta_2^* \rceil^{\frac{\rho}{r_2}}|^{\frac{\rho-r_2}{\rho}} \mathrm{d}\sigma &\leqslant \frac{2\rho-r_2}{\rho}|\pi_2|^{\frac{\rho-r_2}{\rho}}|\zeta_2 - \zeta_2^*| \\ &\leqslant \frac{2\rho-r_2}{\rho}2^{1-\frac{r_2}{\rho}}|\pi_2|,\end{aligned} \tag{12.20}$$

和

$$\begin{aligned}\left|\frac{\partial(\lceil\zeta_2^*\rceil^{\frac{\rho}{r_2}})}{\partial\zeta_1}\right| &= \left|\frac{\partial(\beta_1(\zeta_1,s)\lceil\pi_1\rceil)}{\partial\zeta_1}\right| \\ &\leqslant \left|\frac{\partial\beta_1}{\partial\zeta_1}\right||\pi_1| + \frac{\rho}{r_1}\beta_1|\pi_1|^{\frac{\rho-r_1}{\rho}} \\ &\leqslant |\pi_1|^{\frac{\rho-r_1}{\rho}}\gamma_{2,1},\end{aligned} \tag{12.21}$$

$$\begin{aligned}\left|\frac{\partial(\lceil\zeta_2^*\rceil^{\frac{\rho}{r_2}})}{\partial s}\right| &= \left|\frac{\partial(\beta_1(\zeta_1,s)\lceil\pi_1\rceil)}{\partial s}\right| \\ &\leqslant \left|\frac{\partial\beta_1}{\partial s}\right||\pi_1| \\ &\leqslant |\pi_1|^{\frac{\rho-r_1}{\rho}}\gamma_{2,2},\end{aligned} \tag{12.22}$$

其中，$\gamma_{2,1}\geqslant 0,\gamma_{2,2}\geqslant 0$ 是光滑函数。

从而，由式（12.18）、式（12.20）—(12.22）和引理 12.2.3 可得

$$\begin{aligned}\frac{\partial W_2}{\partial\zeta_1}l(d_{1,k}\lceil\zeta_2\rceil^{p_{1,k}}+g_{1,k}) &\leqslant \frac{2\rho-r_2}{\rho}\int_{\zeta_2^*}^{\zeta_2}\left|\lceil\sigma\rceil^{\frac{\rho}{r_2}}-\lceil\zeta_2^*\rceil^{\frac{\rho}{r_2}}\right|^{\frac{\rho-r_2}{\rho}}\mathrm{d}\sigma\times \\ &\quad \left|\frac{\partial(\lceil\zeta_2^*\rceil^{\frac{\rho}{r_2}})}{\partial\zeta_1}\right|l(d_{1,k}\lceil\zeta_2\rceil^{p_{1,k}}+g_{1,k}) \\ &\leqslant \frac{1}{4}|\pi_1|^{\frac{2\rho+\tau_k}{\rho}}+|\pi_2|^{\frac{2\rho+\tau_k}{\rho}}\varpi_{2,3,k},\end{aligned} \tag{12.23}$$

和

$$\begin{aligned}\frac{\partial W_2}{\partial s} &\leqslant \frac{2\rho-r_2}{\rho}\int_{\zeta_2^*}^{\zeta_2}\left|\lceil\sigma\rceil^{\frac{\rho}{r_2}}-\lceil\zeta_2^*\rceil^{\frac{\rho}{r_2}}\right|^{\frac{\rho-r_2}{\rho}}\mathrm{d}\sigma\times\left|\frac{\partial(\lceil\zeta_2^*\rceil^{\frac{\rho}{r_2}})}{\partial s}\right| \\ &\leqslant \frac{1}{4}|\pi_1|^{\frac{2\rho+\tau_k}{\rho}}+|\pi_2|^{\frac{2\rho+\tau_k}{\rho}}\varpi_{2,4,k},\end{aligned} \tag{12.24}$$

其中，$\varpi_{2,3,k}$ 和 $\varpi_{2,4,k}$ 是光滑函数。

把式（12.17）、式（12.19）和式（12.23）—(12.24）代入到式（12.16）中，可得

$$\begin{aligned}\dot{U}_2 \leqslant &-(n-1)|\pi_1|^{\frac{2\rho+\tau_k}{\rho}}+ld_{2,k}\lceil\pi_2\rceil^{\frac{2\rho-r_2}{\rho}}(\lceil\zeta_3\rceil^{p_{2,k}}-\lceil\zeta_3^*\rceil^{p_{2,k}})+ \\ &ld_{2,k}\lceil\pi_2\rceil^{\frac{2\rho-r_2}{\rho}}-\lceil\zeta_3^*\rceil^{p_{2,k}}+(\varpi_{2,1,k}+\varpi_{2,2,k}+\varpi_{2,3,k}+\varpi_{2,4,k})|\pi_2|^{\frac{2\rho+\tau_k}{\rho}}。\end{aligned} \tag{12.25}$$

接着，对每个子系统 $k\in M$ 的 ζ_3^* 可以选择为

$$\zeta_3^* = -\lceil \pi_2 \rceil^{\frac{r_3}{\rho}} \beta_2^{\frac{r_3}{\rho}}(\bar{\zeta}_2, s), \tag{12.26}$$

其中，β_2 是光滑函数且满足

$$\beta_2(\bar{\zeta}_2, s) \geqslant \max_{k \in M}\left(\frac{n-1+\varpi_{2,1,k}+\varpi_{2,2,k}+\varpi_{2,3,k}+\varpi_{2,4,k}}{l\underline{d}_{2,k}}\right)^{\frac{\rho}{p_{2,k}r_3}}, \tag{12.27}$$

使得

$$\dot{U}_2 \leqslant -(n-1)\left(|\pi_1|^{\frac{2\rho+\tau_k}{\rho}} + |\pi_2|^{\frac{2\rho+\tau_k}{\rho}}\right) + l d_{2,k}\lceil \pi_2 \rceil^{\frac{2\rho-r_2}{\rho}}\left(\lceil \zeta_3 \rceil^{p_{2,k}} - \lceil \zeta_3^* \rceil^{p_{2,k}}\right)。 \tag{12.28}$$

第 $i(i=3,\cdots,n-1)$ 步：在此步骤中可以获得以下结论。

命题 12.3.1　假设在第 $i-1$ 步，存在一个类似第 2 步中的 U_2 的 C^1 公共的 Lyapunov 函数 U_{i-1}，和一组定义为如下形式的 C^0 虚拟控制器 $\zeta_1^*,\cdots,\zeta_i^*$，

$$\begin{aligned}
&\zeta_1^* = 0, && \pi_1 = \lceil \zeta_1 \rceil^{\frac{\rho}{r_1}} - \lceil \zeta_1^* \rceil^{\frac{\rho}{r_1}}, \\
&\zeta_2^* = -\lceil \pi_1 \rceil^{\frac{r_2}{\rho}} \beta_1^{\frac{r_2}{\rho}}(\zeta_1, s), && \pi_2 = \lceil \zeta_2 \rceil^{\frac{\rho}{r_2}} - \lceil \zeta_2^* \rceil^{\frac{\rho}{r_2}}, \\
&\qquad\vdots && \qquad\vdots \\
&\zeta_i^* = -\lceil \pi_{i-1} \rceil^{\frac{r_i}{\rho}} \beta_{i-1}^{\frac{r_i}{\rho}}(\bar{\zeta}_{i-1}, s), && \pi_i = \lceil \zeta_i \rceil^{\frac{\rho}{r_i}} - \lceil \zeta_i^* \rceil^{\frac{\rho}{r_i}},
\end{aligned} \tag{12.29}$$

其中，$\beta_1 > 0,\cdots,\beta_{i-1} > 0$ 是光滑的，使得

$$\dot{U}_{i-1} \leqslant -(n-i+2)\sum_{j=1}^{i-1}|\pi_j|^{\frac{2\rho+\tau_k}{\rho}} + l d_{i-1,k}\lceil \pi_{i-1} \rceil^{\frac{2\rho-r_i-1}{\rho}}\left(\lceil \zeta_i \rceil^{p_{i-1,k}} - \lceil \zeta_i^* \rceil^{p_{i-1,k}}\right)。 \tag{12.30}$$

从而，第 i 个 Lyapunov 函数

$$\begin{aligned}
U_i(\bar{\zeta}_i) &= V_{i-1}(\bar{\zeta}_{i-1}) + W_i(\bar{\zeta}_i), \\
W_i(\bar{\zeta}_i) &= \int_{\zeta_i^*}^{\zeta_i} \left\lceil \lceil \sigma \rceil^{\frac{\rho}{r_i}} - \lceil \zeta_i^* \rceil^{\frac{\rho}{r_i}} \right\rceil^{\frac{2\rho-r_i}{\rho}} \mathrm{d}\sigma,
\end{aligned} \tag{12.31}$$

为 C^1，正定而且是适当的，因此存在一个 C^0 的公共状态反馈控制器如下

$$\zeta_{i+1}^* = -\beta_i^{\frac{r_i+1}{\rho}}(\bar{\zeta}_i, s)\lceil \pi_i \rceil^{\frac{r_i+1}{\rho}}, \tag{12.32}$$

使得

$$\dot{U}_i \leqslant -(n-i+1)\sum_{j=1}^{i}|\pi_j|^{\frac{2\rho+\tau_k}{\rho}} + l d_{i,k}\lceil \pi_i \rceil^{\frac{2\rho-r_i}{\rho}}\left(\lceil \zeta_{i+1} \rceil^{p_{i,k}} - \lceil \zeta_{i+1}^* \rceil^{p_{i,k}}\right)。 \tag{12.33}$$

证明：见附录2。

第 n 步：选择公共的 Lyapunov 函数为

$$U_n = \sum_{j=1}^{n} W_j = \sum_{j=1}^{n} \int_{\zeta_j^*}^{\zeta_j} \lceil \lceil \sigma \rceil^{\frac{\rho}{r_j}} - \lceil \zeta_j^* \rceil^{\frac{\rho}{r_j}} \rceil^{\frac{2\rho - r_j}{\rho}} \mathrm{d}\sigma, \tag{12.34}$$

对于这一步，上述归纳步骤表明连续公共状态反馈控制器为

$$v_s = \zeta_{n+1}^* = -\lceil \pi_n \rceil^{\frac{r_n+1}{\rho}} \beta_n^{\frac{r_n+1}{\rho}} (\bar{\zeta}_n, s), \tag{12.35}$$

进而得到

$$\dot{U}_n \leqslant -\sum_{j=1}^{n} |\pi_j|^{\frac{2\rho+\tau_k}{\rho}}。 \tag{12.36}$$

从而以得到如下结论。

定理 12.3.1 对于满足假设 12.1 – 12.2 的系统（12.7），公共状态反馈控制器（12.35）使得 CLS 的原点在时域 s 中是在任意切换意义下全局有限时间稳定的。

证明：由命题 12.3.1 可知，U_n 是正定和适当的。从而，由式（12.36）和文献［53］中的引理 4.3 可知，存在一组 k_∞ 类函数 γ_1、γ_2 和 γ_3 使得

$$\gamma_1(|\zeta|) \leqslant U_n(\zeta) \leqslant \gamma_2(|\zeta|), \tag{12.37}$$

$$\dot{U}_n \leqslant -\gamma_3(|\zeta|)。 \tag{12.38}$$

这意味着在任意切换下，CLS 的原点在时域 s 中是全局渐近稳定的。因此，为了证明在任意切换下 CLS 的全局有限时间稳定性，只需证明它的停息时间函数存在而且是有界的。首先，利用引理 12.2.4，可以很容易验证

$$W_j = \int_{\zeta_j^*}^{\zeta_j} \lceil \lceil \sigma \rceil^{\frac{\rho}{r_j}} - \lceil \zeta_j^* \rceil^{\frac{\rho}{r_j}} \rceil^{\frac{2\rho - r_j}{\rho}} \mathrm{d}\sigma \leqslant |\pi_j|^{\frac{2\rho - r_j}{\rho}} |\zeta_j - \zeta_j^*| \leqslant 2^{1-\frac{r_j}{\rho}} |\pi_j|^2。 \tag{12.39}$$

因此，可得

$$U_n = \sum_{j=1}^{n} W_j \leqslant 2 \sum_{j=1}^{n} |\pi_j|^2。 \tag{12.40}$$

令 $\alpha_k = (2\rho + \tau_k)/2\rho$，由引理 12.2.2，可得

$$-\sum_{j=1}^{n} |\pi_j|^{\frac{2\rho+\tau_k}{\rho}} \leqslant -\frac{1}{2} U_n^{\alpha_k}。 \tag{12.41}$$

从而，由式（12.36）和（12.41）可得

$$\dot{U}_n \leqslant -\frac{1}{2} U_n^{\alpha_k}。 \tag{12.42}$$

因为 $0 < \alpha_k < 1$，从引理 12.2.1 可以得出结论，控制器（12.35）幂阶

第 k 个子系统的解在满足如下条件的固预设时间间 s_k 内到达零点，

$$s_k \leqslant \frac{2U_n(\zeta(0))}{1-\alpha_k}。 \tag{12.43}$$

由解的存在性和连续性可知 $\zeta(s) = \zeta_{\sigma(s)}(s)$ 是 CLS 的解。另外，假设 $s_f = \max_{k\in M}\{s_k\}$ ，可知对所有的 $s \geqslant 0$ ，有 $\zeta(s+s_f) = \zeta_{\sigma(s)}(s+s_f)$ 。得证。

12.3.3　时域 t 内的预设时间控制设计

在 12.3.2 小节中，在时域 s 内设计了系统（12.7）的有限时间状态反馈控制器

$$v_s(\zeta,s) = -\lceil \zeta_n \rfloor^{\frac{r_n+1}{\rho}} \beta_n^{\frac{r_n+1}{\rho}}(\bar{\zeta}_n,s), \tag{12.44}$$

注意到

$$t = \Gamma^{-1}(s) = T(1-\mathrm{e}^{-\alpha s}), \tag{12.45}$$

是连续的而且满足 $\Gamma^{-1}(s):[0,+\infty) \to [0,T)$ 。这意味着在时域 t 内系统（12.1）的控制器可以设计为

$$v_s(x,t) = -\lceil \zeta_n \rfloor^{\frac{r_n+1}{\rho}} \beta_n^{\frac{r_n+1}{\rho}}(\bar{x}_n,s(t)), 0 \leqslant t < t_f。 \tag{12.46}$$

从而，CLS 的任意解在有限时间 $t_f = \Gamma^{-1}(s_f)$ 内收敛到原点，即在规定的有限时间 T 内是有界的。

当 $t \geqslant t_f$ 时，在原点处 $x(t_f) = 0$ 而且 $f_{i,k}$ 消失，公共控制 v 可以简化为 $v=0$ ，结合（12.46）可得对任意的 $t \geqslant t_f$ 有 $\zeta(t) = 0$ 。然而，这种选择使得 CLS 对外部干扰非常敏感。为了避免这种情况，我们给出 $t \geqslant t_f$ 时的另外一种解决方案。观察到原系统（12.1）和变换系统（12.7）除了时变控制系数 $l(s)$ 外，结构是相似的。从而，令 $l(s)=1$ ，用 t 代替 s ，可得状态反馈的控制器

$$v_t(\zeta,t) = -\lceil \zeta'_n \rfloor^{\frac{r_n+1}{\rho}} \beta'^{\frac{r_n+1}{\rho}}_n(\bar{\zeta}_n,t), \tag{12.47}$$

使得系统（12.1）在有限时间内镇定。

至此，完成了系统（12.1）的预设时间镇定器的设计。据此提出了以下定理，得到本文的主要结果。

定理 12.3.2　对于满足假设 12.1 和 12.2 的系统（12.1），利用如下公共状态反馈控制器

$$v = \begin{cases} -\lceil \zeta_n \rfloor^{\frac{r_n+1}{\rho}} \beta_n^{\frac{r_n+1}{\rho}}(\bar{\zeta}_n,s(t)), & 0 \leqslant t < t_f, \\ -\lceil \zeta'_n \rfloor^{\frac{r_n+1}{\rho}} \beta'^{\frac{r_n+1}{\rho}}_n(\bar{\zeta}_n,t), & t \geqslant t_f, \end{cases} \tag{12.48}$$

在任意切换意义下，CLS 的状态在给定的有限时间 $T > 0$ 内收敛到原点。

证明：显然，在任意切换意义下，控制器

$$v = v_s(\zeta,t) = -\lceil \zeta_n \rceil^{\frac{r_n+1}{\rho}} \beta_n^{\frac{r_n+1}{\rho}}(\bar{\zeta}_n, s(t)),$$

使得 CLS 的状态在有限时间 t_f 内收敛到原点，从而对所有的 $t \geqslant t_f$，控制器

$$v = v_t(\zeta,t) = -\lceil \zeta'_n \rceil^{\frac{r_n+1}{\rho}} \beta'^{\frac{r_n+1}{\rho}}_n(\bar{\zeta}_n, t),$$

使得系统状态收敛到原点。

注 12.4 为简便起见，本文只提供了一种时间依赖的切换控制策略。在实际应用中，这种切换控制策略也可以进一步修正为如下的状态依赖的形式

$$v = \begin{cases} -\lceil \zeta_n \rceil^{\frac{r_n+1}{\rho}} \beta_n^{\frac{r_n+1}{\rho}}(\bar{\zeta}_n, s(t)), & \zeta \neq 0, \\ -\lceil \zeta'_n \rceil^{\frac{r_n+1}{\rho}} \beta'^{\frac{r_n+1}{\rho}}_n(\bar{\zeta}_n, t), & \zeta = 0。\end{cases} \tag{12.49}$$

注 12.5 这里，通过对比本方法的这些主要特征与表 12.1 中关于预设/固定时间控制器的文献来对比本章的贡献。

表 12.1 与最新方法的定性比较

方法和特点	先验预设时间	奇异控制器	零稳态	对于切换非线性系统
双极限齐次逼近方法[36-37]	否	否	是	否
Lyapunov 方法[44-45]	否	否	是	是
时标变换法[49]	是	是	是	否
坐标映射法[50]	是	否	否	否
本章的时标变换法	是	否	是	是

12.4 应用例子

本节给出一个实际应用例子说明本章设计方法的有效性。考虑如图 12.1 所示的液位系统，其动力学可建模为

$$\begin{cases} C_1\dot{H}_1 = Q_1, \\ C_2\dot{H}_2 = Q - Q_1 - Q_2, \\ Q_1 = \begin{cases} c_1\sqrt{2g\,|H_2 - H_1|}, & H_2 \geqslant H_1, \\ -c_2\sqrt{2g\,|H_2 - H_1|}, & H_2 < H_1, \end{cases} \\ Q_2 = c_3\sqrt{2gH_2}, \end{cases} \tag{12.50}$$

其中，系统参数的物理意义可以参考文献［44］。

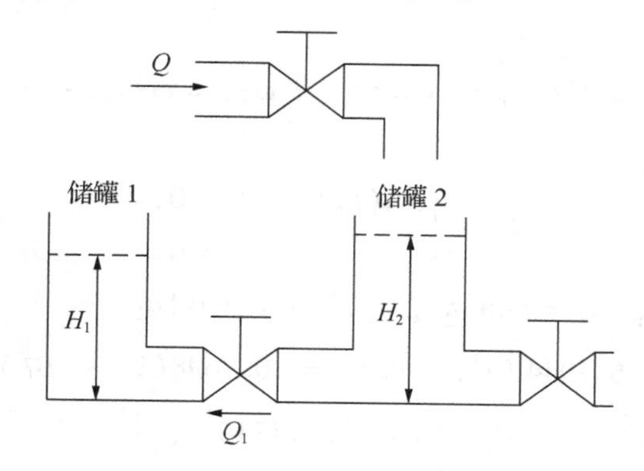

图 12.1　液位系统示意

设

$$\zeta_1 = H_1 - H, \zeta_2 = H_2 - H_1, v = \frac{Q}{C_2} - \frac{c_3\sqrt{2gH}}{C_2}, \tag{12.51}$$

系统（12.50）可以建模为

$$\begin{cases}\dot{\zeta}_1 = d_{1,\sigma(t)}(t)\lceil\zeta_2\rfloor^{\frac{1}{2}},\\ \dot{\zeta}_2 = v + g_{2,\sigma(t)}(\bar{\zeta}_2),\end{cases} \tag{12.52}$$

其中，$\sigma(t)$：$[0, +\infty) \to \{1,2\}$，$d_{1,\sigma(t)} = \frac{c_{\sigma(t)}\sqrt{2g}}{C_1}$，$g_{2,\sigma(t)}(\bar{\zeta}_2) = -\frac{C_1}{C_2}d_{1,\sigma(t)}\lceil\zeta_2\rfloor^{\frac{1}{2}} - \frac{c_3\sqrt{2g}}{C_2}\lceil\zeta_1+\zeta_2+H\rfloor^{\frac{1}{2}} + \frac{c_3\sqrt{2g}}{C_2}\lceil H\rfloor^{\frac{1}{2}}$。利用引理 12.2.2 容易验证

$$\begin{aligned}|g_{2,k}| &\leqslant \frac{C_1}{C_2}d_{1,k}|z_2|^{\frac{1}{2}} + \frac{c_3\sqrt{2g}}{C_2}\left|\lceil\zeta_1+\zeta_2+H\rfloor^{\frac{1}{2}} - \lceil H\rfloor^{\frac{1}{2}}\right| \\ &\leqslant \left(\frac{c_k\sqrt{2g}}{C_2} + \frac{c_3\sqrt{2g}}{C_2}\right)\left(|\zeta_1|^{\frac{1}{2}} + |\zeta_2|^{\frac{1}{2}}\right)。\end{aligned} \tag{12.53}$$

因此，假设 12.1.1 和 12.1.2 保证 $\tau_1 = \tau_2 = \frac{1}{2}, r_1 = r_2 = 1, r_3 = \frac{1}{2}, \varphi_{2,1} = \left(\frac{\sqrt{2g}}{C_2}\right)(c_1 + c_3)$，$\varphi_{2,2} = \left(\frac{\sqrt{2g}}{C_2}\right)(c_2 + c_3)$，$\bar{d}_{1,k} = \bar{d}_{1,k} = \bar{d}_{2,k} = \frac{c_k\sqrt{2g}}{C_1}$。从而，完全可以使用本章给出的设计方法。引入时标变换 $s = \ln T - \ln(T-t)$，

可得 $l(s) = Te^{-s}$ 。选择 $\rho = 1$ ，切换系统（12.52）的预设时间控制器可以设计为

$$v = -l_1^{-1}(1 + \varpi_{2,1} + \varpi_{2,2} + \varpi_{2,3} + \varpi_{2,4})\lceil \pi_2 \rceil^{\frac{1}{2}}, \tag{12.54}$$

其中，

$$l_1 = \begin{cases} l(s(t)), & \zeta \neq 0, \\ 1, & \zeta = 0, \end{cases} \tag{12.55}$$

$\pi_2 = \zeta_2 + 2\underline{d}^{-2}l_1^{-2}\zeta_1, \underline{d} = \min\{\underline{d}_{1,k}, \underline{d}_{2,k}\}, \bar{d} = \max\{\bar{d}_{1,k}, \bar{d}_{2,k}\}$ ，$\bar{\varphi}_2 = \max\{\varphi_{2,1}, \varphi_{2,2}\}$ ，$\varpi_{2,1} = 6.7044\bar{d}^3 l^3$，$\varpi_{2,2} = 0.7698(1 + \beta_1^{\frac{1}{2}})^{\frac{3}{2}}\bar{\varphi}^{\frac{3}{2}}l^{\frac{3}{2}} + l\bar{\varphi}_2$，$\varpi_{2,3} = 0.7698\beta_1^{\frac{9}{4}}\bar{d}^{\frac{3}{2}}l^{\frac{3}{2}} + l\bar{d}\beta_1$ ，$\varpi_{2,4} = 2.1773\beta_1^{\frac{3}{2}}|\zeta_1|^{\frac{3}{2}}$ 。

为方便计算，选取系统参数为 $H = 100$ cm，$g = 9.8$ m/s^2，$C_1 = C_2 = \sqrt{2g} = 4.427$ cm^2，$c_1 = 1.25$ cm^2，$c_2 = 1$ cm^2，$c = 0.25$ cm^2 ，预设时间 $T = 3$ s。

图 12.2 和图 12.3 描述了不同的初始值下预设时间控制器和文献中传统的固定时间控制器的比较结果。

图 12.4 给出了随机产生的切换信号。可以清楚地观察到，所提出的预设时间控制算法（相对于传统的预设时间控制算法）在初始值迅速增加的情况下，仍能保证切换系统的收敛时间保持在 3 s 以下。仿真结果验证了该控制方法的可行性和有效性。

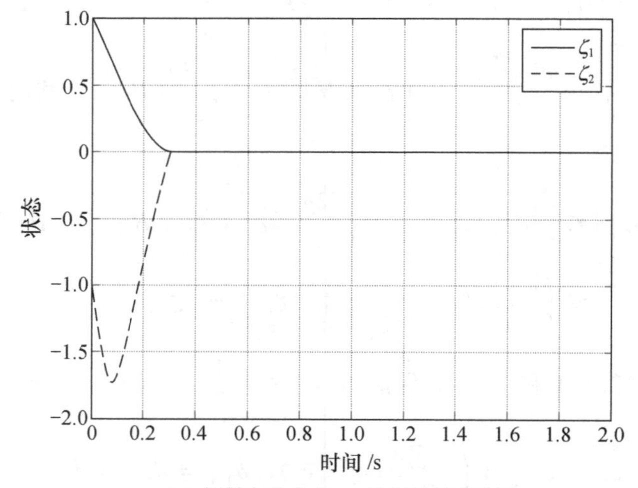

(a) 初始条件为 (1，-1) 时的状态轨迹

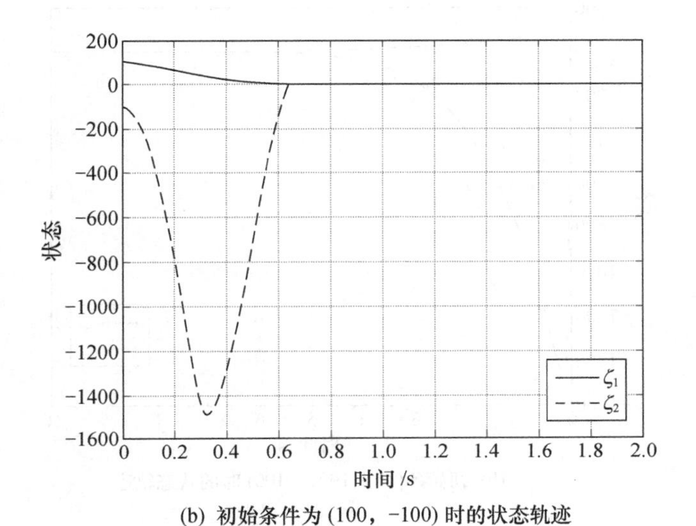

(b) 初始条件为 (100，−100) 时的状态轨迹

图 12.2　预设时间控制器下的状态响应

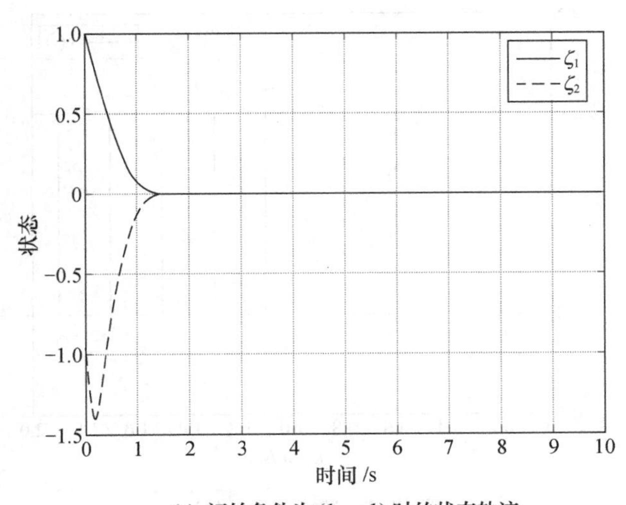

(a) 初始条件为 (1，−1) 时的状态轨迹

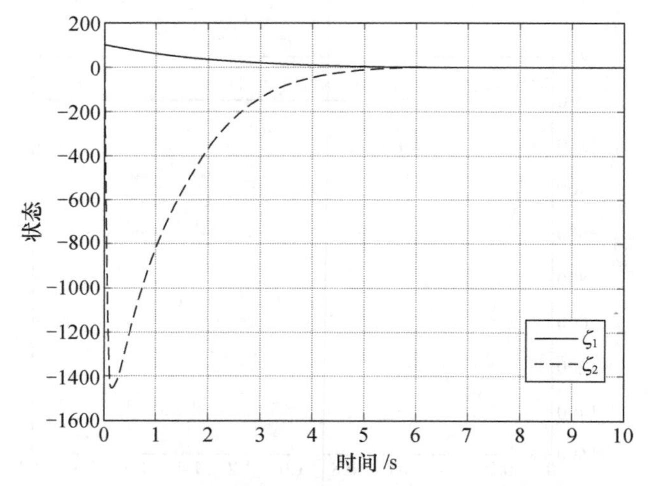

(b) 初始条件为 (100，−100) 时的状态轨迹

图 12. 3　传统的固定时间控制器下的状态响应

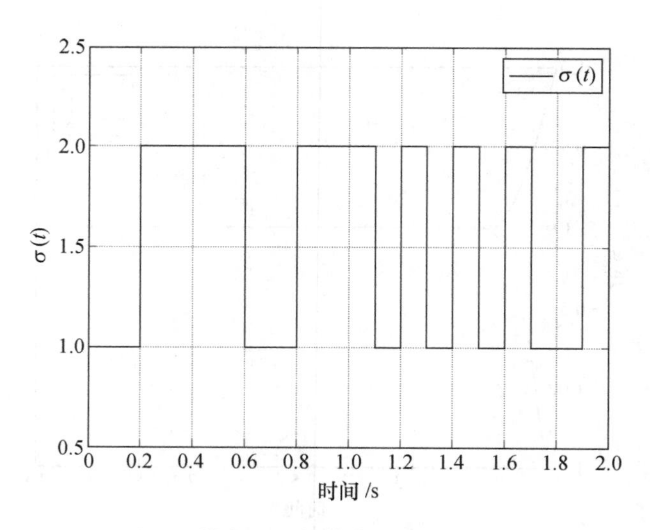

图 12. 4　切换信号 $\sigma(t)$

12.5　小结

本章提出了一种新的时标变换，将原来的非奇异预设时间镇定问题转化为变换后系统的有限时间镇定问题，并给出了切换幂阶切换非线性系统的预设时间镇定问题的构造性解决方案。切换的幂阶使得所考虑的系统更具一般性，所提出的理论结果可以成功地应用于解决液位系统的预设时间控制问题。在此基础上，几个有趣的问题有待研究。例如，如何设计切换幂阶切换非线性系统的给预设时间输出反馈控制器，将是我们下一步研究的重点问题。如何将确定性结果推广到随机环境也是我们今后工作的主要问题。

参 考 文 献

[1] LIN H，ANTSAKLIS P J. Stability and stabilizability of switched linear systems：a survey of recent results [J]. IEEE transactions on automatic control，2009，54 (2)：308 - 322.

[2] YANG H，JIANG B，COCQUEMPOT V，et al. Stabilization of switched nonlinear systems with all unstable modes：application to multi-agent systems [J]. IEEE transactions on automatic control，2011，56 (9)：2230 - 2235.

[3] MA R C，FU J，CHAI T Y. Dwell-time-based observer design for unknown input switched linear systems without requiring strong detectability of subsystems [J]. IEEE transactions on automatic control，2017，62 (8)：4215 - 4221.

[4] CHENG J，PARK J H，ZHAO X，et al. Static output feedback control of switched systems with quantization：a nonhomogeneous sojourn probability approach [J]. International journal of robust and nonlinear control，2019，29 (17)：5992 - 6005.

[5] LIBERZON D. Switching in systems and control [M]. Boston：Brikhauser，2003.

[6] MA R C，ZHAO J. Backstepping design for global stabilization of switched nonlinear systems in lower triangular form under arbitrary switchings [J]. Automatica，2010，46 (11)：1819 - 1823.

[7] WU J L. Stabilizing controllers design for switched nonlinear systems in strict-feedback form [J]. Automatica，2009，45 (4)：1092 - 1096.

[8] ZHAO X，ZHENG X，NIU B，et al. Adaptive tracking control for a class of uncertain switched nonlinear systems [J]. Automatica，2015，52：185 - 191.

[9] MA R C，LIU Y，ZHAO S Z，et al. Global stabilization design for switched power integrator triangular systems with dierent powers [J]. Nonlinear analysis hybrid systems，

2015, 15: 74 - 85.

[10] LI E, LONG L, ZHAO J. Global output-feedback stabilization for a class of switched uncertain nonlinear systems [J]. Applied mathematics and computation, 2015, 256: 551 - 564.

[11] ZHAO X D, WANG X Y, ZONG G D, et al. Adaptive neural tracking control for switched high-order stochastic nonlinear systems [J]. IEEE transactions on cybernetics, 2017, 47 (10): 3088 - 3099.

[12] LI S, AHN C K, XIANG Z R. Sampled-data adaptive output feedback fuzzy stabilization for switched nonlinear systems with asynchronous switching [J]. IEEE transactions on fuzzy systems, 2019, 27 (1): 200 - 205.

[13] MA L, HUO X, ZHAO X D. Adaptive neural control for switched nonlinear systems with unknown backlash-like hysteresis and output dead-zone [J]. Neurcpmputing, 2019, 357: 203 - 214.

[14] MA L, HUO X, ZHAO X D, et al. Adaptive fuzzy tracking control for a class of uncertain switched nonlinear systems with multiple constraints: a small-gain approach [J]. International journal of fuzzy systems, 2019, 21 (8): 2609 - 2624.

[15] ZHAO X, WANG X, MA L, et al. Fuzzy-approximation-based asymptotic tracking control for a class of uncertain switched nonlinear systems [J]. IEEE transactions on fuzzy systems, 2020, 28 (4): 632 - 644.

[16] HUO X, MA L, ZHAO X, et al. Event-triggered adaptive fuzzy output feedback control of MIMO switched nonlinear systems with average dwell time [J]. Applied mathematics and computation, 2020, 365: 124665.

[17] MENG X, ZHAI D, FU Z, et al. Adaptive fault tolerant control for a class of switched nonlinear systems with unknown control directions [J]. Applied mathematics and computation, 2020, 370: 124913.

[18] NIU B, WANG D, ALOTAIBI N D, et al. Adaptive neural state-feedback tracking control of stochastic nonlinear switched systems: an average dwell-time method [J]. IEEE transactions on neural networks and learning systems, 2019, 30 (4): 1076 - 1087.

[19] NIU B, WANG D, LIU M, et al. Adaptive neural output-feedback controller design of switched nonlower triangular nonlinear systems with time delays [J]. IEEE transactions on neural networks and learning systems, 2019, 31 (10): 4084 - 4093.

[20] NIU B, LIU M, LI A. Global adaptive stabilization of stochastic high-order switched nonlinear non-lower triangular systems [J]. Systems & control letters, 2020, 136: 104596.

[21] WANG Y, CHANG Y, ALKHATEEB A F, et al. Adaptive fuzzy output-feedback tracking control for switched nonstrict-feedback nonlinear systems with prescribed performance [J]. Circuits, systems, and signal processing, 2020, 40 (1): 88 - 113.

[22] BHAT S P, BERNSTEIN D S. Finite-time stability of continuous autonomous systems [J]. SIAM journal of control and optimization, 2000, 38 (3): 751 - 766.

[23] HUANG X Q, LIN W, YANG B. Global finite-time stabilization of a class of uncertain nonlinear systems [J]. Automatica, 2005, 41 (5): 881 - 888.

[24] LIU Y. Global finite-time stabilization via time-varying feedback for uncertain nonlinear systems [J]. SIAM journal of control and optimization, 2014, 52 (3): 1886 - 1913.

[25] SUN Z Y, XUE L R, ZHANG K. A new approach to finite-time adaptive stabilization of high-order uncertain nonlinear system [J]. Automatica, 2015, 58: 60 - 66.

[26] FU J, MA R C, CHAI T Y. Adaptive finite-time stabilization of a class of uncertain nonlinear systems via logic-based switchings [J]. IEEE transactions on automatic control, 2017, 62 (11): 5998 - 6003.

[27] CAI M, XIANG Z. Adaptive neural finite-time control for a class of switched nonlinear systems [J]. Neurocomputing, 2015, 155: 177 - 185.

[28] LIANG Y J, MA R C, WANG M, et al. Global finite-time stabilisation of a class of switched nonlinear systems [J]. International journal of systems science, 2015, 46 (16): 2897 - 2904.

[29] FU J, MA R, CHAI T. Global finite-time stabilization of a class of switched nonlinear systems with the powers of positive odd rational numbers [J]. Automatica, 2015, 54: 360 - 373.

[30] GAO F, WU Y, LIU Y. Finite-time stabilization for a class of switched stochastic nonlinear systems with dead-zone input nonlinearities [J]. International journal of robust and nonlinear control, 2018, 28 (9): 3239 - 3257.

[31] GAO F, WU Y Q, LI H S, et al. Finite-time stabilisation for a class of output-constrained nonholonomic systems with its application [J]. International journal of systems science, 2018, 49 (10): 2155 - 2169.

[32] ZHANG J, XIA J, SUN W, et al. Finite-time tracking control for stochastic nonlinear systems with full state constraints [J]. Applied mathematics and computation, 2018, 338: 207 - 220.

[33] FANG L D, MA L, DING S H, et al. Finite-time stabilization for a class of high-order stochastic nonlinear systems with an output constraint [J]. Applied mathematics and computation, 2019, 335: 63 - 79.

[34] QI W, ZONG G, CHENG J, et al. Robust finite-time stabilization for positive delayed

semi-Markovian switching systems [J]. Applied mathematics and computation, 2019, 351: 139 - 152.

[35] LIN X Z, ZHANG W L, HUANG S T, et al. Finite-time stabilization of input-delay switched systems [J]. Applied mathematics and computation, 2020, 375: 125062.

[36] ANDRIEU V, PRALY L, ASTOLFI A. Homogeneous approximation, recursive observer design, and output feedback [J]. SIAM journal of control and optimization, 2008, 47 (4): 1814 - 1850.

[37] TIAN B, ZUO Z, YAN X, et al. A fixed-time output feedback control scheme for double integrator systems [J]. Automatica, 2017, 80: 17 - 24.

[38] POLYAKOV A. Nonlinear feedback design for fixed-time stabilization of linear control systems [J]. IEEE transactions on automatic control, 2012, 57 (8): 2106 - 2110.

[39] ZUO Z. Nonsingular fixed-time consensus tracking for second-order multi-agent networks [J]. Automatica, 2015, 54: 305 - 309.

[40] HUA C C, LI Y F, GUAN X P. Finite/fixed-time stabilization for nonlinear interconnected systems with dead-zone input [J]. IEEE transactions on automatic control, 2017, 62 (5): 2554 - 2560.

[41] ZUO Z, TIAN B, DEFOORT M, et al. Fixed-time consensus tracking for multi-agent systems with high-order integrator dynamics [J]. IEEE transactions on automatic control, 2018, 63 (2): 563 - 570.

[42] NING B, HAN Q L. Prescribed finite-time consensus tracking for multi-agent systems with nonholonomic chained-form dynamics [J]. IEEE transactions on automatic control, 2019, 64 (4): 1686 - 1693.

[43] YANG H J, YE D. Time-varying formation tracking control for high-order nonlinear multi-agent systems in fixed-time framework [J]. Applied mathematics and computation, 2020, 377: 125119.

[44] GAO F Z, WU Y Q, ZHANG Z C, et al. Global fixed-time stabilization for a class of switched nonlinear systems with general powers and its application [J]. Nonlinear analysis: hybrid systems, 2019, 31: 56 - 68.

[45] SONG Z B, LI P, ZHAI J Y, et al. Global fixed-time stabilization for switched stochastic nonlinear systems under rational switching powers [J]. Applied mathematics and computation, 2020, 387: 124856.

[46] GAO F Z, HUANG J C, SHI X X, et al. Nonlinear mapping-based fixed-time stabilization of uncertain nonholonomic systems with time-varying state constraints [J]. Journal of the Franklin institute, 2020, 357 (11): 6653 - 6670.

[47] YAO H J, GAO F Z, HUANG J C, et al. Barrier Lyapunov functions-based fixed-time

stabilization of nonholonomic systems with unmatched uncertainties and time-varying output constraints [J]. Nonlinear dynamics, 2020, 99 (4): 2835 - 2849.

[48] ZARCHAN P. Tactical and Strategic Missile Guidance [C] //Reston, VA: American Institute of Aeronautics and Astronautics (AIAA), 2007.

[49] SONG Y, WANG Y, HOLLOWAY J, et al. Time-varying feedback for regulation of normal-form nonlinear systems in prescribed finite time [J]. Automatica, 2017, 83: 243 - 251.

[50] DING C, SHI C, CHEN Y. Nonsingular prescribed-time stabilization of a class of uncertain nonlinear systems: a novel coordinate mapping method [J]. International journal of robust and nonlinear control, 2020, 30 (9): 3566 - 3581.

[51] QIAN C, LIN W. A continuous feedback approach to global strong stabilization of nonlinear systems [J]. IEEE transactions on automatic control, 2001, 46 (7): 1061 - 1079.

[52] DING S H, CHEN W H, MEI K Q, et al. Disturbance observer design for nonlinear systems represented by input-output models [J]. IEEE transactions on industrial electronics, 2020, 67 (2): 1222 - 1232.

[53] KHALIL H K. Nonlinear systems [M]. 3rd ed. New Jersey: Prentice-Hall, 2002.

第 13 章 随机输入时延非线性复杂系统的指数稳定控制

时延在实际系统中普遍存在，往往导致系统性能恶化甚至系统不稳定[1-2]。因此，研究时延系统的稳定性不仅具有重要的理论意义，而且具有重要的实际应用价值。在过去的几十年中，时延系统的稳定性分析已经成为各个领域的研究热点之一[3-5]。利用 Wirtinger 积分不等式处理 L-K 泛函求导过程中产生的积分项，在一定程度上降低了稳定性判据的保守性[6]。利用凸组合不等式研究了 T-S 模糊系统的稳定性[7]。在 L-K 泛函的构造中，引入三重积分来研究不确定时延系统的鲁棒稳定性，得到了一个保守性较小的稳定性判据[8]。然而，在三重积分的内积分上界中并没有充分考虑延迟信息。同样，参考文献［9-11］中采用的方法也取得了很好的结果，但是在构造 L-K 泛函时没有充分考虑时延上下界的信息，这进一步降低了结果的保守性。在参考文献［12］中，Qi 等研究了具有随机扰动和执行器饱和的时延系统的控制器设计问题。利用频域分析方法，Gherfi 等[13]提出了一种一阶时延系统比例积分分数阶滤波器的控制设计方法。

20 世纪 80 年代以来，模糊控制技术及其理论取得了长足的进步。近年来，模糊控制系统的稳定性分析和系统设计备受关注，取得了一些有益的成果，但理论体系尚未形成[14]。T-S 模糊模型是由 Takagi 和 Sugeno 于 1985 年提出的，T-S 模糊模型是用多个线性系统拟合同一非线性系统，用模糊算法对输入变量进行解构，然后通过模糊演算推理进行去模糊化，生成多个表示每组输入输出关系的方程，将复杂的非线性问题转化为不同小线段上的问题[15]。基于 Lyapunov 稳定性理论对 T-S 模型进行了稳定性分析。为了满足一类线性矩阵不等式，需要为每个模糊子系统找到一个公共正定矩阵 $\boldsymbol{P}$，从而使全局系统渐近稳定。其难点在于没有很好的方法求解矩阵 $\boldsymbol{P}$，限制了它的应用。由于 T-S 模糊控制方法在难以建立精确数学模型的系统中的应用越来越受到重视，对 T-S 模糊控制系统稳定性的研究也取得了许多成果。因此，这些结果大多基于 Tanaka 等提出的公共 Lyapunov 函数的解[16-17]。

Xu 等[18]研究了混合时延 T-S 模糊系统的镇定问题。利用切换思想设计了一种新的 Lyapunov 函数，它既依赖于积分变量又依赖于隶属函数。因此，还可以利用隶属函数的时间导数信息。此外，放宽了 Lyapunov 函数对匹配矩阵正定性的要求。然后设计切换控制器，保证闭环系统的稳定性[18]。Ren 等[19]利用积分滑模控制研究了随机 T-S 模糊奇异马尔可夫跳变时延系统的鲁棒镇定问题。在充分考虑奇异导数矩阵的基础上，设计了一种新的模糊积分滑动面函数。利用线性矩阵不等式（LMI）技术导出了一个时延相关判据。另外，为了保证闭环系统的随机容许性，设计了合适的滑模控制律，使被控系统的轨迹在有限时间内到达指定的滑模面。建立了随机稳定性依赖于时变时延界的一个充分条件。分析了标准线性规划的 L1 增益性能[20]。Ge 等[21]研究了基于记忆采样控制的时变时延 T-S 模糊系统的鲁棒镇定问题。参考文献［22］讨论了 T-S 模糊系统的 α - 指数稳定性分析和控制问题，利用线性矩阵不等式方法得到了一个 α - 指数稳定性充分条件。

然而，上述结果大多是关于具有状态时延的模糊系统的渐近稳定性分析，而对于输入时延，特别是随机输入时延系统的渐近稳定性分析的研究较少。此外，涉及指数稳定性的结果较少。基于此，本章研究了具有输入时延的 T-S 模糊系统的指数稳定控制问题。利用满足伯努利的随机变量，采用 T-S 模糊控制方法描述随机输入时延，建立了具有输入时延的非线性系统的数学模型。通过构造一个改进的增广 Lyapunov 函数，得到了系统指数稳定的充分条件。

13.1　问题描述

考虑随机输入时延模糊系统

规则 i：

如果　　$z_1(t)$ 是 M_1^i，$z_2(t)$ 是 M_2^i，$\cdots$，$z_n(t)$ 是 M_n^i，

则

$$\dot{\boldsymbol{x}}(t)=(\boldsymbol{A}_i+\Delta\boldsymbol{A}_i(t))\boldsymbol{x}(t)+\boldsymbol{B}_i\boldsymbol{u}(t-\tau(t)),\tag{13.1}$$

其中，$\boldsymbol{z}(t)=(z_1(t),z_2(t),\cdots,z_n(t))^{\mathrm{T}}$ 是前件变量，$\boldsymbol{x}(t)\in\mathbf{R}^n$ 是系统状态，$\boldsymbol{u}(t-\tau(t))\in\mathbf{R}^m$ 是随机控制输入，$M_k^i(i=1,2,\cdots,r;k=1,2,\cdots,n)$ 是模糊集。$\boldsymbol{A}_i\in\mathbf{R}^{n\times n}$ 是常数矩阵，$\boldsymbol{B}_i\in\mathbf{R}^{n\times m}$ 是输入矩阵，r 是模糊规则数，$\tau(t)$ 是随机输入时延并满足 $\tau(t)\in[0,\tau]$，$\Delta\boldsymbol{A}_i(t)\in\mathbf{R}^{n\times n}$ 满足

$$\Delta \boldsymbol{A}_i(t) = \boldsymbol{D}\boldsymbol{F}(t)\boldsymbol{E}_i,$$

其中，$\boldsymbol{D},\boldsymbol{E}_i$ 是常数矩阵，$\boldsymbol{F}(t)$ 是满足 $\boldsymbol{F}^{\mathrm{T}}(t)\boldsymbol{F}(t) \leqslant \boldsymbol{I}$ 的矩阵函数。模糊系统为

$$\begin{aligned}\dot{\boldsymbol{x}}(t) &= \sum_{i=1}^{r}\boldsymbol{\mu}_i(z(t))[(\boldsymbol{A}_i + \Delta\boldsymbol{A}_i(t))\boldsymbol{x}(t) + \boldsymbol{B}_i\boldsymbol{u}(t-\tau(t))],\\ \boldsymbol{x}(t) &= \boldsymbol{\psi}(t), t \in [-\tau,0],\end{aligned} \tag{13.2}$$

其中，

$$\omega_i(z(t)) = \prod_{k=1}^{n} M_k^i(z_k(t)),$$

$$\mu_i(z(t)) = \frac{\omega_i(z(t))}{\sum_{i=1}^{r}\omega_i(z(t))},$$

且 $\omega_i(z(t))$ 满足

$$\omega_i(z(t)) \geqslant 0,\ \sum_{i=1}^{r}\omega_i(z(t)) > 0。$$

设计如下控制器

$$\boldsymbol{u}(t) = \sum_{i=1}^{r}\mu_i(z(t))\boldsymbol{K}_i\boldsymbol{x}(t), \tag{13.3}$$

由条件（13.2）和式（13.3）可得

$$\begin{aligned}\dot{\boldsymbol{x}}(t) &= \sum_{i=1}^{r}\sum_{j=1}^{r}\mu_i(z(t))\mu_j(z(t))[(\boldsymbol{A}_i + \Delta\boldsymbol{A}_i(t))\boldsymbol{x}(t) + \boldsymbol{B}_i\boldsymbol{K}_j\boldsymbol{x}(t-\tau(t))],\\ \boldsymbol{x}(t) &= \boldsymbol{\psi}(t), t \in [-\tau,0],\end{aligned} \tag{13.4}$$

其中，$\boldsymbol{\psi}(t)$ 是初始状态并满足

$$\|\dot{\boldsymbol{\psi}}(t)\| \leqslant \bar{\boldsymbol{\psi}}, t \in [-\tau,0],$$

其中，$\bar{\boldsymbol{\psi}}$ 是正常数。

为了解决随机输入时延问题，选取 $\tau_1 \in [0,\tau]$，

$$\Omega_1 = \{t:\tau(t) \in [0,\tau_1)\},$$

$$\Omega_2 = \{t:\tau(t) \in [\tau_1,\tau]\},$$

显然

$$\Omega_1 \cap \Omega_2 = \varnothing。$$

定义 2 个函数

$$h_1(t) = \begin{cases}\tau(t), & t \in \Omega_1,\\ 0, & t \notin \Omega_1,\end{cases} \quad h_2(t) = \begin{cases}\tau(t), & t \in \Omega_2,\\ \tau_1, & t \notin \Omega_2。\end{cases} \tag{13.5}$$

$\beta(t)$ 定义为

$$\beta(t) = \begin{cases} 1, t \in \Omega_1, \\ 0, t \in \Omega_2, \end{cases} \tag{13.6}$$

其中，假设 $\beta(t)$ 是一个伯努利分布序列满足

$$P\{\beta(t) = 1\} = E\{\beta(t)\} = \beta,$$

其中，$\beta \in [0,1]$ 是一个常数。

利用函数 $h_1(t), h_2(t)$ 和随机变量 $\beta(t)$，闭系统（13.4）可以等价地写成

$$\begin{aligned} \dot{\boldsymbol{x}}(t) &= \sum_{i=1}^{r}\sum_{j=1}^{r}\mu_i(z(t))\mu_j(z(t))[\bar{\boldsymbol{A}}_i\boldsymbol{x}(t) + \beta(t)\boldsymbol{B}_i\boldsymbol{K}_j\boldsymbol{x}(t-h_1(t)) + \\ &\quad (1-\beta(t))\boldsymbol{B}_i\boldsymbol{K}_j\boldsymbol{x}(t-h_2(t))] \\ &= \sum_{i=1}^{r}\sum_{j=1}^{r}\mu_i(z(t))\mu_j(z(t))\bar{\boldsymbol{A}}_{ij}\boldsymbol{\xi}(t), \\ \boldsymbol{x}(t) &= \boldsymbol{\psi}(t), t \in [-\tau, 0], \end{aligned} \tag{13.7}$$

其中，

$$\bar{\boldsymbol{A}}_{ij} = [\bar{\boldsymbol{A}}_i, \beta(t)\boldsymbol{B}_i\boldsymbol{K}_j, (1-\beta(t))\boldsymbol{B}_i\boldsymbol{K}_j],$$

$$\boldsymbol{\xi}^{\mathrm{T}}(t) = [\boldsymbol{x}^{\mathrm{T}}(t), \boldsymbol{x}^{\mathrm{T}}(t-h_1(t)), \boldsymbol{x}^{\mathrm{T}}(t-h_2(t))],$$

$$\bar{\boldsymbol{A}}_i = \boldsymbol{A}_i + \Delta\boldsymbol{A}_i(t)。$$

注 13.1　根据随机时延在不同区间的概率，将模糊系统建模为满足伯努利分布的随机系统模型，并考虑了外部扰动对系统的影响因素。

13.2　主要结果

定义 13.2.1[10]　对系统（13.7），如果存在常数 $\alpha > 0$ 和 $\gamma \geqslant 1$ 使得

$$E\{\|\boldsymbol{x}(t)\|\} \leqslant \gamma \sup_{-\bar{d}\leqslant s\leqslant 0} E\{\|\boldsymbol{\psi}(s)\|\}\mathrm{e}^{-\alpha t}, t \geqslant 0,$$

那么系统（13.7）是均方指数稳定的。

引理 13.2.1[2]　对于任何具有适当维数的向量 $\boldsymbol{a}, \boldsymbol{b}$ 和矩阵 $\boldsymbol{N}, \boldsymbol{X}, \boldsymbol{Y}, \boldsymbol{Z}$，如果下面矩阵不等式成立

$$\begin{bmatrix} \boldsymbol{X} & \boldsymbol{Y} \\ \boldsymbol{Y}^{\mathrm{T}} & \boldsymbol{Z} \end{bmatrix} \geqslant 0$$

则有

$$-2\boldsymbol{a}^{\mathrm{T}}\boldsymbol{N}\boldsymbol{b} \leqslant \inf_{X,Y,Z}\begin{bmatrix}\boldsymbol{a}\\ \boldsymbol{b}\end{bmatrix}^{\mathrm{T}}\begin{bmatrix}\boldsymbol{X} & \boldsymbol{Y}-\boldsymbol{N}\\ \boldsymbol{Y}^{\mathrm{T}}-\boldsymbol{N}^{\mathrm{T}} & \boldsymbol{Z}\end{bmatrix}\begin{bmatrix}\boldsymbol{a}\\ \boldsymbol{b}\end{bmatrix}。$$

引理 13.2.2[8]　对具有合适维数的矩阵 $\boldsymbol{X}_i$、$\boldsymbol{Y}_i(1\leqslant i\leqslant r)$ 和正定矩阵 $\boldsymbol{S}>0$，下面矩阵不等式成立

$$2\sum_{i=1}^{r}\sum_{j=1}^{r}\sum_{p=1}^{r}\sum_{l=1}^{r}\mu_i\mu_j\mu_p\mu_l\boldsymbol{X}_{ij}^{\mathrm{T}}\boldsymbol{S}\boldsymbol{Y}_{pl} \leqslant \sum_{i=1}^{r}\sum_{j=1}^{r}\mu_i\mu_j(\boldsymbol{X}_{ij}^{\mathrm{T}}\boldsymbol{S}\boldsymbol{X}_{ij}+\boldsymbol{Y}_{ij}^{\mathrm{T}}\boldsymbol{S}\boldsymbol{Y}_{ij}),$$

其中，$\mu_i(1\leqslant i\leqslant r)$ 代表 $\mu_i(z(t))\geqslant 0$，而且

$$\sum_{i=1}^{r}\mu_i(z(t))=1。$$

定理 13.2.1　如果存在具有合适维数的正定矩阵 $\boldsymbol{P}$、$\boldsymbol{R}\in\mathbf{R}^{n\times n}$，矩阵 $\boldsymbol{K}_j\in\mathbf{R}^{m\times n}(j=1,2,\cdots,r)$，$\boldsymbol{X}_{ij}$ 和 $\boldsymbol{Y}_i(i,j=1,2,3)$ 和常数 $\alpha>0,1\geqslant\beta\geqslant 0$，使得下面不等式成立

$$\boldsymbol{\Theta}=\begin{bmatrix}\boldsymbol{\Theta}_{11} & \boldsymbol{\Theta}_{12} & \boldsymbol{\Theta}_{13}\\ * & \boldsymbol{\Theta}_{22} & \boldsymbol{\Theta}_{23}\\ * & * & \boldsymbol{\Theta}_{33}\end{bmatrix}<0, \tag{13.8}$$

其中，

$$\boldsymbol{\Theta}_{11}=\boldsymbol{P}\overline{\boldsymbol{A}}_i+\overline{\boldsymbol{A}}_i^{\mathrm{T}}\boldsymbol{P}+2\alpha\boldsymbol{P}+\tau\boldsymbol{X}_{11}+\tau\overline{\boldsymbol{A}}_i^{\mathrm{T}}\boldsymbol{R}\overline{\boldsymbol{A}}_i,$$

$$\boldsymbol{\Theta}_{12}=\boldsymbol{P}\beta\boldsymbol{B}_i\boldsymbol{K}_j+\boldsymbol{Y}_1+\tau\boldsymbol{X}_{12}+\tau\overline{\boldsymbol{A}}_i^{\mathrm{T}}\boldsymbol{R}\beta\boldsymbol{B}_i\boldsymbol{K}_j,$$

$$\boldsymbol{\Theta}_{13}=\boldsymbol{P}(1-\beta)\boldsymbol{B}_i\boldsymbol{K}_j+\tau\boldsymbol{X}_{13}-\boldsymbol{Y}_1+\tau\overline{\boldsymbol{A}}_i^{\mathrm{T}}\boldsymbol{R}(1-\beta)\boldsymbol{B}_i\boldsymbol{K}_j,$$

$$\boldsymbol{\Theta}_{22}=\tau\boldsymbol{X}_{22}+\boldsymbol{Y}_2+\boldsymbol{Y}_2^{\mathrm{T}}+\tau\boldsymbol{K}_j^{\mathrm{T}}\boldsymbol{B}_i^{\mathrm{T}}\boldsymbol{R}\beta\boldsymbol{B}_i\boldsymbol{K}_j,$$

$$\boldsymbol{\Theta}_{23}=-\boldsymbol{Y}_2+\boldsymbol{Y}_3^{\mathrm{T}}+\tau\boldsymbol{X}_{23},$$

$$\boldsymbol{\Theta}_{33}=\tau\boldsymbol{X}_{33}-\boldsymbol{Y}_3-\boldsymbol{Y}_3^{\mathrm{T}}+\tau\boldsymbol{K}_j^{\mathrm{T}}\boldsymbol{B}_i^{\mathrm{T}}\boldsymbol{R}(1-\beta)\boldsymbol{B}_i\boldsymbol{K}_j,$$

则闭环系统（13.7）是均方指数稳定的。

证明：选取如下 Lyapunov 函数

$$V(t)=\boldsymbol{x}^{\mathrm{T}}(t)\boldsymbol{P}\boldsymbol{x}(t)+\int_{-\tau}^{0}\int_{t+\theta}^{t}\dot{\boldsymbol{x}}^{\mathrm{T}}(s)\boldsymbol{R}\mathrm{e}^{2\alpha(s-t)}\dot{\boldsymbol{x}}(s)\mathrm{d}s\mathrm{d}\theta$$

其中，$\boldsymbol{P},\boldsymbol{R}$ 是正定矩阵。

容易得到

$$\begin{aligned}\dot{V}(t)+2\alpha V(t)=&\ 2\boldsymbol{x}^{\mathrm{T}}(t)\boldsymbol{P}\dot{\boldsymbol{x}}(t)+\tau\dot{\boldsymbol{x}}^{\mathrm{T}}(t)\boldsymbol{R}\dot{\boldsymbol{x}}(t)-\\ &\int_{-\tau}^{0}\dot{\boldsymbol{x}}^{\mathrm{T}}(t+\theta)\boldsymbol{R}\mathrm{e}^{2\alpha\theta}\dot{\boldsymbol{x}}(t+\theta)\mathrm{d}\theta-\end{aligned}$$

$$2\alpha\int_{-\tau}^{0}\int_{t+\theta}^{t}\dot{\boldsymbol{x}}^{\mathrm{T}}(s)\boldsymbol{R}\mathrm{e}^{2\alpha(s-t)}\dot{\boldsymbol{x}}(s)\mathrm{d}s\mathrm{d}\theta+2\alpha V(t)$$

$$=2\boldsymbol{x}^{\mathrm{T}}(t)\boldsymbol{P}\dot{\boldsymbol{x}}(t)+\tau\dot{\boldsymbol{x}}^{\mathrm{T}}(t)\boldsymbol{R}\dot{\boldsymbol{x}}(t)-\int_{t-\tau}^{t}\dot{\boldsymbol{x}}^{\mathrm{T}}(s)\boldsymbol{R}\mathrm{e}^{2\alpha(s-t)}\dot{\boldsymbol{x}}(s)\mathrm{d}s-$$

$$2\alpha\int_{-\tau}^{0}\int_{t+\theta}^{t}\dot{\boldsymbol{x}}^{\mathrm{T}}(s)\boldsymbol{R}\mathrm{e}^{2\alpha(s-t)}\dot{\boldsymbol{x}}(s)\mathrm{d}s\mathrm{d}\theta+$$

$$2\alpha\boldsymbol{x}^{\mathrm{T}}(t)\boldsymbol{P}\boldsymbol{x}(t)+2\alpha\int_{-\tau}^{0}\int_{t+\theta}^{t}\dot{\boldsymbol{x}}^{\mathrm{T}}(s)\boldsymbol{R}\mathrm{e}^{2\alpha(s-t)}\dot{\boldsymbol{x}}(s)\mathrm{d}s\mathrm{d}\theta$$

$$=2\boldsymbol{x}^{\mathrm{T}}(t)\boldsymbol{P}\dot{\boldsymbol{x}}(t)+\tau\dot{\boldsymbol{x}}^{\mathrm{T}}(t)\boldsymbol{R}\dot{\boldsymbol{x}}(t)+2\alpha\boldsymbol{x}^{\mathrm{T}}(t)\boldsymbol{P}\boldsymbol{x}(t)-$$

$$\int_{t-\tau}^{t}\dot{\boldsymbol{x}}^{\mathrm{T}}(s)\boldsymbol{R}\mathrm{e}^{2\alpha(s-t)}\dot{\boldsymbol{x}}(s)\mathrm{d}s,\tag{13.9}$$

由于

$$\boldsymbol{x}(t-h_1(t))-\boldsymbol{x}(t-h_2(t))-\int_{t-h_2(t)}^{t-h_1(t)}\dot{\boldsymbol{x}}(s)\mathrm{d}s=0,$$

并且对任意的 $4n\times n$ 矩阵 $\boldsymbol{N}=(\boldsymbol{N}_1^{\mathrm{T}},\boldsymbol{N}_2^{\mathrm{T}},\boldsymbol{N}_3^{\mathrm{T}})^{\mathrm{T}}$，可得

$$0=\boldsymbol{\xi}^{\mathrm{T}}(t)\boldsymbol{N}\left[\boldsymbol{x}(t-h_1(t))-\boldsymbol{x}(t-h_2(t))-\int_{t-h_2(t)}^{t-h_1(t)}\dot{\boldsymbol{x}}(s)\mathrm{d}s\right],\tag{13.10}$$

由引理 13.2.1 和式（13.10），可得

$$0\leqslant 2\boldsymbol{\xi}^{\mathrm{T}}(t)\boldsymbol{N}[\boldsymbol{x}(t-h_1(t))-\boldsymbol{x}(t-h_2(t))]+$$

$$\int_{t-h_2(t)}^{t-h_1(t)}\begin{bmatrix}\boldsymbol{\xi}(t)\\\dot{\boldsymbol{x}}(s)\end{bmatrix}^{\mathrm{T}}\begin{bmatrix}\boldsymbol{X} & \boldsymbol{Y}-\boldsymbol{N}\\\boldsymbol{Y}^{\mathrm{T}}-\boldsymbol{N}^{\mathrm{T}} & \boldsymbol{R}\mathrm{e}^{2\alpha(s-t)}\end{bmatrix}\begin{bmatrix}\boldsymbol{\xi}(t)\\\dot{\boldsymbol{x}}(s)\end{bmatrix}\mathrm{d}s$$

$$=2\boldsymbol{\xi}^{\mathrm{T}}(t)\boldsymbol{Y}[\boldsymbol{x}(t-h_1(t))-\boldsymbol{x}(t-h_2(t))]+$$

$$(h_2(t)-h_1(t))\boldsymbol{\xi}^{\mathrm{T}}(t)\boldsymbol{X}\boldsymbol{\xi}(t)+$$

$$\int_{t-h_2(t)}^{t-h_1(t)}\dot{\boldsymbol{x}}^{\mathrm{T}}(s)\boldsymbol{R}\mathrm{e}^{2\alpha(s-t)}\dot{\boldsymbol{x}}(s)\mathrm{d}s$$

$$\leqslant 2\boldsymbol{\xi}^{\mathrm{T}}(t)\boldsymbol{Y}[x(t-h_1(t))-x(t-h_2(t))]+$$

$$\tau\boldsymbol{\xi}^{\mathrm{T}}(t)\boldsymbol{X}\boldsymbol{\xi}(t)+\int_{t-\tau}^{t}\dot{\boldsymbol{x}}^{\mathrm{T}}(s)\boldsymbol{R}\mathrm{e}^{2\alpha(s-t)}\dot{\boldsymbol{x}}(s)\mathrm{d}s,\tag{13.11}$$

把式（13.11）代入式（13.9）得到

$$\dot{V}(t)+2\alpha V(t)\leqslant 2\boldsymbol{x}^{\mathrm{T}}(t)\boldsymbol{P}\dot{\boldsymbol{x}}(t)+\tau\dot{\boldsymbol{x}}^{\mathrm{T}}(t)\boldsymbol{R}\dot{\boldsymbol{x}}(t)+2\alpha\boldsymbol{x}^{\mathrm{T}}(t)\boldsymbol{P}\boldsymbol{x}(t)+$$

$$2\boldsymbol{\xi}^{\mathrm{T}}(t)\boldsymbol{Y}[\boldsymbol{x}(t-h_1(t))-\boldsymbol{x}(t-h_2(t))]+\tau\boldsymbol{\xi}^{\mathrm{T}}(t)\boldsymbol{X}\boldsymbol{\xi}(t)$$

$$=\sum_{i=1}^{r}\sum_{j=1}^{r}\mu_i(z(t))\mu_j(z(t))\{\boldsymbol{x}^{\mathrm{T}}(t)[\boldsymbol{P}\overline{\boldsymbol{A}}_i+\overline{\boldsymbol{A}}_i^{\mathrm{T}}\boldsymbol{P}+$$

$$2\alpha\boldsymbol{P}]\boldsymbol{x}(t)+2\boldsymbol{x}^{\mathrm{T}}(t)\boldsymbol{P}\overline{\boldsymbol{A}}_{di}\boldsymbol{x}(t-d)+$$

$$
\begin{aligned}
&2\boldsymbol{x}^{\mathrm{T}}(t)\boldsymbol{P}\beta(t)\boldsymbol{B}_i\boldsymbol{K}_j\boldsymbol{x}(t-h_1(t))+\\
&2\boldsymbol{x}^{\mathrm{T}}(t)\boldsymbol{P}(1-\beta(t))\boldsymbol{B}_i\boldsymbol{K}_j\boldsymbol{x}(t-h_2(t))+\\
&2\boldsymbol{\xi}^{\mathrm{T}}(t)\boldsymbol{Y}[\boldsymbol{0},\boldsymbol{0},\boldsymbol{I},-\boldsymbol{I})\boldsymbol{\xi}(t)+\\
&\tau\boldsymbol{\xi}^{\mathrm{T}}(t)\boldsymbol{X}\boldsymbol{\xi}(t)+\tau\dot{\boldsymbol{x}}^{\mathrm{T}}(t)\boldsymbol{R}\dot{\boldsymbol{x}}(t),
\end{aligned}
\tag{13.12}
$$

由引理 13.2.2 得到

$$
\begin{aligned}
\tau\dot{\boldsymbol{x}}^{\mathrm{T}}(t)\boldsymbol{R}\dot{\boldsymbol{x}}(t)&=\tau\sum_{i=1}^{r}\sum_{j=1}^{r}\sum_{p=1}^{r}\sum_{l=1}^{r}\mu_i(\boldsymbol{z}(t))\mu_j(\boldsymbol{z}(t))\mu_p(\boldsymbol{z}(t))\\
&\quad\mu_l(\boldsymbol{z}(t))(\overline{\boldsymbol{A}}_{ij}\boldsymbol{\xi}(t))^{\mathrm{T}}\boldsymbol{R}(\overline{\boldsymbol{A}}_{pl}\boldsymbol{\xi}(t))\\
&\leqslant\tau\sum_{i=1}^{r}\sum_{j=1}^{r}\mu_i(\boldsymbol{z}(t))\mu_j(\boldsymbol{z}(t))\boldsymbol{\xi}^{\mathrm{T}}(t)\overline{\boldsymbol{A}}_{ij}^{\mathrm{T}}\boldsymbol{R}\overline{\boldsymbol{A}}_{ij}\boldsymbol{\xi}(t)\\
&=\tau\sum_{i=1}^{r}\sum_{j=1}^{r}\mu_i(\boldsymbol{z}(t))\mu_j(\boldsymbol{z}(t))\boldsymbol{\xi}^{\mathrm{T}}(t)\boldsymbol{\Pi}\boldsymbol{\xi}(t),
\end{aligned}
\tag{13.13}
$$

其中，$\boldsymbol{\Pi}=\begin{bmatrix}\overline{\boldsymbol{A}}_i^{\mathrm{T}}\boldsymbol{R}\overline{\boldsymbol{A}}_i & \overline{\boldsymbol{A}}_i^{\mathrm{T}}\boldsymbol{R}\beta(t)\boldsymbol{B}_i\boldsymbol{K}_j & \overline{\boldsymbol{A}}_i^{\mathrm{T}}\boldsymbol{R}(1-\beta(t))\boldsymbol{B}_i\boldsymbol{K}_j\\ * & \beta^2(t)\boldsymbol{K}_j^{\mathrm{T}}\boldsymbol{B}_i^{\mathrm{T}}\boldsymbol{R}\boldsymbol{B}_i\boldsymbol{K}_j & \beta(t)(1-\beta(t))\boldsymbol{K}_j^{\mathrm{T}}\boldsymbol{B}_i^{\mathrm{T}}\boldsymbol{R}\boldsymbol{B}_i\boldsymbol{K}_j\\ * & * & (1-\beta(t))^2\boldsymbol{K}_j^{\mathrm{T}}\boldsymbol{B}_i^{\mathrm{T}}\boldsymbol{R}\boldsymbol{B}_i\boldsymbol{K}_j\end{bmatrix}$，

显然

$$
2\boldsymbol{\xi}^{\mathrm{T}}(t)\begin{bmatrix}\boldsymbol{Y}_1\\ \boldsymbol{Y}_2\\ \boldsymbol{Y}_3\end{bmatrix}[\boldsymbol{0},\boldsymbol{I},-\boldsymbol{I})\boldsymbol{\xi}(t)=\boldsymbol{\xi}^{\mathrm{T}}(t)\begin{bmatrix}\boldsymbol{0} & \boldsymbol{Y}_1 & -\boldsymbol{Y}_1\\ * & \boldsymbol{Y}_2+\boldsymbol{Y}_2^{\mathrm{T}} & -\boldsymbol{Y}_2+\boldsymbol{Y}_3^{\mathrm{T}}\\ * & * & -\boldsymbol{Y}_3-\boldsymbol{Y}_3^{\mathrm{T}}\end{bmatrix}\boldsymbol{\xi}(t)。
\tag{13.14}
$$

将式（13.13）和式（13.14）代入到不等式（13.12）中，利用不等式(13.5)，得到

$$
E\{V\}<E\{V(0)\}\mathrm{e}^{-2\alpha t}\leqslant[\lambda_{\max}(\boldsymbol{P})+\tau\lambda_{\max}(\boldsymbol{R})\bar{\boldsymbol{\psi}}^2]E\{\|\boldsymbol{\psi}(t)\|^2\}\mathrm{e}^{-2\alpha t},
\tag{13.15}
$$

显然

$$
E\{V(t)\}\geqslant\lambda_{\min}(\boldsymbol{P})E\{\|\boldsymbol{x}(t)\|^2\},
\tag{13.16}
$$

从不等式（13.15）和不等式（13.16），得到

$$
E\{\|\boldsymbol{x}(t)\|\}<\sqrt{\frac{\lambda_{\max}(\boldsymbol{P})+\tau\lambda_{\max}(\boldsymbol{R})\bar{\boldsymbol{\psi}}^2}{\lambda_{\min}(\boldsymbol{P})}}E\{\|\boldsymbol{\psi}(t)\|\}\mathrm{e}^{-\alpha t},
$$

根据定义 13.2.1，闭系统（13.7）是指数稳定的。

注 13.2　在定理 13.2.1 中，充分条件（13.8）不是线性矩阵不等式，

不能用 MATLAB 中的 LMI 工具箱工具求解。

定理 13.2.2　如果存在正定矩阵 $\bar{\boldsymbol{P}},\bar{\boldsymbol{R}}\in\mathbf{R}^{n\times n}$ 和矩阵 $\bar{\boldsymbol{K}}_j\in\mathbf{R}^{m\times n}$，$\bar{\boldsymbol{X}}_{ij}$，$\bar{\boldsymbol{Y}}_i(i,j=1,2,3)$，以及常数 $\alpha>0,1\geqslant\beta\geqslant0$，使得下面线性矩阵不等式成立

$$\boldsymbol{\Xi}=\begin{bmatrix}\boldsymbol{\Xi}_{11} & \boldsymbol{\Xi}_{12} & \boldsymbol{\Xi}_{13} & \boldsymbol{\Xi}_{14} & \boldsymbol{\Xi}_{15} & \boldsymbol{\Xi}_{16} & \boldsymbol{\Xi}_{17} & \boldsymbol{\Xi}_{18}\\ * & \boldsymbol{\Xi}_{22} & \boldsymbol{\Xi}_{23} & \boldsymbol{\Xi}_{24} & \boldsymbol{0} & \boldsymbol{0} & \boldsymbol{0} & \boldsymbol{0}\\ * & * & \boldsymbol{\Xi}_{33} & \boldsymbol{0} & \boldsymbol{\Xi}_{35} & \boldsymbol{0} & \boldsymbol{0} & \boldsymbol{0}\\ * & * & * & \boldsymbol{\Xi}_{44} & \boldsymbol{0} & \boldsymbol{0} & \boldsymbol{0} & \boldsymbol{0}\\ * & * & * & * & \boldsymbol{\Xi}_{55} & \boldsymbol{0} & \boldsymbol{0} & \boldsymbol{0}\\ * & * & * & * & * & -\varepsilon_1\boldsymbol{I} & \boldsymbol{0} & \boldsymbol{0}\\ * & * & * & * & * & * & -\varepsilon_2\boldsymbol{I} & \boldsymbol{0}\\ * & * & * & * & * & * & * & -\varepsilon_3\boldsymbol{I}\end{bmatrix}<0 \tag{13.17}$$

其中，

$$\begin{gathered}
\boldsymbol{\Xi}_{11}=\boldsymbol{A}_i\bar{\boldsymbol{P}}+\bar{\boldsymbol{P}}\boldsymbol{A}_i^{\mathrm{T}}+2\alpha\bar{\boldsymbol{P}}+\tau\bar{\boldsymbol{X}}_{11}+\varepsilon_1\boldsymbol{D}\boldsymbol{D}^{\mathrm{T}},\\
\boldsymbol{\Xi}_{12}=\beta\boldsymbol{B}_i\bar{\boldsymbol{K}}_j+\tau\bar{\boldsymbol{X}}_{12}+\bar{\boldsymbol{Y}}_1,\\
\boldsymbol{\Xi}_{13}=(1-\beta)\boldsymbol{B}_i\bar{\boldsymbol{K}}_j-\bar{\boldsymbol{Y}}_1+\tau\bar{\boldsymbol{X}}_{13},\\
\boldsymbol{\Xi}_{14}=\tau\beta\bar{\boldsymbol{P}}\boldsymbol{A}_i^{\mathrm{T}},\\
\boldsymbol{\Xi}_{15}=\tau(1-\beta)\bar{\boldsymbol{P}}\boldsymbol{A}_i^{\mathrm{T}},\\
\boldsymbol{\Xi}_{16}=\bar{\boldsymbol{P}}\boldsymbol{E}_i^{\mathrm{T}},\\
\boldsymbol{\Xi}_{17}=\tau\beta\bar{\boldsymbol{P}}\boldsymbol{E}_i^{\mathrm{T}},\\
\boldsymbol{\Xi}_{18}=\tau(1-\beta)\bar{\boldsymbol{P}}\boldsymbol{E}_i^{\mathrm{T}},\\
\boldsymbol{\Xi}_{22}=\tau\bar{\boldsymbol{X}}_{22}+\bar{\boldsymbol{Y}}_2+\bar{\boldsymbol{Y}}_2^{\mathrm{T}},\\
\boldsymbol{\Xi}_{23}=\tau\bar{\boldsymbol{X}}_{23}+\bar{\boldsymbol{Y}}_3^{\mathrm{T}}-\bar{\boldsymbol{Y}}_2,\\
\boldsymbol{\Xi}_{24}=\tau\beta\bar{\boldsymbol{K}}_j^{\mathrm{T}}\boldsymbol{B}_i^{\mathrm{T}},\\
\boldsymbol{\Xi}_{33}=\tau\bar{\boldsymbol{X}}_{33}-\bar{\boldsymbol{Y}}_3-\bar{\boldsymbol{Y}}_3^{\mathrm{T}},\\
\boldsymbol{\Xi}_{35}=\tau(1-\beta)\bar{\boldsymbol{K}}_j^{\mathrm{T}}\boldsymbol{B}_i^{\mathrm{T}},\\
\boldsymbol{\Xi}_{44}=-\tau_1\beta\bar{\boldsymbol{R}}+\varepsilon_2\boldsymbol{D}\boldsymbol{D}^{\mathrm{T}},\\
\boldsymbol{\Xi}_{55}=-\tau_1(1-\beta)\bar{\boldsymbol{R}}+\varepsilon_3\boldsymbol{D}\boldsymbol{D}^{\mathrm{T}},
\end{gathered}$$

选择控制器 $u(t)=\sum_{i}^{r}\mu_i(\boldsymbol{z}(t))\bar{\boldsymbol{K}}_i\bar{\boldsymbol{P}}^{-1}\boldsymbol{x}(t)$，则闭环系统（13.7）是均方指

数稳定的。

证明：

$$\boldsymbol{\Theta} = \boldsymbol{\Theta}_0 + \tau\begin{bmatrix} \overline{\boldsymbol{A}}_i^{\mathrm{T}}\boldsymbol{R}\overline{\boldsymbol{A}}_i & \overline{\boldsymbol{A}}_i^{\mathrm{T}}\boldsymbol{R}\beta\boldsymbol{B}_i\boldsymbol{K}_j & \overline{\boldsymbol{A}}_i^{\mathrm{T}}\boldsymbol{R}(1-\beta)\boldsymbol{B}_i\boldsymbol{K}_j \\ * & \boldsymbol{K}_j^{\mathrm{T}}\boldsymbol{B}_i^{\mathrm{T}}\boldsymbol{R}\beta\boldsymbol{B}_i K_j & \boldsymbol{0} \\ * & * & (1-\beta)\boldsymbol{K}_j^{\mathrm{T}}\boldsymbol{B}_i^{\mathrm{T}}\boldsymbol{R}\boldsymbol{B}_i\boldsymbol{K}_j \end{bmatrix}$$

$$= \boldsymbol{\Theta}_0 + \tau\beta\begin{bmatrix} \overline{\boldsymbol{A}}_i^{\mathrm{T}}\boldsymbol{R}\overline{\boldsymbol{A}}_i & \overline{\boldsymbol{A}}_i^{\mathrm{T}}\boldsymbol{R}\boldsymbol{B}_i\boldsymbol{K}_j & \boldsymbol{0} \\ * & \boldsymbol{K}_j^{\mathrm{T}}\boldsymbol{B}_i^{\mathrm{T}}\boldsymbol{R}\boldsymbol{B}_i\boldsymbol{K}_j & \boldsymbol{0} \\ * & * & \boldsymbol{0} \end{bmatrix} +$$

$$\tau(1-\beta)\begin{bmatrix} \overline{\boldsymbol{A}}_i^{\mathrm{T}}\boldsymbol{R}\overline{\boldsymbol{A}}_i & \boldsymbol{0} & \overline{\boldsymbol{A}}_i^{\mathrm{T}}\boldsymbol{R}\boldsymbol{B}_i\boldsymbol{K}_j \\ * & \boldsymbol{0} & \boldsymbol{0} \\ * & * & \boldsymbol{K}_j^{\mathrm{T}}\boldsymbol{B}_i^{\mathrm{T}}\boldsymbol{R}\boldsymbol{B}_i\boldsymbol{K}_j \end{bmatrix}$$

$$= \boldsymbol{\Theta}_0 + \boldsymbol{\alpha}_1^{\mathrm{T}}\frac{1}{\tau\beta}\boldsymbol{R}^{-1}\boldsymbol{\alpha}_1 + \boldsymbol{\alpha}_2^{\mathrm{T}}\frac{1}{\tau(1-\beta)}\boldsymbol{R}^{-1}\boldsymbol{\alpha}_2,$$

其中，

$$\boldsymbol{\Theta}_0 = \begin{bmatrix} \boldsymbol{\Theta}_{011} & \boldsymbol{\Theta}_{012} & \boldsymbol{P}(1-\beta)\boldsymbol{B}_i\boldsymbol{K}_j + \tau\boldsymbol{X}_{13} - \boldsymbol{Y}_1 \\ * & \boldsymbol{\Theta}_{022} & -\boldsymbol{Y}_2 + \boldsymbol{Y}_3^{\mathrm{T}} + \tau\boldsymbol{X}_{23} \\ * & * & \tau\boldsymbol{X}_{33} - \boldsymbol{Y}_3 - \boldsymbol{Y}_3^{\mathrm{T}} \end{bmatrix},$$

$$\boldsymbol{\Theta}_{011} = \boldsymbol{P}\overline{\boldsymbol{A}}_i + \overline{\boldsymbol{A}}_i^{\mathrm{T}}\boldsymbol{P} + 2\alpha\boldsymbol{P} + \tau\boldsymbol{X}_{11},$$

$$\boldsymbol{\Theta}_{012} = \boldsymbol{P}\beta\boldsymbol{B}_i\boldsymbol{K}_j + \boldsymbol{Y}_1 + \tau\boldsymbol{X}_{12},$$

$$\boldsymbol{\Theta}_{022} = \tau\boldsymbol{X}_{22} + \boldsymbol{Y}_2 + \boldsymbol{Y}_2^{\mathrm{T}},$$

$$\boldsymbol{\alpha}_1 = [\tau\beta\boldsymbol{R}\overline{\boldsymbol{A}}_i, \tau\beta\boldsymbol{R}\boldsymbol{B}_i\boldsymbol{K}_j, \boldsymbol{0}),$$

$$\boldsymbol{\alpha}_2 = (\tau(1-\beta)\boldsymbol{R}\overline{\boldsymbol{A}}_i, \boldsymbol{0}, \tau(1-\beta)\boldsymbol{R}\boldsymbol{B}_i\boldsymbol{K}_j)。$$

由引理 2.1.1 可知，不等式 $\boldsymbol{\Theta} < 0$ 等价于

$$\boldsymbol{\Sigma} = \begin{bmatrix} \boldsymbol{\Sigma}_{11} & \boldsymbol{\Sigma}_{12} & \boldsymbol{\Sigma}_{13} & \tau\beta\overline{\boldsymbol{A}}_i^{\mathrm{T}}\boldsymbol{R} & \tau(1-\beta)\overline{\boldsymbol{A}}_i^{\mathrm{T}}\boldsymbol{R} \\ * & \boldsymbol{\Sigma}_{22} & \boldsymbol{\Sigma}_{23} & \tau\beta\boldsymbol{K}_j^{\mathrm{T}}\boldsymbol{B}_i^{\mathrm{T}}\boldsymbol{R} & \boldsymbol{0} \\ * & * & \boldsymbol{\Sigma}_{33} & \boldsymbol{0} & \tau(1-\beta)\boldsymbol{K}_j^{\mathrm{T}}\boldsymbol{B}_i^{\mathrm{T}}\boldsymbol{R} \\ * & * & * & -\tau\beta\boldsymbol{R} & \boldsymbol{0} \\ * & * & * & * & -\tau(1-\beta)\boldsymbol{R} \end{bmatrix} < 0,$$

$$\boldsymbol{\Sigma}_{11} = \boldsymbol{P}\overline{\boldsymbol{A}}_i + \overline{\boldsymbol{A}}_i^{\mathrm{T}}\boldsymbol{P} + 2\alpha\boldsymbol{P} + \tau\boldsymbol{X}_{11},$$

$$\boldsymbol{\Sigma}_{12} = \boldsymbol{P}\beta\boldsymbol{B}_i\boldsymbol{K}_j + \boldsymbol{Y}_1 + \tau\boldsymbol{X}_{12},$$

$$\boldsymbol{\Sigma}_{13} = \boldsymbol{P}(1-\beta)\boldsymbol{B}_i\boldsymbol{K}_j + \tau\boldsymbol{X}_{13} - \boldsymbol{Y},$$
$$\boldsymbol{\Sigma}_{22} = \tau\boldsymbol{X}_{22} + \boldsymbol{Y}_2 + \boldsymbol{Y}_2^{\mathrm{T}},$$
$$\boldsymbol{\Sigma}_{23} = \tau\boldsymbol{X}_{23} + \boldsymbol{Y}_3^{\mathrm{T}} - \boldsymbol{Y}_2,$$
$$\boldsymbol{\Sigma}_{33} = \tau\boldsymbol{X}_{33} - \boldsymbol{Y}_3 - \boldsymbol{Y}_3^{\mathrm{T}},$$

显然

$$\begin{aligned}\boldsymbol{\Sigma} &= \boldsymbol{\Sigma}_0 + \boldsymbol{\gamma}_1^{\mathrm{T}}\boldsymbol{F}(t)\bar{\boldsymbol{\gamma}}_1 + \bar{\boldsymbol{\gamma}}_1^{\mathrm{T}}\boldsymbol{F}^{\mathrm{T}}(t)\boldsymbol{\gamma}_1 + \boldsymbol{\gamma}_2^{\mathrm{T}}\boldsymbol{F}^{\mathrm{T}}(t)\bar{\boldsymbol{\gamma}}_2 + \bar{\boldsymbol{\gamma}}_2^{\mathrm{T}}\boldsymbol{F}(t)\boldsymbol{\gamma}_2 + \\ &\quad \boldsymbol{\gamma}_3^{\mathrm{T}}\boldsymbol{F}^{\mathrm{T}}(t)\bar{\boldsymbol{\gamma}}_3 + \bar{\boldsymbol{\gamma}}_3^{\mathrm{T}}\boldsymbol{F}(t)\boldsymbol{\gamma}_3 \\ &\leqslant \boldsymbol{\Sigma}_0 + \varepsilon_1\boldsymbol{\gamma}_1^{\mathrm{T}}\boldsymbol{\gamma}_1 + \frac{1}{\varepsilon_1}\bar{\boldsymbol{\gamma}}_1^{\mathrm{T}}\bar{\boldsymbol{\gamma}}_1 + \varepsilon_2\bar{\boldsymbol{\gamma}}_2^{\mathrm{T}}\bar{\boldsymbol{\gamma}}_2 + \frac{1}{\varepsilon_2}\boldsymbol{\gamma}_2^{\mathrm{T}}\boldsymbol{\gamma}_2 + \varepsilon_3\bar{\boldsymbol{\gamma}}_3^{\mathrm{T}}\bar{\boldsymbol{\gamma}}_3 + \frac{1}{\varepsilon_3}\boldsymbol{\gamma}_3^{\mathrm{T}}\boldsymbol{\gamma}_3,\end{aligned}$$

其中，

$$\boldsymbol{\Sigma}_0 = \begin{bmatrix} \boldsymbol{\Sigma}_{011} & \boldsymbol{\Sigma}_{012} & \boldsymbol{\Sigma}_{013} & \tau\beta\boldsymbol{A}_i^{\mathrm{T}}\boldsymbol{R} & \tau(1-\beta)\boldsymbol{A}_i^{\mathrm{T}}\boldsymbol{R} \\ * & \boldsymbol{\Sigma}_{022} & \boldsymbol{\Sigma}_{023} & \tau\beta\boldsymbol{K}_j^{\mathrm{T}}\boldsymbol{B}_i^{\mathrm{T}}\boldsymbol{R} & \boldsymbol{0} \\ * & * & \boldsymbol{\Sigma}_{033} & \boldsymbol{0} & \tau(1-\beta)\boldsymbol{K}_j^{\mathrm{T}}\boldsymbol{B}_i^{\mathrm{T}}\boldsymbol{R} \\ * & * & * & -\tau\beta\boldsymbol{R} & \boldsymbol{0} \\ * & * & * & * & -\tau(1-\beta)\boldsymbol{R} \end{bmatrix},$$

$$\boldsymbol{\Sigma}_{011} = \boldsymbol{P}\boldsymbol{A}_i + \boldsymbol{A}_i^{\mathrm{T}}\boldsymbol{P} + 2\alpha\boldsymbol{P} + \tau\boldsymbol{X}_{11},$$
$$\boldsymbol{\Sigma}_{012} = \boldsymbol{P}\beta\boldsymbol{B}_i\boldsymbol{K}_j + \boldsymbol{Y}_1 + \tau\boldsymbol{X}_{12},$$
$$\boldsymbol{\Sigma}_{013} = \boldsymbol{P}(1-\beta)\boldsymbol{B}_i\boldsymbol{K}_j + \tau\boldsymbol{X}_{13} - \boldsymbol{Y}_1,$$
$$\boldsymbol{\Sigma}_{022} = \tau\boldsymbol{X}_{22} + \boldsymbol{Y}_2 + \boldsymbol{Y}_2^{\mathrm{T}},$$
$$\boldsymbol{\Sigma}_{023} = \tau\boldsymbol{X}_{23} + \boldsymbol{Y}_3^{\mathrm{T}} - \boldsymbol{Y}_2,$$
$$\boldsymbol{\Sigma}_{033} = \tau\boldsymbol{X}_{33} - \boldsymbol{Y}_3 - \boldsymbol{Y}_3^{\mathrm{T}},$$
$$\boldsymbol{\gamma}_1 = [\boldsymbol{D}^{\mathrm{T}}\boldsymbol{P},0,0,0,0],$$
$$\boldsymbol{\gamma}_2 = [\tau\beta\boldsymbol{E}_i,0,0,0,0],$$
$$\boldsymbol{\gamma}_3 = [\tau(1-\beta)\boldsymbol{E}_i,0,0,0,0],$$
$$\bar{\boldsymbol{\gamma}}_1 = [\boldsymbol{E}_i,0,0,0,0],$$
$$\bar{\boldsymbol{\gamma}}_2 = [0,0,0,\boldsymbol{D}^{\mathrm{T}}\boldsymbol{R},0],$$
$$\bar{\boldsymbol{\gamma}}_3 = [0,0,0,0,\boldsymbol{D}^{\mathrm{T}}\boldsymbol{R}],$$

由引理 3.2.1 可知不等式 $\boldsymbol{\Sigma} < 0$ 等价于

$$\boldsymbol{\Delta}=\begin{bmatrix}\boldsymbol{\Delta}_{11} & \boldsymbol{\Delta}_{12} & \boldsymbol{\Delta}_{13} & \boldsymbol{\Delta}_{14} & \boldsymbol{\Delta}_{15} & \boldsymbol{\Delta}_{16} & \boldsymbol{\Delta}_{17} & \boldsymbol{\Delta}_{18} \\ * & \boldsymbol{\Delta}_{22} & \boldsymbol{\Delta}_{23} & \boldsymbol{\Delta}_{24} & \mathbf{0} & \mathbf{0} & \mathbf{0} & \mathbf{0} \\ * & * & \boldsymbol{\Delta}_{33} & \mathbf{0} & \boldsymbol{\Delta}_{35} & \mathbf{0} & \mathbf{0} & \mathbf{0} \\ * & * & * & \boldsymbol{\Delta}_{44} & \mathbf{0} & \mathbf{0} & \mathbf{0} & \mathbf{0} \\ * & * & * & * & \boldsymbol{\Delta}_{55} & \mathbf{0} & \mathbf{0} & \mathbf{0} \\ * & * & * & * & * & -\varepsilon_1\boldsymbol{I} & \mathbf{0} & \mathbf{0} \\ * & * & * & * & * & * & -\varepsilon_2\boldsymbol{I} & \mathbf{0} \\ * & * & * & * & * & * & * & -\varepsilon_3\boldsymbol{I}\end{bmatrix}<0, \tag{13.18}$$

其中，

$$\boldsymbol{\Delta}_{11}=\boldsymbol{P}\boldsymbol{A}_i+\boldsymbol{A}_i^{\mathrm{T}}\boldsymbol{P}+2\alpha\boldsymbol{P}+\tau\boldsymbol{X}_{11}+\varepsilon_1\boldsymbol{P}\boldsymbol{D}\boldsymbol{D}^{\mathrm{T}}\boldsymbol{P},$$

$$\boldsymbol{\Delta}_{12}=\boldsymbol{P}\beta\boldsymbol{B}_i\boldsymbol{K}_j+\tau\boldsymbol{X}_{12}+\boldsymbol{Y}_1,$$

$$\boldsymbol{\Delta}_{13}=\tau\boldsymbol{X}_{22}+\boldsymbol{Y}_2+\boldsymbol{Y}_2^{\mathrm{T}}\boldsymbol{P}(1-\beta)\boldsymbol{B}_i\boldsymbol{K}_j-\boldsymbol{Y}_1+\tau\boldsymbol{X}_{13},$$

$$\boldsymbol{\Delta}_{14}=\tau\beta\boldsymbol{A}_i^{\mathrm{T}}\boldsymbol{R},$$

$$\boldsymbol{\Delta}_{15}=\tau(1-\beta)\boldsymbol{A}_i^{\mathrm{T}}\boldsymbol{R},$$

$$\boldsymbol{\Delta}_{16}=\boldsymbol{E}_i^{\mathrm{T}},$$

$$\boldsymbol{\Delta}_{17}=\tau\beta\boldsymbol{E}_i^{\mathrm{T}},$$

$$\boldsymbol{\Delta}_{18}=\tau(1-\beta)\boldsymbol{E}_i^{\mathrm{T}},$$

$$\boldsymbol{\Delta}_{22}=\tau\boldsymbol{X}_{22}+\boldsymbol{Y}_2+\boldsymbol{Y}_2^{\mathrm{T}},$$

$$\boldsymbol{\Delta}_{23}=\tau\boldsymbol{X}_{23}+\boldsymbol{Y}_3^{\mathrm{T}}-\boldsymbol{Y}_2,$$

$$\boldsymbol{\Delta}_{24}=\tau\beta\boldsymbol{K}_j^{\mathrm{T}}\boldsymbol{B}_i^{\mathrm{T}}\boldsymbol{R},$$

$$\boldsymbol{\Delta}_{33}=\tau\boldsymbol{X}_{33}-\boldsymbol{Y}_3-\boldsymbol{Y}_3^{\mathrm{T}},$$

$$\boldsymbol{\Delta}_{35}=\tau(1-\beta)\boldsymbol{K}_j^{\mathrm{T}}\boldsymbol{B}_i^{\mathrm{T}}\boldsymbol{R},$$

$$\boldsymbol{\Delta}_{44}=\varepsilon_2\boldsymbol{R}\boldsymbol{D}\boldsymbol{D}^{\mathrm{T}}\boldsymbol{R}-\tau\beta\boldsymbol{R},$$

$$\boldsymbol{\Delta}_{55}=\varepsilon_3\boldsymbol{R}\boldsymbol{D}\boldsymbol{D}^{\mathrm{T}}\boldsymbol{R}-\tau(1-\beta)\boldsymbol{R}。$$

在不等式（13.18）两边分别左乘右乘矩阵 $\mathrm{diag}\{\boldsymbol{P}^{-1},\boldsymbol{P}^{-1},\boldsymbol{P}^{-1},\boldsymbol{R}^{-1},\boldsymbol{R}^{-1},\boldsymbol{I},\boldsymbol{I},\boldsymbol{I}\}$，并假设 $\bar{\boldsymbol{P}}=\boldsymbol{P}^{-1}\bar{\boldsymbol{K}}_j=\boldsymbol{K}_j\boldsymbol{P}^{-1}\bar{\boldsymbol{X}}_{ij}=\boldsymbol{P}^{-1}\boldsymbol{X}_{ij}\boldsymbol{P}^{-1}\bar{\boldsymbol{Y}}_i=\boldsymbol{P}^{-1}\boldsymbol{Y}_i\boldsymbol{P}^{-1}\bar{\boldsymbol{R}}=\boldsymbol{R}^{-1}$，则不等式 $\Delta<0$ 等价于不等式（13.17）。因此，不等式（13.17）等价于不等式（13.8）。

注 13.3 利用引理 13.2.1、引理 13.2.2，引理 2.1.1 和引理 3.2.1 及定理 13.2.2 给出了以线性矩阵不等式形式的稳定性充分条件（13.17）。

注 13.4　在定理 13.2.2 中，当指数稳定度 α 给定时，条件（13.17）是一个线性矩阵不等式。如果要对指数稳定性进行优化，可以选择不同的度 α 进行多次求解，从而得到优化结果。

13.3　仿真算例

考虑模糊系统（13.7），其中

$$\boldsymbol{A}_1 = \begin{bmatrix} -2 & -2 \\ 5 & -7 \end{bmatrix}, \boldsymbol{A}_2 = \begin{bmatrix} 2 & 0 \\ 1 & 1 \end{bmatrix}, \boldsymbol{B}_1 = \begin{bmatrix} 0.2 \\ 0.1 \end{bmatrix}, \boldsymbol{B}_2 = \begin{bmatrix} 0.2 \\ 0.5 \end{bmatrix}, \boldsymbol{D} = \begin{bmatrix} 1 \\ 2 \end{bmatrix},$$

$$\boldsymbol{E}_{11} = (0.01, 0.02), \boldsymbol{E}_{21} = (1, 2), \boldsymbol{E}_{31} = (0.01, 0.2), F(t) = 0.3\cos t,$$

$$\tau = 1, \alpha = 0.2, \beta = 0.3。$$

求解充分条件（13.17），模糊控制器增益矩阵为

$$\boldsymbol{K}_1 = \bar{\boldsymbol{K}}_1 \bar{\boldsymbol{P}}^{-1} = [-2.2445, -1.5867],$$

$$\boldsymbol{K}_2 = \bar{\boldsymbol{K}}_2 \bar{\boldsymbol{P}}^{-1} = [0.5672, -1.6778]。$$

理论上，系统（13.7）是指数稳定的。如果选择下面初始条件

$$\begin{bmatrix} x_{11}(0) \\ x_{12}(0) \\ x_{21}(0) \\ x_{22}(0) \end{bmatrix} = \begin{bmatrix} -5 \\ 6 \\ 3 \\ -5 \end{bmatrix},$$

系统状态仿真结果如图 13.1—图 13.4 所示。

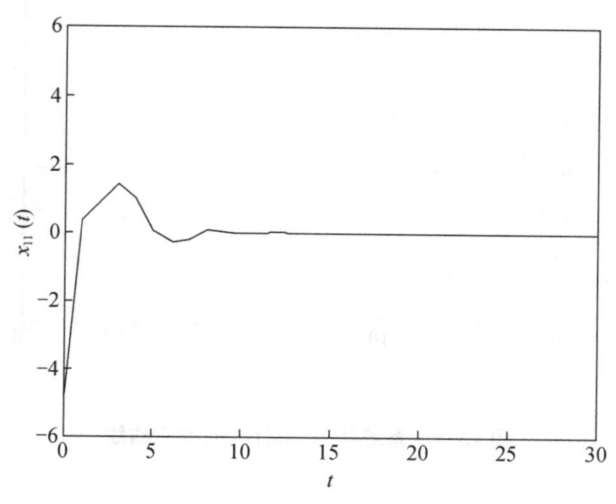

图 13.1　系统状态 $x_{11}(t)$ 的响应曲线

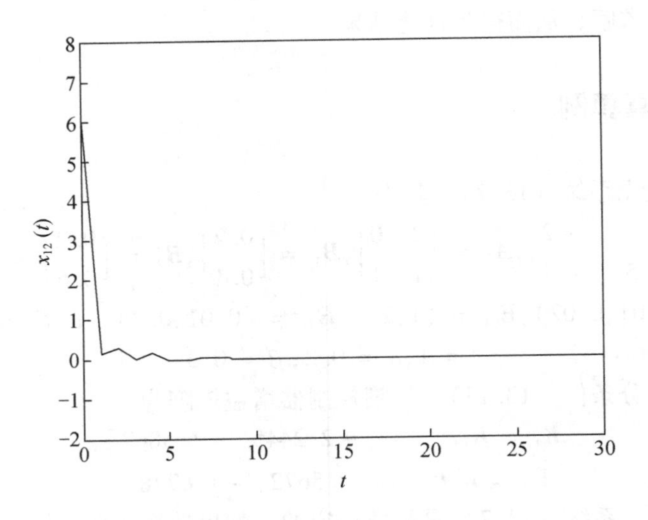

图 13.2　系统状态 $x_{12}(t)$ 的响应曲线

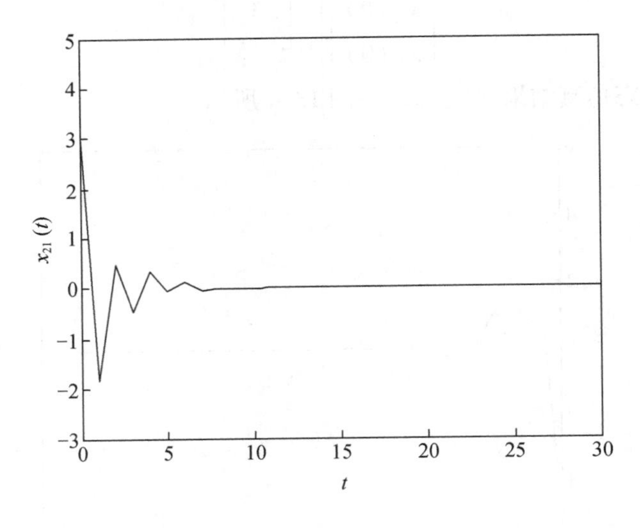

图 13.3　系统状态 $x_{21}(t)$ 的响应曲线

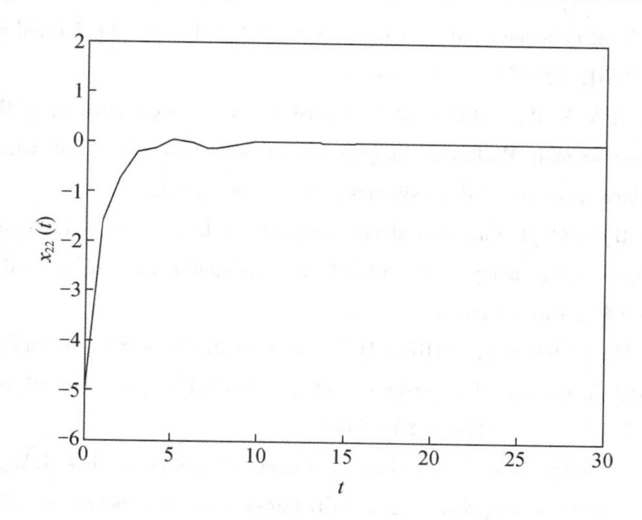

图 13.4　系统状态 $x_{22}(t)$ 的响应曲线

从系统的 4 个状态的响应曲线看，状态收敛速度快，呈指数收敛形式，而且状态曲线的超调量均不大，平稳性较好，因此本章提出的控制设计方法是有效、可行的。

13.4　小结

本章采用 T-S 模糊方法对具有随机输入时延的模糊系统进行建模。通过引入随机变量，将被控系统建模为一个新的随机系统；通过构造加权 Lyapunov 函数，得到了系统均方指数稳定的充分条件，并在此基础上设计了状态反馈模糊控制器。

参考文献

[1] SONG G，LAM J，XU S. Quantized feedback stabilization of continuous time-delay systems subject to actuator saturation [J]. Nonlinear analysis：hybrid systems，2018，30：1 - 13.

[2] SHI Y L，LI C. Almost periodic solution，local asymptotical stability and uniform persistence for a harvesting model of plankton allelopathy with time delays [J]. IAENG international journal of applied mathematics，2019，49 (3)：307 - 312.

[3] DING Y C，CHENG J，LIU H，et al. Local input-to-state stabilization of time-delay

systems subject to actuator saturation and external disturbance [J]. Journal of the Franklin institute, 2020, 357 (7): 4154 - 4170.

[4] MA Y C, JIA X R, ZHANG Q L. Robust observer-based finite-time H_∞ control for discrete-time singular Markovian jumping system with time delay and actuator saturation [J]. Nonlinear analysis: hybrid systems, 2018, 28: 1 - 22.

[5] CHEN W B, GAO F. Improved delay-dependent stability criteria for systems with two additive time-varying delays [J]. IAENG international journal of applied mathematics, 2019, 49 (4): 427 - 433.

[6] KWON O M, PARK M J, PARK J H. Improved results on stability of linear systems with time-varying delays via wirtinger-based integral inequality [J]. Journal of the Franklin institute, 2014, 351 (12): 5386 - 5398.

[7] WANG L K, LAM H K. New stability criterion for continuous-time Takagi-sugeno fuzzy systems with time varying delay [J]. IEEE transactions on cybernetics, 2019, 49 (4): 1551 - 1556.

[8] QIAN W, YUAN M M, WANG L. Robust stability criteria for uncertain systems with interval time-varying delay based on multi-integral functional approach [J]. Journal of the Franklin institute, 2018, 355 (2): 849 - 861.

[9] ZHANG C K, HE Y, JIANG L. Stability analysis of systems with time-varying delay via relaxed integral inequalities [J]. Systems & control letters, 2016, 92 (1): 52 - 61.

[10] KIM J H. Further improvement of Jensen inequality and application to stability of time-delayed systems [J]. Automatica, 2016, 64 (1): 121 - 125.

[11] LI Z C, BAI Y, HUANG C Z. Novel delay-partitioning stabilization approach for networked control system via wirtinger-based inequalities [J]. ISA transactions, 2016, 61 (1): 75 - 86.

[12] QI W H, KAO Y G, GAO X W, et al. Controller design for time-delay system with stochastic disturbance and actuator saturation via a new criterion [J]. Applied mathematics and computation, 2018, 320: 535 - 546.

[13] GHERFI K, CHAREF A, ABBASSI H A. Proportional integral-fractional filter controller design for first order lag plus time delay system [J]. International journal of systems science, 2019, 50 (5): 885 - 904.

[14] GUAN H X, YANG B, WANG H R. Multiple faults diagnosis of distribution network lines based on convolution neural network with fuzzy optimization [J]. IAENG international journal of computer science, 2020, 47 (3): 567 - 571.

[15] HUA C, WU S, GUAN X. Stabilization of T-S fuzzy system with time delay under sampled-data control using a new looped-functional [J]. IEEE transactions on fuzzy

systems, 2020, 326: 400 - 407.

[16] MA Y, CHEN M, ZHANG Q. Non-fragile static output feedback control for singular T-S fuzzy delay-dependent systems subject to Markovian jump and actuator saturation [J]. Journal of the Franklin institute, 2016, 353 (11): 2373 - 2397.

[17] YIN Z, JIANG X, TANG L. On stability and stabilization of T-S fuzzy systems with multiple random variables dependent time-varying delay [J]. Neurocomputing, 2020, 412: 91 - 100.

[18] XU M, XU Z. Stabilization of T-S fuzzy systems with mixed time delays [J]. International journal of systems science, 2020, 2: 1 - 11.

[19] REN J, HE G, FU J. Robust H_∞ sliding mode control for nonlinear stochastic T-S fuzzy singular Markovian jump systems with time-varying delays [J]. Information sciences, 2020, 535: 42 - 63.

[20] QI W H, PARK J H, CHENG J, et al. Stochastic stability and L1-gain analysis for positive nonlinear semi-Markov jump systems with time-varying delay via T-S fuzzy model approach [J]. Fuzzy sets and systems, 2019, 371: 110 - 122.

[21] GE C, SHI Y P, PARK J H, et al. Robust H_∞ stabilization for T-S fuzzy systems with time-varying delays and memory sampled-data control [J]. Applied mathematics and computation, 2019, 346: 500 - 512.

[22] MENG M, LAM J, FENG J E, et al. Exponential stability analysis and l1 synthesis of positive T-S fuzzy systems with time-varying delays [J]. Nonlinear analysis: hybrid systems, 2017, 24: 186 - 197.

第 14 章 随机时延不确定模糊复杂系统的指数稳定控制

由于网络本身的特点，信息在传感器、控制器、执行器等元件之间传输，或控制器的计算过程中不可避免地会出现网络诱导时延和信息包的丢失[1-5]。众所周知，时延和丢包的存在常常会使系统性能变差甚至不稳定。目前，许多学者对网络控制系统的稳定性和控制器设计进行了研究，一致认为时延的发生常常是随机的甚至是不确定的[6-12]。参考文献［13］在考虑网络诱导时延和丢包的情况下建立网络系统模型，并进行了稳定性分析和控制器设计。参考文献［14］给出设计网络系统状态反馈控制器设计的信息调度方法。Liu 等[15]得到了反馈通道中有随机网络诱导时延的网络系统的预测控制器设计方法。Zhang 等[16]给出了时延网络控制系统的保成本控制器设计策略。上述结果都是关于线性网络系统的研究成果。对非线性网络系统的研究是具有挑战性和有意义的课题。目前对非线性网络系统的研究得到了一些结果[16-23]。在参考文献［22］中建立了基于 T-S 模型的网络控制系统模型。在建立此模型的基础上，Zhang 给出了使系统指数稳定的 H_∞ 控制器设计方法。Jiang 等[23]设计了一类非线性网络控制系统的模糊控制器。

14.1 问题描述

考虑下面时延非线性控制系统

规则 i：

如果 $z_1(t)$ 是 M_1^i ，$z_2(t)$ 是 M_2^i ，…，$z_n(t)$ 是 M_n^i，

则

$$\begin{aligned}\dot{\boldsymbol{x}}(t) &= (\boldsymbol{A}_i + \Delta\boldsymbol{A}_i(t))\boldsymbol{x}(t) + (\boldsymbol{A}_{di} + \Delta\boldsymbol{A}_{di}(t))\boldsymbol{x}(t-d) + \\ &\quad (\boldsymbol{B}_i + \Delta\boldsymbol{B}_i(t))\boldsymbol{u}(t), \\ \boldsymbol{x}(t) &= \boldsymbol{\phi}(t), t \in [-d,0],\end{aligned} \tag{14.1}$$

其中，$z(t)=(z_1(t),z_2(t),\cdots,z_n(t))^{\mathrm{T}}$ 是前件变量，$x(t)\in\mathbf{R}^n$ 是系统状态，$u(t)\in\mathbf{R}^m$ 是控制输入，$y(t)\in\mathbf{R}^l$ 是系统输出，$M_k^i(i=1,2,\cdots,r;k=1,2,\cdots,n)$ 是模糊集。$A,A_{di}\in\mathbf{R}^{n\times n}$ 是已知常数矩阵，$B_i\in\mathbf{R}^{n\times m}$ 是系统的输入矩阵，$\phi(t)=(\phi_1(t),\phi_2(t),\cdots,\phi_n(t))^{\mathrm{T}}\in\mathbf{R}^n$ 是定义在 $[-d,0]$ 上的初始状态，d 是状态时延，q 模糊规则数。$\Delta A_i(t)$、$\Delta A_{di}(t)\in\mathbf{R}^{n\times n}$ 代表不确定性并满足

$$(\Delta A_i(t),\Delta A_{di}(t),\Delta B_i(t))=DF(t)(E_{i1},E_{i2},E_{i3})$$

其中，D,E_{i1},E_{i2},E_{i3} 是具有合适维数的常数矩阵，$F(t)$ 是具有适当维数的时变矩阵且满足 $F^{\mathrm{T}}(t)F(t)\leqslant I$。采用单点模糊化，乘积推理机及中心模糊消除法[6]，可获得系统（14.1）的全局 T-S 模糊模型的表达式为

$$\begin{aligned}\dot{x}(t)=&\sum_i^r\mu_i(z(t))[(A_i+\Delta A_i(t))x(t)+(A_{di}+\Delta A_{di}(t))x(t-d)+\\&(B_i+\Delta B_i(t))u(t)],\\x(t)=&\phi(t),t\in[-d,0]\end{aligned}\tag{14.2}$$

其中，$\mu_i(z(t))$ 满足

$$\mu_i(z(t))\geqslant 0\ ,\ \sum_{i=1}^r\mu_i(z(t))>0\ ,\ i=1,2,\cdots,r。$$

假设网络系统所有的状态是可测的，网络控制系统的数据在控制器和远程系统之间传输必然存在网络诱导时延。引入随机时延 $\tau(t)$ 代表网络诱导时延，并对网络和系统有如下假设：

假设 1：传感器节点，控制器节点采用时钟驱动；

假设 2：执行器采用事件驱动。

设计系统（14.2）的状态反馈模糊控制器如下

$$u(t)=\sum_i^r\mu_i(z(t))K_ix(t-\tau(t)),\tag{14.3}$$

其中，$\tau(t)$ 是随机网络诱导时延满足 $\tau(t)\in[0,\tau]$。

把式（14.3）代入系统（14.2），得到闭环系统

$$\begin{aligned}\dot{x}(t)&=\sum_i^r\sum_j^r\mu_i(z(t))\mu_j(z(t))\bar{A}_{ij}\xi(t),\\x(t)&=\psi(t),t\in[-\bar{d},0],\end{aligned}\tag{14.4}$$

其中，

$$\bar{\boldsymbol{A}}_{ij} = (\bar{\boldsymbol{A}}_i, \bar{\boldsymbol{A}}_{di}, \bar{\boldsymbol{B}}_i \boldsymbol{K}_j),$$
$$\bar{\boldsymbol{A}}_i = \boldsymbol{A}_i + \Delta \boldsymbol{A}_i(t),$$
$$\bar{\boldsymbol{A}}_{di} = \boldsymbol{A}_{di} + \Delta \boldsymbol{A}_{di}(t),$$
$$\bar{\boldsymbol{B}}_i = \boldsymbol{B}_i + \Delta \boldsymbol{B}_i(t),$$
$$\boldsymbol{\xi}(t) = [\boldsymbol{x}^{\mathrm{T}}(t), \boldsymbol{x}^{\mathrm{T}}(t-d), \boldsymbol{x}^{\mathrm{T}}(t-\tau(t))]^{\mathrm{T}},$$

系统状态初始条件设为 $\boldsymbol{x}(t) = \boldsymbol{\psi}(t)$，其中 $\boldsymbol{\psi}(t)$ 是定义在 $[-\bar{d},0]$ 上的光滑函数，$\bar{d} = \max\{\tau, d\}$。从而存在正数 $\bar{\psi}$ 满足

$$\|\dot{\boldsymbol{\psi}}(t)\| \leqslant \bar{\boldsymbol{\psi}}, t \in [-\bar{d},0]。$$

14.2 指数镇定条件及模糊控制器设计

定理 14.2.1 对给定常数 $\alpha > 0, 1 \geqslant \beta \geqslant 0$ 和 $i,j = 1,2,\cdots,r$，如果存在正定矩阵 $\boldsymbol{P}$、$\boldsymbol{Q}$、$\boldsymbol{R} \in \mathbf{R}^{n\times n}$，矩阵 $\boldsymbol{K}_j \in \mathbf{R}^{m\times n}$ 和具有适当维数的矩阵 $\boldsymbol{X}_{ij}, \boldsymbol{Y}_i$，使得下面矩阵不等式成立

$$\boldsymbol{\Theta} = \begin{bmatrix} \boldsymbol{\Theta}_{11} & \boldsymbol{\Theta}_{12} & \boldsymbol{\Theta}_{13} \\ * & \boldsymbol{\Theta}_{22} & \boldsymbol{\Theta}_{23} \\ * & * & \boldsymbol{\Theta}_{33} \end{bmatrix} < 0, \tag{14.5}$$

其中，

$$\boldsymbol{\Theta}_{11} = \boldsymbol{P}\bar{\boldsymbol{A}}_i + \bar{\boldsymbol{A}}_i^{\mathrm{T}}\boldsymbol{P} + \boldsymbol{Q} + 2\alpha\boldsymbol{P} + \tau\boldsymbol{X}_{11} + \tau\bar{\boldsymbol{A}}_i^{\mathrm{T}}\boldsymbol{R}\bar{\boldsymbol{A}}_i + \boldsymbol{Y}_1 + \boldsymbol{Y}_1^{\mathrm{T}},$$
$$\boldsymbol{\Theta}_{12} = \boldsymbol{P}\bar{\boldsymbol{A}}_{di} + \tau\boldsymbol{X}_{12} + \tau\bar{\boldsymbol{A}}_i^{\mathrm{T}}\boldsymbol{R}\bar{\boldsymbol{A}}_{di} + \boldsymbol{Y}_2^{\mathrm{T}},$$
$$\boldsymbol{\Theta}_{13} = \boldsymbol{P}\bar{\boldsymbol{B}}_i\boldsymbol{K}_j + \tau\boldsymbol{X}_{13} + \tau\bar{\boldsymbol{A}}_i^{\mathrm{T}}\boldsymbol{R}\bar{\boldsymbol{B}}_i\boldsymbol{K}_j - \boldsymbol{Y}_1 + \boldsymbol{Y}_3^{\mathrm{T}},$$
$$\boldsymbol{\Theta}_{22} = -\mathrm{e}^{-2\alpha d}\boldsymbol{Q} + \tau\boldsymbol{X}_{22} + \tau\bar{\boldsymbol{A}}_{di}^{\mathrm{T}}\boldsymbol{R}\bar{\boldsymbol{A}}_{di},$$
$$\boldsymbol{\Theta}_{23} = \tau\bar{\boldsymbol{A}}_{di}^{\mathrm{T}}\boldsymbol{R}\bar{\boldsymbol{B}}_i K_j + \tau\boldsymbol{X}_{23} - \boldsymbol{Y}_2,$$
$$\boldsymbol{\Theta}_{33} = \tau\boldsymbol{K}_j^{\mathrm{T}}\bar{\boldsymbol{B}}_i^{\mathrm{T}}\boldsymbol{R}\bar{\boldsymbol{B}}_i\boldsymbol{K}_j + \tau\boldsymbol{X}_{33} - \boldsymbol{Y}_3 - \boldsymbol{Y}_3^{\mathrm{T}},$$

则设计模糊控制器（14.3），网络控制系统（14.4）是指数稳定的。

证明：选取 Lyapunov 函数如下

$$V(t) = \boldsymbol{x}^{\mathrm{T}}(t)\boldsymbol{P}\boldsymbol{x}(t) + \int_{t-d}^{t}\boldsymbol{x}^{\mathrm{T}}(s)\boldsymbol{Q}\mathrm{e}^{2\alpha(s-t)}\boldsymbol{x}(s)\mathrm{d}s +$$
$$\int_{-\tau}^{0}\int_{t+\theta}^{t}\dot{\boldsymbol{x}}^{\mathrm{T}}(s)\boldsymbol{R}\mathrm{e}^{2\alpha(s-t)}\dot{\boldsymbol{x}}(s)\mathrm{d}s\mathrm{d}\theta$$

其中，$\boldsymbol{P}, \boldsymbol{Q}, \boldsymbol{R}$ 是正定矩阵。

沿系统（14.4）有

$$\dot{V}(t)+2\alpha V(t)=2\boldsymbol{x}^{\mathrm{T}}(t)\boldsymbol{P}\dot{\boldsymbol{x}}(t)+\boldsymbol{x}^{\mathrm{T}}(t)\boldsymbol{Q}\boldsymbol{x}(t)-\boldsymbol{x}^{\mathrm{T}}(t-d)\boldsymbol{Q}\mathrm{e}^{-2\alpha d}\boldsymbol{x}(t-d)+\tau\dot{\boldsymbol{x}}^{\mathrm{T}}(t)\boldsymbol{R}\dot{\boldsymbol{x}}(t)+2\alpha\boldsymbol{x}^{\mathrm{T}}(t)\boldsymbol{P}\boldsymbol{x}(t)-\int_{t-\tau}^{t}\dot{\boldsymbol{x}}^{\mathrm{T}}(s)\boldsymbol{R}\mathrm{e}^{2\alpha(s-t)}\dot{\boldsymbol{x}}(s)\mathrm{d}s, \tag{14.6}$$

由

$$\boldsymbol{x}(t)-\boldsymbol{x}(t-\tau(t))-\int_{t-\tau(t)}^{t}\dot{\boldsymbol{x}}(s)\mathrm{d}s=0,$$

对任意 $4n\times n$ 矩阵 $\boldsymbol{N}=(\boldsymbol{N}_1^{\mathrm{T}},\boldsymbol{N}_2^{\mathrm{T}},\boldsymbol{N}_3^{\mathrm{T}})^{\mathrm{T}}$，知道

$$0=\boldsymbol{\xi}^{\mathrm{T}}(t)\boldsymbol{N}\left[\boldsymbol{x}(t)-\boldsymbol{x}(t-\tau(t))-\int_{t-\tau(t)}^{t}\dot{\boldsymbol{x}}(s)\mathrm{d}s\right], \tag{14.7}$$

由引理 13.2.1 和式（14.7），得到

$$0\leqslant 2\boldsymbol{\xi}^{\mathrm{T}}(t)\boldsymbol{Y}[\boldsymbol{x}(t)-\boldsymbol{x}(t-\tau(t))]+\tau\boldsymbol{\xi}^{\mathrm{T}}(t)\boldsymbol{X}\boldsymbol{\xi}(t)+\int_{t-\tau}^{t}\dot{\boldsymbol{x}}^{\mathrm{T}}(s)\boldsymbol{R}\mathrm{e}^{2\alpha(s-t)}\dot{\boldsymbol{x}}(s)\mathrm{d}s, \tag{14.8}$$

把式（14.8）代入式（14.6），有

$$\begin{aligned}\dot{V}(t)+2\alpha V(t)\leqslant\sum_{i}^{r}\sum_{j}^{r}\mu_i(z(t))\mu_j(z(t))\{&\boldsymbol{x}^{\mathrm{T}}(t)[\boldsymbol{P}\overline{\boldsymbol{A}}_i+\\&\overline{\boldsymbol{A}}_i^{\mathrm{T}}\boldsymbol{P}+\boldsymbol{Q}+2\alpha\boldsymbol{P}]\boldsymbol{x}(t)+\\&2\boldsymbol{x}^{\mathrm{T}}(t)\boldsymbol{P}\overline{\boldsymbol{A}}_{di}\boldsymbol{x}(t-d)+2\boldsymbol{x}^{\mathrm{T}}(t)\boldsymbol{P}\overline{\boldsymbol{B}}_i\boldsymbol{K}_j\boldsymbol{x}(t-\tau(t))-\\&\boldsymbol{x}^{\mathrm{T}}(t-d)\boldsymbol{Q}\mathrm{e}^{-2\alpha d}\boldsymbol{x}(t-d)+2\boldsymbol{\xi}^{\mathrm{T}}(t)\boldsymbol{Y}(\boldsymbol{I},\boldsymbol{O},-\boldsymbol{I})\boldsymbol{\xi}(t)+\\&\tau\boldsymbol{\xi}^{\mathrm{T}}(t)\boldsymbol{X}\boldsymbol{\xi}(t)+\tau\dot{\boldsymbol{x}}^{\mathrm{T}}(t)\boldsymbol{R}\dot{\boldsymbol{x}}(t),\end{aligned} \tag{14.9}$$

由引理 13.2.2，有

$$\begin{aligned}&\tau\dot{\boldsymbol{x}}^{\mathrm{T}}(t)\boldsymbol{R}\dot{\boldsymbol{x}}(t)\\\leqslant\ &\tau\sum_{i}^{r}\sum_{j}^{r}\mu_i(z(t))\mu_j(z(t))\boldsymbol{\xi}^{\mathrm{T}}(t)\begin{bmatrix}\overline{\boldsymbol{A}}_i^{\mathrm{T}}\boldsymbol{R}\overline{\boldsymbol{A}}_i & \overline{\boldsymbol{A}}_i^{\mathrm{T}}\boldsymbol{R}\overline{\boldsymbol{A}}_{di} & \overline{\boldsymbol{A}}_i^{\mathrm{T}}\boldsymbol{R}\overline{\boldsymbol{B}}_i\boldsymbol{K}_j\\ * & \overline{\boldsymbol{A}}_{di}^{\mathrm{T}}\boldsymbol{R}\overline{\boldsymbol{A}}_{di} & \overline{\boldsymbol{A}}_{di}^{\mathrm{T}}\boldsymbol{R}\overline{\boldsymbol{B}}_i\boldsymbol{K}_j\\ * & * & \boldsymbol{K}_j^{\mathrm{T}}\overline{\boldsymbol{B}}_i^{\mathrm{T}}\boldsymbol{R}\overline{\boldsymbol{B}}_i\boldsymbol{K}_j\end{bmatrix}\boldsymbol{\xi}(t),\end{aligned} \tag{14.10}$$

显然，

$$2\boldsymbol{\xi}^{\mathrm{T}}(t)\boldsymbol{Y}(\boldsymbol{I},\boldsymbol{O},-\boldsymbol{I})\boldsymbol{\xi}(t)=\boldsymbol{\xi}^{\mathrm{T}}(t)\begin{bmatrix}\boldsymbol{Y}_1+\boldsymbol{Y}_1^{\mathrm{T}} & \boldsymbol{Y}_2^{\mathrm{T}} & -\boldsymbol{Y}_1+\boldsymbol{Y}_3^{\mathrm{T}}\\ * & \boldsymbol{0} & -\boldsymbol{Y}_2\\ * & * & -\boldsymbol{Y}_3+\boldsymbol{Y}_3^{\mathrm{T}}\end{bmatrix}\boldsymbol{\xi}(t)。 \tag{14.11}$$

把式（14.10）—式(14.11）代入式（14.9）中，得到

$$\dot{V}(t)+2\alpha V(t)\leqslant\sum_{i}^{r}\sum_{j}^{r}\mu_i(z(t))\mu_j(z(t))\boldsymbol{\xi}^{\mathrm{T}}(t)\boldsymbol{\Theta}\boldsymbol{\xi}(t),$$

由矩阵不等式（14.5），知道

$$\dot{V}(t)<-2\alpha V(t),$$

从而

$$V(t)<V(0)\mathrm{e}^{-2\alpha t}\leqslant[\lambda_{\max}(\boldsymbol{P})+d\lambda_{\max}(\boldsymbol{Q})+\tau\lambda_{\max}(\boldsymbol{R})\bar{\boldsymbol{\psi}}^2]\|\boldsymbol{\psi}(t)\|^2\mathrm{e}^{-2\alpha t},\tag{14.12}$$

显然

$$V(t)\geqslant\lambda_{\min}(\boldsymbol{P})\|\boldsymbol{x}(t)\|^2,\tag{14.13}$$

由式（14.12）—式(14.13），得到

$$\|\boldsymbol{x}(t)\|<\sqrt{\frac{\lambda_{\max}(\boldsymbol{P})+d\lambda_{\max}(\boldsymbol{Q})+\tau\lambda_{\max}(\boldsymbol{R})\bar{\boldsymbol{\psi}}^2}{\lambda_{\min}(\boldsymbol{P})}}\|\boldsymbol{\psi}(t)\|\mathrm{e}^{-\alpha t},$$

由 Lyapunov 稳定性理论和上述不等式知道系统（14.4）是指数稳定的。

定理 14.2.2 对给定的常数 $\alpha>0$ 和 $i,j=1,2,\cdots,q$，如果存在正定矩阵 $\bar{\boldsymbol{P}},\bar{\boldsymbol{Q}},\bar{\boldsymbol{R}}\in\mathbf{R}^{n\times n}$ 矩阵 $\bar{\boldsymbol{K}}_j\in\mathbf{R}^{m\times n}$ 和具有适当维数的矩阵 $\bar{\boldsymbol{X}}_{ij},\bar{\boldsymbol{Y}}_i$ 使得下面线性矩阵不等式成立

$$\boldsymbol{\Xi}=\begin{bmatrix}\boldsymbol{\Xi}_{11}&\boldsymbol{\Xi}_{12}\\ *&\boldsymbol{\Xi}_{22}\end{bmatrix}<0\tag{14.14}$$

其中，

$$\boldsymbol{\Xi}_{11}=\begin{bmatrix}\begin{matrix}\boldsymbol{A}_i\bar{\boldsymbol{P}}+\bar{\boldsymbol{P}}\boldsymbol{A}_i^{\mathrm{T}}+\bar{\boldsymbol{Q}}+2\alpha\bar{\boldsymbol{P}}+\\ \tau\bar{\boldsymbol{X}}_{11}+\bar{\boldsymbol{Y}}_1+\bar{\boldsymbol{Y}}_1^{\mathrm{T}}+\varepsilon_1\boldsymbol{D}\boldsymbol{D}^{\mathrm{T}}\end{matrix}&\boldsymbol{A}_{di}\bar{\boldsymbol{P}}+\tau\bar{\boldsymbol{X}}_{12}+\bar{\boldsymbol{Y}}_2^{\mathrm{T}}&\boldsymbol{B}_i\bar{\boldsymbol{K}}_j+\tau\bar{\boldsymbol{X}}_{13}-\bar{\boldsymbol{Y}}_1+\bar{\boldsymbol{Y}}_3^{\mathrm{T}}\\ *&-\mathrm{e}^{-2\alpha d}\bar{\boldsymbol{Q}}+\tau\bar{\boldsymbol{X}}_{22}&\tau\bar{\boldsymbol{X}}_{23}-\bar{\boldsymbol{Y}}_2\\ *&*&\tau\bar{\boldsymbol{X}}_{33}-\bar{\boldsymbol{Y}}_3-\bar{\boldsymbol{Y}}_3^{\mathrm{T}}\end{bmatrix},$$

$$\boldsymbol{\Xi}_{12}=\begin{bmatrix}\tau\bar{\boldsymbol{P}}\boldsymbol{A}_i^{\mathrm{T}}&\bar{\boldsymbol{P}}\boldsymbol{E}_{i1}^{\mathrm{T}}&\tau\bar{\boldsymbol{P}}\boldsymbol{E}_{i1}^{\mathrm{T}}\\ \tau\bar{\boldsymbol{P}}\boldsymbol{A}_{di}^{\mathrm{T}}&\bar{\boldsymbol{P}}\boldsymbol{E}_{i2}^{\mathrm{T}}&\tau\bar{\boldsymbol{P}}\boldsymbol{E}_{i2}^{\mathrm{T}}\\ \tau\bar{\boldsymbol{K}}_j^{\mathrm{T}}\boldsymbol{B}_i^{\mathrm{T}}&\bar{\boldsymbol{K}}_j^{\mathrm{T}}\boldsymbol{E}_{i3}^{\mathrm{T}}&\tau\bar{\boldsymbol{K}}_j^{\mathrm{T}}\boldsymbol{E}_{i3}^{\mathrm{T}}\end{bmatrix},$$

$$\boldsymbol{\Xi}_{22}=\begin{bmatrix}-\tau\bar{\boldsymbol{R}}+\varepsilon_2\boldsymbol{D}\boldsymbol{D}^{\mathrm{T}}&\boldsymbol{0}&\boldsymbol{0}\\ *&-\varepsilon_1\boldsymbol{I}&\boldsymbol{0}\\ *&*&-\varepsilon_2\boldsymbol{I}\end{bmatrix},$$

设计 $u(t)=\sum_{i}^{r}\mu_i(z(t))\bar{\boldsymbol{K}}_i\bar{\boldsymbol{P}}^{-1}\boldsymbol{x}(t-\tau(t))$，系统（14.4）是指数稳定的。

证明

$$\boldsymbol{\Theta}=\boldsymbol{\Theta}_0+\boldsymbol{\alpha}^{\mathrm{T}}\frac{1}{\tau}\boldsymbol{R}^{-1}\boldsymbol{\alpha},$$

其中，

$$\boldsymbol{\Theta}_0=\begin{bmatrix}\begin{matrix}\boldsymbol{P}\bar{\boldsymbol{A}}_i+\bar{\boldsymbol{A}}_i^{\mathrm{T}}\boldsymbol{P}+\boldsymbol{Q}+2\alpha\boldsymbol{P}+\\ \tau\boldsymbol{X}_{11}+\boldsymbol{Y}_1+\boldsymbol{Y}_1^{\mathrm{T}}\end{matrix} & \boldsymbol{P}\bar{\boldsymbol{A}}_{di}+\tau\boldsymbol{X}_{12}+\boldsymbol{Y}_2^{\mathrm{T}} & \boldsymbol{P}\bar{\boldsymbol{B}}_i\boldsymbol{K}_j+\tau\boldsymbol{X}_{13}-\boldsymbol{Y}_1+\boldsymbol{Y}_3^{\mathrm{T}}\\ * & -\mathrm{e}^{-2\alpha d}\boldsymbol{Q}+\tau\boldsymbol{X}_{22} & \tau\boldsymbol{X}_{23}-\boldsymbol{Y}_2\\ * & * & \tau\boldsymbol{X}_{33}-\boldsymbol{Y}_3-\boldsymbol{Y}_3^{\mathrm{T}}\end{bmatrix},$$

$$\boldsymbol{\alpha}=(\tau\boldsymbol{R}\bar{\boldsymbol{A}}_i,\tau\boldsymbol{R}\bar{\boldsymbol{A}}_{di},\tau\tau\boldsymbol{R}\bar{\boldsymbol{B}}_i\boldsymbol{K}_j),$$

由引理 2.1.1，知道不等式 $\boldsymbol{\Theta}<0$ 等价于

$$\boldsymbol{\Sigma}=\begin{bmatrix}\begin{matrix}\boldsymbol{P}\bar{\boldsymbol{A}}_i+\bar{\boldsymbol{A}}_i^{\mathrm{T}}\boldsymbol{P}+\boldsymbol{Q}+2\alpha\boldsymbol{P}+\\ \tau\boldsymbol{X}_{11}+\boldsymbol{Y}_1+\boldsymbol{Y}_1^{\mathrm{T}}\end{matrix} & \boldsymbol{P}\bar{\boldsymbol{A}}_{di}+\tau\boldsymbol{X}_{12}+\boldsymbol{Y}_2^{\mathrm{T}} & \begin{matrix}\boldsymbol{P}\bar{\boldsymbol{B}}_i\boldsymbol{K}_j+\tau\boldsymbol{X}_{13}-\\ \boldsymbol{Y}_1+\boldsymbol{Y}_3^{\mathrm{T}}\end{matrix} & \tau\bar{\boldsymbol{A}}_i^{\mathrm{T}}\boldsymbol{R}\\ & -\mathrm{e}^{-2\alpha d}\boldsymbol{Q}+\tau\boldsymbol{X}_{22} & \tau\boldsymbol{X}_{23}-\boldsymbol{Y}_2 & \tau\bar{\boldsymbol{A}}_{di}^{\mathrm{T}}\boldsymbol{R}\\ & & \tau\boldsymbol{X}_{33}-\boldsymbol{Y}_3-\boldsymbol{Y}_3^{\mathrm{T}} & \tau\boldsymbol{K}_j^{\mathrm{T}}\bar{\boldsymbol{B}}_i^{\mathrm{T}}\boldsymbol{R}\\ & & & -\tau\boldsymbol{R}\end{bmatrix}<0$$

由引理 3.2.1，知道不等式 $\boldsymbol{\Sigma}<0$ 等价于

$$\boldsymbol{\Delta}=\begin{bmatrix}\Delta_{11} & \Delta_{12}\\ * & \Delta_{22}\end{bmatrix}<0, \tag{14.15}$$

其中，

$$\boldsymbol{\Delta}_{11}=\begin{bmatrix}\begin{matrix}\boldsymbol{P}\boldsymbol{A}_i+\boldsymbol{A}_i^{\mathrm{T}}\boldsymbol{P}+\boldsymbol{Q}+2\alpha\boldsymbol{P}+\\ \tau\boldsymbol{X}_{11}+\boldsymbol{Y}_1+\boldsymbol{Y}_1^{\mathrm{T}}+\varepsilon_1\boldsymbol{P}\boldsymbol{D}\boldsymbol{D}^{\mathrm{T}}\boldsymbol{P}\end{matrix} & \boldsymbol{P}\boldsymbol{A}_{di}+\tau\boldsymbol{X}_{12}+\boldsymbol{Y}_2^{\mathrm{T}} & \begin{matrix}\boldsymbol{P}\boldsymbol{B}_i\boldsymbol{K}_j+\tau\boldsymbol{X}_{13}-\\ \boldsymbol{Y}_1+\boldsymbol{Y}_3^{\mathrm{T}}\end{matrix}\\ * & -\mathrm{e}^{-2\alpha d}\boldsymbol{Q}+\tau\boldsymbol{X}_{22} & \tau\boldsymbol{X}_{23}-\boldsymbol{Y}_2\\ * & * & \tau\boldsymbol{X}_{33}-\boldsymbol{Y}_3-\boldsymbol{Y}_3^{\mathrm{T}}\end{bmatrix},$$

$$\boldsymbol{\Delta}_{12}=\begin{bmatrix}\tau\boldsymbol{A}_i^{\mathrm{T}}\boldsymbol{R} & \boldsymbol{E}_{i1}^{\mathrm{T}} & \tau\boldsymbol{E}_{i1}^{\mathrm{T}}\\ \tau\boldsymbol{A}_{di}^{\mathrm{T}}\boldsymbol{R} & \boldsymbol{E}_{i2}^{\mathrm{T}} & \tau\boldsymbol{E}_{i2}^{\mathrm{T}}\\ \tau\boldsymbol{K}_j^{\mathrm{T}}\boldsymbol{B}_i^{\mathrm{T}}\boldsymbol{R} & \boldsymbol{K}_j^{\mathrm{T}}\boldsymbol{E}_{i3}^{\mathrm{T}} & \tau\boldsymbol{K}_j^{\mathrm{T}}\boldsymbol{E}_{i3}^{\mathrm{T}}\end{bmatrix},$$

$$\boldsymbol{\Delta}_{22}=\begin{bmatrix}-\tau\boldsymbol{R}+\varepsilon_2\boldsymbol{R}\boldsymbol{D}\boldsymbol{D}^{\mathrm{T}}\boldsymbol{R} & \boldsymbol{0} & \boldsymbol{0}\\ * & -\varepsilon_1\boldsymbol{I} & \boldsymbol{0}\\ * & * & -\varepsilon_2\boldsymbol{I}\end{bmatrix}。$$

在不等式（14.15）两边分别左乘和右乘矩阵

$$\mathrm{diag}\{\boldsymbol{P}^{-1},\boldsymbol{P}^{-1},\boldsymbol{P}^{-1},\boldsymbol{R}^{-1},\boldsymbol{I},\boldsymbol{I}\}$$

并作变量代换

$$\bar{\boldsymbol{P}}=\boldsymbol{P}^{-1},\bar{\boldsymbol{Q}}=\boldsymbol{P}^{-1}\boldsymbol{Q}\boldsymbol{P}^{-1},\bar{\boldsymbol{K}}_j=\boldsymbol{K}_j\boldsymbol{P}^{-1},\bar{\boldsymbol{X}}_{ij}=\boldsymbol{P}^{-1}\boldsymbol{X}_{ij}\boldsymbol{P}^{-1},$$
$$\bar{\boldsymbol{Y}}_i=\boldsymbol{P}^{-1}\boldsymbol{Y}_i\boldsymbol{P}^{-1},\bar{\boldsymbol{R}}=\boldsymbol{R}^{-1},$$

易知不等式 $\boldsymbol{\Delta}<0$ 等价于式（14.14）。从而，线性矩阵不等式（14.14）等价于式（14.5）。由定理 14.2.1 知系统（14.4）是指数稳定的。

14.3 基于区间分布时延的网络系统模型建立

假设存在常数 $\tau_1\in[0,\tau]$ 使得 $\tau(t)$ 在区间 $[0,\tau_1)$ 和 $[\tau_1,\tau]$ 上取值的概率是可测的。定义如下集合

$$\Omega_1=\{t:\tau(t)\in[0,\tau_1)\},$$
$$\Omega_2=\{t:\tau(t)\in[\tau_1,\tau]\},$$

显然，

$$\Omega_1\cap\Omega_2=\varnothing。$$

定义 2 个函数如下

$$h_1(t)=\begin{cases}\tau(t),t\in\Omega_1,\\0,\quad t\notin\Omega_1,\end{cases}\quad h_2(t)=\begin{cases}\tau(t),t\in\Omega_2,\\\tau_1,\quad t\notin\Omega_2。\end{cases}\tag{14.16}$$

根据 $\tau(t)$ 在不同区间上的取值，定义随机变量 $\beta(t)$ 如下

$$\beta(t)=\begin{cases}1,t\in\Omega_1,\\0,t\in\Omega_2,\end{cases}\tag{14.17}$$

其中，假设 $\beta(t)$ 是满足伯努利分布的随机序列

$$P\{\beta(t)=1\}=E\{\beta(t)\}=\beta,$$

其中，$\beta\in[0,1]$ 是常数。

把函数 $h_1(t)$、$h_2(t)$ 和随机变量 $\beta(t)$ 代入系统（14.4）得到

$$\begin{aligned}\dot{\boldsymbol{x}}(t)&=\sum_{i=1}^{r}\sum_{j=1}^{r}\mu_i(z(t))\mu_j(z(t))[\bar{\boldsymbol{A}}_i\boldsymbol{x}(t)+\bar{\boldsymbol{A}}_{di}\boldsymbol{x}(t-d)+\\&\quad\beta(t)\bar{\boldsymbol{B}}_i\boldsymbol{K}_j\boldsymbol{x}(t-h_1(t))+(1-\beta(t))\bar{\boldsymbol{B}}_i\boldsymbol{K}_j\boldsymbol{x}(t-h_2(t))]\\&=\sum_{i=1}^{r}\sum_{j=1}^{r}\mu_i(z(t))\mu_j(z(t))\bar{\boldsymbol{A}}_{ij}\boldsymbol{\xi}(t),\\\boldsymbol{x}(t)&=\boldsymbol{\phi}(t),t\in[-\bar{d},0],\end{aligned}\tag{14.18}$$

其中，

$$\bar{A}_{ij} = [\bar{A}_i, \bar{A}_{di}, \beta(t)\bar{B}_i K_j, (1-\beta(t))\bar{B}_i K_j],$$

$$\xi^{\mathrm{T}}(t) = [x^{\mathrm{T}}(t), x^{\mathrm{T}}(t-d), x^{\mathrm{T}}(t-h_1(t)), x^{\mathrm{T}}(t-h_2(t))],$$

$$\bar{A}_i = A_i + \Delta A_i(t),$$

$$\bar{A}_{di} = A_{di} + \Delta A_{di}(t),$$

$$\bar{B}_i = B_i + \Delta B_i(t)。$$

14.4　系统均方指数稳定条件及模糊控制器设计

定理 14.4.1　对给定的常数 $\alpha > 0, 1 \geqslant \beta \geqslant 0$ 和 $i,j = 1,2,\cdots,r$，如果存在正定矩阵 $P,Q,R \in \mathbf{R}^{n\times n}$，矩阵 $K_j \in \mathbf{R}^{m\times n}$ 和具有适合维数的矩阵 X_{ij}，Y_i，使得下面矩阵不等式成立

$$\Theta = \begin{bmatrix} \Theta_{11} & \Theta_{12} \\ * & \Theta_{22} \end{bmatrix} < 0, \tag{14.19}$$

其中，

$$\Theta_{11} = \begin{bmatrix} P\bar{A}_i + \bar{A}_i^{\mathrm{T}}P + Q + 2\alpha P + \tau X_{11} + \tau \bar{A}_i^{\mathrm{T}} R \bar{A}_i & P\bar{A}_{di} + \tau X_{12} + \tau \bar{A}_i^{\mathrm{T}} R \bar{A}_{di} \\ * & -\mathrm{e}^{-2\alpha d}Q + \tau X_{22} + \tau \bar{A}_{di}^{\mathrm{T}} R \bar{A}_{di} \end{bmatrix},$$

$$\Theta_{12} = \begin{bmatrix} P\beta\bar{B}_i K_j + Y_1 + \tau X_{13} + \tau \bar{A}_i^{\mathrm{T}} R\beta\bar{B}_i K_j & \begin{matrix} P(1-\beta)\bar{B}_i K_j + \tau X_{14} - Y_1 + \\ \tau \bar{A}_i^{\mathrm{T}} R(1-\beta)\bar{B}_i K_j \end{matrix} \\ Y_2 + \tau X_{23} + \tau \bar{A}_{di}^{\mathrm{T}} R\beta\bar{B}_i K_j & \tau X_{24} - Y_2 + \tau \bar{A}_{di}^{\mathrm{T}} R(1-\beta)\bar{B}_i K_j \end{bmatrix},$$

$$\Theta_{22} = \begin{bmatrix} \begin{matrix} \tau X_{33} + Y_3 + Y_3^{\mathrm{T}} + \\ \tau K_j^{\mathrm{T}} \bar{B}_i^{\mathrm{T}} R\beta\bar{B}_i K_j \end{matrix} & -Y_3 + Y_4^{\mathrm{T}} + \tau X_{34} \\ * & \tau X_{44} - Y_4 - Y_4^{\mathrm{T}} + \tau K_j^{\mathrm{T}} \bar{B}_i^{\mathrm{T}} R(1-\beta)\bar{B}_i K_j \end{bmatrix},$$

选取模糊控制器（14.3），网络控制系统（14.18）是均方指数稳定的。

证明：选取 Lyapunov 函数如下

$$V(t) = x^{\mathrm{T}}(t)Px(t) + \int_{t-d}^{\mathrm{T}} x^{\mathrm{T}}(s)Q\mathrm{e}^{2\alpha(s-t)}x(s)\,\mathrm{d}s + \int_{-\tau}^{0}\int_{t+\theta}^{\mathrm{T}} \dot{x}^{\mathrm{T}}(s)R\mathrm{e}^{2\alpha(s-t)}\dot{x}(s)\,\mathrm{d}s\mathrm{d}\theta$$

其中，P,Q,R 是正定矩阵，沿系统（14.18），得到

$$\dot{V}(t)+2\alpha V(t)=2\boldsymbol{x}^{\mathrm{T}}(t)\boldsymbol{P}\dot{\boldsymbol{x}}(t)+\boldsymbol{x}^{\mathrm{T}}(t)\boldsymbol{Q}\boldsymbol{x}(t)-\boldsymbol{x}^{\mathrm{T}}(t-d)\boldsymbol{Q}\mathrm{e}^{-2\alpha d}\boldsymbol{x}(t-d)+\tau\dot{\boldsymbol{x}}^{\mathrm{T}}(t)\boldsymbol{R}\dot{\boldsymbol{x}}(t)+2\alpha\boldsymbol{x}^{\mathrm{T}}(t)\boldsymbol{P}\boldsymbol{x}(t)-\int_{t-\tau}^{t}\dot{\boldsymbol{x}}^{\mathrm{T}}(s)\boldsymbol{R}\mathrm{e}^{2\alpha(s-t)}\dot{\boldsymbol{x}}(s)\mathrm{d}s,\tag{14.20}$$

由

$$\boldsymbol{x}(t-h_1(t))-\boldsymbol{x}(t-h_2(t))-\int_{t-h_2(t)}^{t-h_1(t)}\dot{\boldsymbol{x}}(s)\mathrm{d}s=0,\tag{14.21}$$

对任意 $4n\times n$ 矩阵 $\boldsymbol{N}=(\boldsymbol{N}_1^{\mathrm{T}},\boldsymbol{N}_2^{\mathrm{T}},\boldsymbol{N}_3^{\mathrm{T}})^{\mathrm{T}}$，知道

$$0=\boldsymbol{\xi}^{\mathrm{T}}(t)\boldsymbol{N}\left[\boldsymbol{x}(t-h_1(t))-\boldsymbol{x}(t-h_2(t))-\int_{t-h_2(t)}^{t-h_1(t)}\dot{\boldsymbol{x}}(s)\mathrm{d}s\right]。\tag{14.22}$$

由引理 13. 2. 1 和式（14. 22），得到

$$\begin{aligned}0&\leqslant 2\boldsymbol{\xi}^{\mathrm{T}}(t)\boldsymbol{N}[\boldsymbol{x}(t-h_1(t))-\boldsymbol{x}(t-h_2(t))]+\\&\quad\int_{t-h_2(t)}^{t-h_1(t)}\begin{bmatrix}\boldsymbol{\xi}(t)\\ \dot{\boldsymbol{x}}(s)\end{bmatrix}^{\mathrm{T}}\begin{bmatrix}\boldsymbol{X} & \boldsymbol{Y}-\boldsymbol{N}\\ \boldsymbol{Y}^{\mathrm{T}}-\boldsymbol{N}^{\mathrm{T}} & \boldsymbol{R}\mathrm{e}^{2\alpha(s-t)}\end{bmatrix}\begin{bmatrix}\boldsymbol{\xi}(t)\\ \dot{\boldsymbol{x}}(s)\end{bmatrix}\mathrm{d}s\\&\leqslant 2\boldsymbol{\xi}^{\mathrm{T}}(t)\boldsymbol{Y}[\boldsymbol{x}(t-h_1(t))-\boldsymbol{x}(t-h_2(t))]+\\&\quad\tau\boldsymbol{\xi}^{\mathrm{T}}(t)\boldsymbol{X}\boldsymbol{\xi}(t)+\int_{t-\tau}^{\mathrm{T}}\dot{\boldsymbol{x}}^{\mathrm{T}}(s)\boldsymbol{R}\mathrm{e}^{2\alpha(s-t)}\dot{\boldsymbol{x}}(s)\mathrm{d}s,\end{aligned}\tag{14.23}$$

把式（14. 23）代入式（14. 20），有

$$\begin{aligned}\dot{V}(t)+2\alpha V(t)\leqslant&\sum_{i=1}^{r}\sum_{j=1}^{r}\mu_i(z(t))\mu_j(z(t))\{\boldsymbol{x}^{\mathrm{T}}(t)[\boldsymbol{P}\overline{\boldsymbol{A}}_i+\overline{\boldsymbol{A}}_i^{\mathrm{T}}\boldsymbol{P}+\boldsymbol{Q}+2\alpha\boldsymbol{P}]\boldsymbol{x}(t)+\\&2\boldsymbol{x}^{\mathrm{T}}(t)\boldsymbol{P}\overline{\boldsymbol{A}}_{di}\boldsymbol{x}(t-d)+2\boldsymbol{x}^{\mathrm{T}}(t)\boldsymbol{P}\beta(t)\overline{\boldsymbol{B}}_iK_j\boldsymbol{x}(t-h_1(t))+\\&2\boldsymbol{x}^{\mathrm{T}}(t)\boldsymbol{P}(1-\beta(t))\overline{\boldsymbol{B}}_iK_j\boldsymbol{x}(t-h_2(t))-\\&\boldsymbol{x}^{\mathrm{T}}(t-d)\boldsymbol{Q}\mathrm{e}^{-2\alpha d}\boldsymbol{x}(t-d)+2\boldsymbol{\xi}^{\mathrm{T}}(t)\boldsymbol{Y}(\boldsymbol{0},\boldsymbol{0},\boldsymbol{I},-\boldsymbol{I}]\boldsymbol{\xi}(t)+\\&\tau\boldsymbol{\xi}^{\mathrm{T}}(t)\boldsymbol{X}_1\boldsymbol{\xi}(t)+\tau\dot{\boldsymbol{x}}^{\mathrm{T}}(t)\boldsymbol{R}\dot{\boldsymbol{x}}(t),\end{aligned}\tag{14.24}$$

由引理 13. 2. 2，得到

$$\tau\dot{\boldsymbol{x}}^{\mathrm{T}}(t)\boldsymbol{R}\dot{\boldsymbol{x}}(t)=\tau\sum_{i=1}^{r}\sum_{j=1}^{r}\mu_i(z(t))\mu_j(z(t))\boldsymbol{\xi}^{\mathrm{T}}(t)\cdot$$

$$\begin{bmatrix} \bar{A}_i^{\mathrm{T}}R\bar{A}_i & \bar{A}_i^{\mathrm{T}}R\bar{A}_{di} & \bar{A}_i^{\mathrm{T}}R\beta(t)\bar{B}_iK_j & \bar{A}_i^{\mathrm{T}}R(1-\beta(t))\bar{B}_iK_j \\ * & \bar{A}_{di}^{\mathrm{T}}R\bar{A}_{di} & \bar{A}_{di}^{\mathrm{T}}R\beta(t)\bar{B}_iK_j & \bar{A}_{di}^{\mathrm{T}}R(1-\beta(t))\bar{B}_iK_j \\ * & * & \beta^2(t)K_j^{\mathrm{T}}\bar{B}_i^{\mathrm{T}}R\bar{B}_iK_j & \beta(t)(1-\beta(t))K_j^{\mathrm{T}}\bar{B}_i^{\mathrm{T}}R\bar{B}_iK_j \\ * & * & * & (1-\beta(t))^2K_j^{\mathrm{T}}\bar{B}_i^{\mathrm{T}}R\bar{B}_iK_j \end{bmatrix}\xi(t) \tag{14.25}$$

显然，

$$2\xi^{\mathrm{T}}(t)\begin{bmatrix} Y_{11} \\ Y_{12} \\ Y_{13} \\ Y_{14} \end{bmatrix}(0,0,I,-I)\xi(t) = \xi^{\mathrm{T}}(t)\begin{bmatrix} 0 & 0 & Y_1 & -Y_1 \\ * & 0 & Y_2 & -Y_2 \\ * & * & Y_3+Y_3^{\mathrm{T}} & -Y_3+Y_4^{\mathrm{T}} \\ * & * & * & -Y_4-Y_4^{\mathrm{T}} \end{bmatrix}\xi(t), \tag{14.26}$$

把式（14.25）—（14.26）代入式（14.24），得到

$$E\{\dot{V}(t)+2\alpha V(t)\} \leqslant \sum_{i=1}^{r}\sum_{j=1}^{r}\mu_i(z(t))\mu_j(z(t))\xi^{\mathrm{T}}(t)\Theta\xi(t),$$

由矩阵不等式（14.19），知道

$$E\{\dot{V}(t)\} < -2\alpha E\{V(t)\},$$

从而

$$E\{V\} < E\{V(0)\}\mathrm{e}^{-2\alpha t} \leqslant [\lambda_{\max}(P)+d\lambda_{\max}(Q)+ \tau\lambda_{\max}(R)\bar{\psi}^2]E\{\|\psi(t)\|^2\}\mathrm{e}^{-2\alpha t}, \tag{14.27}$$

显然，

$$E\{V(t)\} \geqslant \lambda_{\min}(P)E\{\|x(t)\|^2\} \tag{14.28}$$

由式（14.27）—（14.28），得到

$$E\{\|x(t)\|\} < \sqrt{\frac{\lambda_{\max}(P)+d\lambda_{\max}(Q)+\tau\lambda_{\max}(R)\bar{\psi}^2}{\lambda_{\min}(P)}}E\{\|\psi(t)\|\}\mathrm{e}^{-\alpha t},$$

由上式知道系统（14.18）是指数稳定的。

定理 14.4.2　对给定的常数 $\alpha>0, 1\geqslant\beta\geqslant 0$ 和 $i,j=1,2,\cdots,r$，如果存在正定矩阵 $\bar{P},\bar{Q},\bar{R}\in\mathbf{R}^{n\times n}$，$\bar{K}_j\in\mathbf{R}^{m\times n}$ 和具有适当维数的矩阵 $\bar{X}_{ij},\bar{Y}_i$ 使得下面线性矩阵不等式成立

$$\Xi = \begin{bmatrix} \Xi_{11} & \Xi_{12} \\ * & \Xi_{22} \end{bmatrix} < 0, \tag{14.29}$$

其中，

$$\boldsymbol{\Xi}_{11}=\begin{bmatrix} \begin{matrix}\boldsymbol{A}_i\bar{\boldsymbol{P}}+\bar{\boldsymbol{P}}\boldsymbol{A}_i^{\mathrm{T}}+\bar{\boldsymbol{Q}}+\\ 2\alpha\bar{\boldsymbol{P}}+\tau\bar{\boldsymbol{X}}_{11}+\varepsilon_1\boldsymbol{D}\boldsymbol{D}^{\mathrm{T}}\end{matrix} & \boldsymbol{A}_{di}\bar{\boldsymbol{P}}+\tau\bar{\boldsymbol{X}}_{12} & \beta\boldsymbol{B}_i\bar{\boldsymbol{K}}_j+\tau\bar{\boldsymbol{X}}_{13}+\bar{\boldsymbol{Y}}_1 & \begin{matrix}(1-\beta)\boldsymbol{B}_i\bar{\boldsymbol{K}}_j-\\ \bar{\boldsymbol{Y}}_1+\tau\bar{\boldsymbol{X}}_{14}\end{matrix} \\ * & -\mathrm{e}^{-2\alpha d}\bar{\boldsymbol{Q}}+\tau\bar{\boldsymbol{X}}_{22} & \tau\bar{\boldsymbol{X}}_{23}+\bar{\boldsymbol{Y}}_2 & \tau\bar{\boldsymbol{X}}_{24}-\bar{\boldsymbol{Y}}_2 \\ * & * & \tau\bar{\boldsymbol{X}}_{33}+\bar{\boldsymbol{Y}}_3+\bar{\boldsymbol{Y}}_3^{\mathrm{T}} & \tau\bar{\boldsymbol{X}}_{34}+\bar{\boldsymbol{Y}}_4^{\mathrm{T}}-\bar{\boldsymbol{Y}}_3 \\ * & * & * & \tau\bar{\boldsymbol{X}}_{44}-\bar{\boldsymbol{Y}}_4-\bar{\boldsymbol{Y}}_4^{\mathrm{T}} \end{bmatrix},$$

$$\boldsymbol{\Xi}_{12}=\begin{bmatrix} \tau\beta\bar{\boldsymbol{P}}\boldsymbol{A}_i^{\mathrm{T}} & \tau(1-\beta)\bar{\boldsymbol{P}}\boldsymbol{A}_i^{\mathrm{T}} & \bar{\boldsymbol{P}}\boldsymbol{E}_{i1}^{\mathrm{T}} & \tau\beta\bar{\boldsymbol{P}}\boldsymbol{E}_{i1}^{\mathrm{T}} & \tau(1-\beta)\bar{\boldsymbol{P}}\boldsymbol{E}_{i1}^{\mathrm{T}} \\ \tau\beta\bar{\boldsymbol{P}}\boldsymbol{A}_{di}^{\mathrm{T}} & \tau(1-\beta)\bar{\boldsymbol{P}}\boldsymbol{A}_{di}^{\mathrm{T}} & \bar{\boldsymbol{P}}\boldsymbol{E}_{i2}^{\mathrm{T}} & \tau\beta\bar{\boldsymbol{P}}\boldsymbol{E}_{i2}^{\mathrm{T}} & \tau(1-\beta)\bar{\boldsymbol{P}}\boldsymbol{E}_{i2}^{\mathrm{T}} \\ \tau\beta\bar{\boldsymbol{K}}_j^{\mathrm{T}}\boldsymbol{B}_i^{\mathrm{T}} & \boldsymbol{0} & \beta\bar{\boldsymbol{K}}_j^{\mathrm{T}}\boldsymbol{E}_{i3}^{\mathrm{T}} & \tau\beta\bar{\boldsymbol{K}}_j^{\mathrm{T}}\boldsymbol{E}_{i3}^{\mathrm{T}} & \boldsymbol{0} \\ 0 & \tau(1-\beta)\bar{\boldsymbol{K}}_j^{\mathrm{T}}\boldsymbol{B}_i^{\mathrm{T}} & (1-\beta)\bar{\boldsymbol{K}}_j^{\mathrm{T}}\boldsymbol{E}_{i3}^{\mathrm{T}} & \boldsymbol{0} & \tau(1-\beta)\bar{\boldsymbol{K}}_j^{\mathrm{T}}\boldsymbol{E}_{i3}^{\mathrm{T}} \end{bmatrix},$$

$$\boldsymbol{\Xi}_{22}=\begin{bmatrix} -\tau_1\beta\bar{\boldsymbol{R}}+\varepsilon_2\boldsymbol{D}\boldsymbol{D}^{\mathrm{T}} & \boldsymbol{0} & \boldsymbol{0} & \boldsymbol{0} & \boldsymbol{0} \\ * & -\tau_1(1-\beta)\bar{\boldsymbol{R}}+\varepsilon_3\boldsymbol{D}\boldsymbol{D}^{\mathrm{T}} & \boldsymbol{0} & \boldsymbol{0} & \boldsymbol{0} \\ * & * & -\varepsilon_1\boldsymbol{I} & \boldsymbol{0} & \boldsymbol{0} \\ * & * & * & -\varepsilon_2\boldsymbol{I} & \boldsymbol{0} \\ * & * & * & * & -\varepsilon_3\boldsymbol{I} \end{bmatrix},$$

设计控制器 $u(t)=\sum_{i}^{r}\mu_i(z(t))\bar{\boldsymbol{K}}_i\bar{\boldsymbol{P}}^{-1}\boldsymbol{x}(t-\tau(t))$，系统（14.18）是均方指数稳定的。

证明：

$$\boldsymbol{\Theta}=\boldsymbol{\Theta}_0+\boldsymbol{\alpha}_1^{\mathrm{T}}\frac{1}{\tau\beta}\boldsymbol{R}^{-1}\boldsymbol{\alpha}_1+\boldsymbol{\alpha}_2^{\mathrm{T}}\frac{1}{\tau(1-\beta)}\boldsymbol{R}^{-1}\boldsymbol{\alpha}_2,$$

其中，

$$\boldsymbol{\Theta}_0=\begin{bmatrix} \begin{matrix}\boldsymbol{P}\bar{\boldsymbol{A}}_i+\bar{\boldsymbol{A}}_i^{\mathrm{T}}\boldsymbol{P}+\boldsymbol{Q}+\\ 2\alpha\boldsymbol{P}+\tau\boldsymbol{X}_{11}\end{matrix} & \boldsymbol{P}\bar{\boldsymbol{A}}_{di}+\tau\boldsymbol{X}_{12} & \boldsymbol{P}\beta\bar{\boldsymbol{B}}_i\boldsymbol{K}_j+\boldsymbol{Y}_1+\tau\boldsymbol{X}_{13} & \begin{matrix}\boldsymbol{P}(1-\beta)\bar{\boldsymbol{B}}_i\boldsymbol{K}_j+\\ \tau\boldsymbol{X}_{14}-\boldsymbol{Y}_1\end{matrix} \\ * & -\mathrm{e}^{-2\alpha d}\boldsymbol{Q}+\tau\boldsymbol{X}_{22} & \boldsymbol{Y}_2+\tau\boldsymbol{X}_{23} & \tau\boldsymbol{X}_{24}-\boldsymbol{Y}_2 \\ * & * & \tau\boldsymbol{X}_{33}+\boldsymbol{Y}_3+\boldsymbol{Y}_3^{\mathrm{T}} & -\boldsymbol{Y}_3+\boldsymbol{Y}_4^{\mathrm{T}}+\tau\boldsymbol{X}_{34} \\ * & * & * & \tau\boldsymbol{X}_{44}-\boldsymbol{Y}_4-\boldsymbol{Y}_4^{\mathrm{T}} \end{bmatrix},$$

$$\boldsymbol{\alpha}_1 = (\tau\beta R\bar{A}_i, \tau\beta R\bar{A}_{di}, \tau\beta R\bar{B}_i K_j, 0),$$

$$\boldsymbol{\alpha}_2 = (\tau(1-\beta)R\bar{A}_i, \tau(1-\beta)R\bar{A}_{di}, 0, \tau(1-\beta)R\bar{B}_i K_j)。$$

由引理 13.2.1，知道不等式 $\boldsymbol{\Theta} < 0$ 等价于

$$\boldsymbol{\Sigma} = \begin{bmatrix} \boldsymbol{P}\bar{\boldsymbol{A}}_i + \bar{\boldsymbol{A}}_i^{\mathrm{T}}\boldsymbol{P} + \boldsymbol{Q} + 2\alpha\boldsymbol{P} + \tau\boldsymbol{X}_{11} & \boldsymbol{P}\bar{\boldsymbol{A}}_{di} + \tau\boldsymbol{X}_{12} & \boldsymbol{P}\beta\bar{\boldsymbol{B}}_i\boldsymbol{K}_j + \boldsymbol{Y}_1 + \tau\boldsymbol{X}_{13} & \boldsymbol{P}(1-\beta)\bar{\boldsymbol{B}}_i\boldsymbol{K}_j + \tau\boldsymbol{X}_{14} - \boldsymbol{Y}_1 & \tau\beta\bar{\boldsymbol{A}}_i^{\mathrm{T}}\boldsymbol{R} & \tau(1-\beta)\bar{\boldsymbol{A}}_i^{\mathrm{T}}\boldsymbol{R} \\ * & -\mathrm{e}^{-2\alpha d}\boldsymbol{Q} + \tau\boldsymbol{X}_{22} & \tau\boldsymbol{X}_{23} + \boldsymbol{Y}_2 & \tau\boldsymbol{X}_{24} - \boldsymbol{Y}_2 & \tau\beta\bar{\boldsymbol{A}}_{di}^{\mathrm{T}}\boldsymbol{R} & \tau(1-\beta)\bar{\boldsymbol{A}}_{di}^{\mathrm{T}}\boldsymbol{R} \\ * & * & \tau\boldsymbol{X}_{33} + \boldsymbol{Y}_{13} + \boldsymbol{Y}_{13}^{\mathrm{T}} & \tau\boldsymbol{X}_{34} + \boldsymbol{Y}_4^{\mathrm{T}} - \boldsymbol{Y}_3 & \tau\beta\boldsymbol{K}_j^{\mathrm{T}}\bar{\boldsymbol{B}}_i^{\mathrm{T}}\boldsymbol{R} & \boldsymbol{0} \\ * & * & * & \tau\boldsymbol{X}_{44} - \boldsymbol{Y}_4 - \boldsymbol{Y}_4^{\mathrm{T}} & \boldsymbol{0} & \tau(1-\beta)\boldsymbol{K}_j^{\mathrm{T}}\bar{\boldsymbol{B}}_i^{\mathrm{T}}\boldsymbol{R} \\ * & * & * & * & -\tau\beta\boldsymbol{R} & \boldsymbol{0} \\ * & * & * & * & * & -\tau(1-\beta)\boldsymbol{R} \end{bmatrix} < 0,$$

显然，

$$\boldsymbol{\Sigma} = \boldsymbol{\Sigma}_0 + \begin{bmatrix} \boldsymbol{P}\Delta\boldsymbol{A}_i + \Delta\boldsymbol{A}_i^{\mathrm{T}}\boldsymbol{P} & \boldsymbol{P}\Delta\boldsymbol{A}_{di} & \boldsymbol{P}\beta\Delta\boldsymbol{B}_i\boldsymbol{K}_j & \boldsymbol{P}(1-\beta)\Delta\boldsymbol{B}_i\boldsymbol{K}_j & \tau\beta\Delta\boldsymbol{A}_i^{\mathrm{T}}\boldsymbol{R} & \tau(1-\beta)\Delta\boldsymbol{A}_i^{\mathrm{T}}\boldsymbol{R} \\ * & \boldsymbol{0} & \boldsymbol{0} & \boldsymbol{0} & \tau\beta\Delta\boldsymbol{A}_{di}^{\mathrm{T}}\boldsymbol{R} & \tau(1-\beta)\Delta\boldsymbol{A}_{di}^{\mathrm{T}}\boldsymbol{R} \\ * & * & \boldsymbol{0} & \boldsymbol{0} & \tau\beta\boldsymbol{K}_j^{\mathrm{T}}\Delta\boldsymbol{B}_i^{\mathrm{T}}\boldsymbol{R} & \boldsymbol{0} \\ * & * & * & \boldsymbol{0} & \boldsymbol{0} & \tau(1-\beta)\boldsymbol{K}_j^{\mathrm{T}}\Delta\boldsymbol{B}_i^{\mathrm{T}}\boldsymbol{R} \\ * & * & * & * & \boldsymbol{0} & \boldsymbol{0} \\ * & * & * & * & * & \boldsymbol{0} \end{bmatrix}$$

$$= \boldsymbol{\Sigma}_0 + \begin{bmatrix} \boldsymbol{PDFE}_{i1} + \boldsymbol{E}_{i1}^{\mathrm{T}}\boldsymbol{F}^{\mathrm{T}}\boldsymbol{D}^{\mathrm{T}}\boldsymbol{P} & \boldsymbol{PDFE}_{i2} & \boldsymbol{P}\beta\boldsymbol{DFE}_{i3}\boldsymbol{K}_j & \boldsymbol{P}(1-\beta)\cdot\boldsymbol{DFE}_{i3}\boldsymbol{K}_j & \tau\beta\boldsymbol{E}_{i1}^{\mathrm{T}}\boldsymbol{F}^{\mathrm{T}}\boldsymbol{D}^{\mathrm{T}}\boldsymbol{R} & \tau(1-\beta)\boldsymbol{E}_{i1}^{\mathrm{T}}\boldsymbol{F}^{\mathrm{T}}\boldsymbol{D}^{\mathrm{T}}\boldsymbol{R} \\ * & \boldsymbol{0} & \boldsymbol{0} & \boldsymbol{0} & \tau\beta\boldsymbol{E}_{i2}^{\mathrm{T}}\boldsymbol{F}^{\mathrm{T}}\boldsymbol{D}^{\mathrm{T}}R & \tau(1-\beta)\boldsymbol{E}_{i2}^{\mathrm{T}}\boldsymbol{F}^{\mathrm{T}}\boldsymbol{D}^{\mathrm{T}}\boldsymbol{R} \\ * & * & \boldsymbol{0} & \boldsymbol{0} & \tau\beta\boldsymbol{K}_j^{\mathrm{T}}\boldsymbol{E}_{i3}^{\mathrm{T}}\boldsymbol{F}^{\mathrm{T}}\boldsymbol{D}^{\mathrm{T}}\boldsymbol{R} & \boldsymbol{0} \\ * & * & * & \boldsymbol{0} & \boldsymbol{0} & \tau(1-\beta)\boldsymbol{K}_j^{\mathrm{T}}\boldsymbol{E}_{i3}^{\mathrm{T}}\boldsymbol{F}^{\mathrm{T}}\boldsymbol{D}^{\mathrm{T}}\boldsymbol{R} \\ * & * & * & * & \boldsymbol{0} & \boldsymbol{0} \\ * & * & * & * & * & \boldsymbol{0} \end{bmatrix}$$

$$= \boldsymbol{\Sigma}_0 + \boldsymbol{\gamma}_1^{\mathrm{T}}\boldsymbol{F}(t)\bar{\boldsymbol{\gamma}}_1 + \bar{\boldsymbol{\gamma}}_1^{\mathrm{T}}\boldsymbol{F}^{\mathrm{T}}(t)\boldsymbol{\gamma}_1 + \boldsymbol{\gamma}_2^{\mathrm{T}}\boldsymbol{F}^{\mathrm{T}}(t)\bar{\boldsymbol{\gamma}}_2 + \bar{\boldsymbol{\gamma}}_2^{\mathrm{T}}\boldsymbol{F}(t)\boldsymbol{\gamma}_2 + \boldsymbol{\gamma}_3^{\mathrm{T}}\boldsymbol{F}^{\mathrm{T}}(t)\bar{\boldsymbol{\gamma}}_3 + \bar{\boldsymbol{\gamma}}_3^{\mathrm{T}}\boldsymbol{F}(t)\boldsymbol{\gamma}_3$$

$$\leqslant \boldsymbol{\Sigma}_0 + \varepsilon_1\boldsymbol{\gamma}_1^{\mathrm{T}}\boldsymbol{\gamma}_1 + \frac{1}{\varepsilon_1}\bar{\boldsymbol{\gamma}}_1^{\mathrm{T}}\bar{\boldsymbol{\gamma}}_1 + \varepsilon_2\bar{\boldsymbol{\gamma}}_2^{\mathrm{T}}\bar{\boldsymbol{\gamma}}_2 + \frac{1}{\varepsilon_2}\boldsymbol{\gamma}_2^{\mathrm{T}}\boldsymbol{\gamma}_2 + \varepsilon_3\bar{\boldsymbol{\gamma}}_3^{\mathrm{T}}\bar{\boldsymbol{\gamma}}_3 + \frac{1}{\varepsilon_3}\boldsymbol{\gamma}_3^{\mathrm{T}}\boldsymbol{\gamma}_3,$$

其中，

$$\boldsymbol{\Sigma}_0=\begin{bmatrix} \begin{matrix}\boldsymbol{PA}_i+\boldsymbol{A}_i^{\mathrm{T}}\boldsymbol{P}+\\ \boldsymbol{Q}+2\alpha\boldsymbol{P}+\tau\boldsymbol{X}_{11}\end{matrix} & \boldsymbol{PA}_{di}+\tau\boldsymbol{X}_{12} & \boldsymbol{P}\beta\boldsymbol{B}_i\boldsymbol{K}_j+\boldsymbol{Y}_1+\tau\boldsymbol{X}_{13} & \begin{matrix}\boldsymbol{P}(1-\beta)\boldsymbol{B}_i\boldsymbol{K}_j+\\ \tau\boldsymbol{X}_{14}-\boldsymbol{Y}_1\end{matrix} & \tau\beta\boldsymbol{A}_i^{\mathrm{T}}\boldsymbol{R} & \tau(1-\beta)\boldsymbol{A}_i^{\mathrm{T}}\boldsymbol{R}\\ * & -\mathrm{e}^{-2\alpha d}\boldsymbol{Q}+\tau\boldsymbol{X}_{22} & \tau\boldsymbol{X}_{23}+\boldsymbol{Y}_2 & \tau\boldsymbol{X}_{24}-\boldsymbol{Y}_2 & \tau\beta\boldsymbol{A}_{di}^{\mathrm{T}}\boldsymbol{R} & \tau(1-\beta)\boldsymbol{A}_{di}^{\mathrm{T}}\boldsymbol{R}\\ * & * & \tau\boldsymbol{X}_{33}+\boldsymbol{Y}_{13}+\boldsymbol{Y}_{13}^{\mathrm{T}} & \tau\boldsymbol{X}_{34}+\boldsymbol{Y}_4^{\mathrm{T}}-\boldsymbol{Y}_3 & \tau\beta\boldsymbol{K}_j^{\mathrm{T}}\boldsymbol{B}_i^{\mathrm{T}}\boldsymbol{R} & \boldsymbol{0}\\ * & * & * & \tau\boldsymbol{X}_{44}-\boldsymbol{Y}_4-\boldsymbol{Y}_4^{\mathrm{T}} & \boldsymbol{0} & \tau(1-\beta)\boldsymbol{K}_j^{\mathrm{T}}\boldsymbol{B}_i^{\mathrm{T}}\boldsymbol{R}\\ * & * & * & * & -\tau\beta\boldsymbol{R} & \boldsymbol{0}\\ * & * & * & * & * & -\tau(1-\beta)\boldsymbol{R} \end{bmatrix}$$

$$\boldsymbol{\gamma}_1=(\boldsymbol{D}^{\mathrm{T}}\boldsymbol{P},\boldsymbol{0},\boldsymbol{0},\boldsymbol{0},\boldsymbol{0},\boldsymbol{0}),$$

$$\boldsymbol{\gamma}_2=(\tau\beta\boldsymbol{E}_{i1},\tau\beta\boldsymbol{E}_{i2},\tau\beta\boldsymbol{E}_{i3}\boldsymbol{K}_j,\boldsymbol{0},\boldsymbol{0},\boldsymbol{0}),$$

$$\boldsymbol{\gamma}_3=(\tau(1-\beta)\boldsymbol{E}_{i1},\tau(1-\beta)\boldsymbol{E}_{i2},\boldsymbol{0},\tau(1-\beta)\boldsymbol{E}_{i3}\boldsymbol{K}_j,\boldsymbol{0},\boldsymbol{0}),$$

$$\bar{\boldsymbol{\gamma}}_1=(\boldsymbol{E}_{i1},\boldsymbol{E}_{i2},\beta\boldsymbol{E}_{i3}\boldsymbol{K}_j,(1-\beta)\boldsymbol{E}_{i3}\boldsymbol{K}_j,\boldsymbol{0},\boldsymbol{0}),$$

$$\bar{\boldsymbol{\gamma}}_2=(\boldsymbol{0},\boldsymbol{0},\boldsymbol{0},\boldsymbol{0},\boldsymbol{D}^{\mathrm{T}}\boldsymbol{R},\boldsymbol{0}),$$

$$\bar{\boldsymbol{\gamma}}_3=(\boldsymbol{0},\boldsymbol{0},\boldsymbol{0},\boldsymbol{0},\boldsymbol{0},\boldsymbol{D}^{\mathrm{T}}\boldsymbol{R})。$$

由引理 3. 2. 1，知道不等式 $\boldsymbol{\Sigma}<0$ 等价于

$$\boldsymbol{\Delta}=\begin{bmatrix}\boldsymbol{\Delta}_{11} & \boldsymbol{\Delta}_{12}\\ * & \boldsymbol{\Delta}_{22}\end{bmatrix}<0, \tag{14.30}$$

其中，

$$\boldsymbol{\Delta}_{11}=\begin{bmatrix} \begin{matrix}\boldsymbol{PA}_i+\boldsymbol{A}_i^{\mathrm{T}}\boldsymbol{P}+\\ \boldsymbol{Q}+2\alpha\boldsymbol{P}+\tau\boldsymbol{X}_{11}+\\ \varepsilon_1\boldsymbol{PDD}^{\mathrm{T}}\boldsymbol{P}\end{matrix} & \boldsymbol{PA}_{di}+\tau\boldsymbol{X}_{12} & \begin{matrix}\boldsymbol{P}\beta\boldsymbol{B}_i\boldsymbol{K}_j+\\ \tau\boldsymbol{X}_{13}+\boldsymbol{Y}_1\end{matrix} & \begin{matrix}\boldsymbol{P}(1-\beta)\boldsymbol{B}_i\boldsymbol{K}_j-\\ \boldsymbol{Y}_1+\tau\boldsymbol{X}_{14}\end{matrix}\\ * & -\mathrm{e}^{-2\alpha d}\boldsymbol{Q}+\tau\boldsymbol{X}_{22} & \tau\boldsymbol{X}_{23}+\boldsymbol{Y}_2 & \tau\boldsymbol{X}_{24}-\boldsymbol{Y}_2\\ * & * & \tau\boldsymbol{X}_{33}+\boldsymbol{Y}_3+\boldsymbol{Y}_3^{\mathrm{T}} & \tau\boldsymbol{X}_{34}+\boldsymbol{Y}_4^{\mathrm{T}}-\boldsymbol{Y}_3\\ * & * & * & \tau\boldsymbol{X}_{44}-\boldsymbol{Y}_4-\boldsymbol{Y}_4^{\mathrm{T}} \end{bmatrix},$$

$$\boldsymbol{\Delta}_{12}=\begin{bmatrix} \tau\beta\boldsymbol{A}_i^{\mathrm{T}}\boldsymbol{R} & \tau(1-\beta)\boldsymbol{A}_i^{\mathrm{T}}\boldsymbol{R} & \boldsymbol{E}_{i1}^{\mathrm{T}} & \tau\beta\boldsymbol{E}_{i1}^{\mathrm{T}} & \tau(1-\beta)\boldsymbol{E}_{i1}^{\mathrm{T}}\\ \tau\beta\boldsymbol{A}_{di}^{\mathrm{T}}\boldsymbol{R} & \tau(1-\beta)\boldsymbol{A}_{di}^{\mathrm{T}}\boldsymbol{R} & \boldsymbol{E}_{i2}^{\mathrm{T}} & \tau\beta\boldsymbol{E}_{i2}^{\mathrm{T}} & \tau(1-\beta)\boldsymbol{E}_{i2}^{\mathrm{T}}\\ \tau\beta\boldsymbol{K}_j^{\mathrm{T}}\boldsymbol{B}_i^{\mathrm{T}}\boldsymbol{R} & \boldsymbol{0} & \beta\boldsymbol{K}_j^{\mathrm{T}}\boldsymbol{E}_{i3}^{\mathrm{T}} & \tau\beta\boldsymbol{K}_j^{\mathrm{T}}\boldsymbol{E}_{i3}^{\mathrm{T}} & \boldsymbol{0}\\ \boldsymbol{0} & \tau(1-\beta)\boldsymbol{K}_j^{\mathrm{T}}\boldsymbol{B}_i^{\mathrm{T}}\boldsymbol{R} & (1-\beta)\boldsymbol{K}_j^{\mathrm{T}}\boldsymbol{E}_{i3}^{\mathrm{T}} & \boldsymbol{0} & \tau(1-\beta)\boldsymbol{K}_j^{\mathrm{T}}\boldsymbol{E}_{i3}^{\mathrm{T}} \end{bmatrix},$$

$$\boldsymbol{\Delta}_{22}=\begin{bmatrix} \varepsilon_2\boldsymbol{RDD}^{\mathrm{T}}\boldsymbol{R}-\tau\beta\boldsymbol{R} & \boldsymbol{0} & \boldsymbol{0} & \boldsymbol{0} & \boldsymbol{0} \\ * & \varepsilon_3\boldsymbol{RDD}^{\mathrm{T}}\boldsymbol{R}-\tau(1-\beta)\boldsymbol{R} & \boldsymbol{0} & \boldsymbol{0} & \boldsymbol{0} \\ * & * & -\varepsilon_1\boldsymbol{I} & \boldsymbol{0} & \boldsymbol{0} \\ * & * & * & -\varepsilon_2\boldsymbol{I} & \boldsymbol{0} \\ * & * & * & * & -\varepsilon_3\boldsymbol{I} \end{bmatrix},$$

在不等式（14.30）两边分别左乘和右乘如下矩阵

$$\mathrm{diag}\{\boldsymbol{P}^{-1},\boldsymbol{P}^{-1},\boldsymbol{P}^{-1},\boldsymbol{P}^{-1},\boldsymbol{R}^{-1},\boldsymbol{R}^{-1},\boldsymbol{I},\boldsymbol{I},\boldsymbol{I}\},$$

选取以下变量代换

$$\bar{\boldsymbol{P}}=\boldsymbol{P}^{-1},\bar{\boldsymbol{Q}}=\boldsymbol{P}^{-1}\boldsymbol{Q}\boldsymbol{P}^{-1},\bar{\boldsymbol{K}}_j=\boldsymbol{K}_j\boldsymbol{P}^{-1},\bar{\boldsymbol{X}}_{ij}=\boldsymbol{P}^{-1}\boldsymbol{X}_{ij}\boldsymbol{P}^{-1},$$

$$\bar{\boldsymbol{Y}}_i=\boldsymbol{P}^{-1}\boldsymbol{Y}_i\boldsymbol{P}^{-1},\bar{\boldsymbol{R}}=\boldsymbol{R}^{-1}。$$

易知不等式 $\boldsymbol{\Delta}<0$ 等价于不等式（14.29）。从而，线性矩阵不等式（14.29）等价于式（14.19）。由定理 14.2.1 可知系统（14.18）是均方指数稳定的。

14.5　小结

本章研究了随机不确定复杂系统的指数镇定和模糊控制设计问题。根据网络诱导时延在不同区间上取值的概率，引入满足伯努利分布的随机变量，建立新的非线性复杂系统模型。以线性矩阵不等式形式给出系统均方指数稳定条件和模糊控制器设计策略。

参考文献

[1] NESIC D, TEEL A R. Input-to-state stability of networked control systems [J]. Automatica, 2004, 40 (12): 2121 - 2128.

[2] MONDIE S, KHARITONOV V. Exponential estimates for retarded time-delay systems: an LMI approach [J]. IEEE transactions on automatic control, 2005, 50 (2): 268 - 272.

[3] PENG C, SUN H. Switching-like event-triggered control for networked control systems under malicious denial of service attacks [J]. IEEE transactions on automatic control, 2020, 65 (9): 3943 - 3949.

[4] XIONG Y, YU L, XU J. Design of sliding mode predicting controller for networked control system [J]. Electric drive automation, 2003, 25 (4): 39 - 40.

[5] ZHANG X, LI H. Neural-network-based control of discrete-phase concentration in a gas-

particle corner flow with optimal energy consumption [J]. Computers & mathematics with applications, 2020, 80 (5): 1360 – 1374.

[6] LIU G. Networked learning predictive control of nonlinear cyber-physical systems [J]. Journal of systems science and complexity, 2020, 33 (6): 1719 – 1732.

[7] ZHAO J, NA J, GAO G. Adaptive dynamic programming based robust control of nonlinear systems with unmatched uncertainties [J]. Neurocomputing, 2020, 395: 56 – 65.

[8] GAO H J, CHEN T W, LAM J. A new delay system approach to network-based control [J]. Automatica, 2008, 44 (1): 39 – 52.

[9] SHANG Y L, GAO F Z, YUAN F S. Finite-time stabilization of networked control systems subject to communication delay [J]. IJACT, 2011, 3 (3): 192 – 198.

[10] GAO F Z, YUAN Z, YUAN F S. Finite-time control synthesis of networked control systems with time-varying delays [J]. AISS, 2011, 3 (7): 1 – 9.

[11] SHI W G, SHAO C. The algorithms of improved GPC network time-delay compensation based on online time-delay estimation [J]. JCIT, 2011, 6 (3): 46 – 54.

[12] WALSH G C, BELDIMAN O, BUSHNELL L G. Asymptotic behavior of nonlinear networked control systems [J]. IEEE transactions on automatic control, 2001, 46 (7): 1093 – 1097.

[13] YUE D, HAN Q L, PENG C. Sate feedback controller design of networked control systems [J]. IEEE transactions on circuits and systems, 2004, 51 (11): 640 – 644.

[14] PARK H S, KIM Y H, KIM D S. A scheduling method for network-based control systems [J]. IEEE transaction control systems technology, 2002, 10 (3): 318 – 330.

[15] LIU G, XIA Y. Design and stability criteria of networked predictive control systems with random network delay in the feedback channel [J]. IEEE transactions on systems, man and cybernetics, part c: applications and reviews, 2007, 37 (2): 173 – 184.

[16] ZHANG H, YANG D. Guaranteed cost networked control for T-S fuzzy systems with time delays [J]. IEEE transactions on systems, man, and cybernetics, part c, 2007, 37 (2): 160 – 172.

[17] YUE D, HAN Q L, LAM J. Network-based robust H_∞ control of systems with uncertainty [J]. Automatica, 2005, 41 (4): 999 – 1007.

[18] XIA Y, FU M, LIU B, LIU G. Design and performance analysis of networked control systems with random delay [J]. Journal of systems engineering and electronics, 2009, 20 (4): 807 – 822.

[19] XIA X, ZHANG D, ZHENG L, et al. Modeling and stabilization for a class of nonlinear networked control systems, a T-S fuzzy approach [J]. Progress in natural science, 2008, 18: 1031 – 1037.

[20] ZHENG Y, FANG H, WANG H. Takagi-sugeno fuzzy-model-based fault detection for networked control systems with markov delays [J]. IEEE transactions on systems, man, and cybernetics-part b: crbernetics, 2006, 36 (4): 924 - 929.

[21] ZHOU S, LI T. Robust stabilization for delayed discrete-time fuzzy systems via basis-dependent Lyapunov-Krasovskii function [J]. Fuzzy sets and systems, 2005, 151: 139 - 153.

[22] ZHANG H G, YANG J, SU C. T-S fuzzy model based robust H_∞ design for networked control systems with uncertainties [J]. IEEE transactions on industrial informatics, 2007, 3 (4): 289 - 301.

[23] JIANG X, HAN Q. On designing fuzzy controllers for a class of nonlinear networked control systems [J]. IEEE transactions on fuzzy systems, 2008, 16 (4): 1050 - 1060.

附录1 第11章式（11.33）的证明

由$0 < r_i < 1$，并利用引理11.2.4，可得

$$|x_i - x_i^*| \leqslant 2^{1-r_i}|[x_i]^{\frac{1}{r_i}} - [x_i^*]^{\frac{1}{r_i}}|^{r_i} = 2^{1-r_i}|\xi_i|^{r_i}。 \tag{11.63}$$

从式（11.63）和引理11.2.3可以直接推导出

$$\lceil \xi_{i-1} \rceil^{2-\tau-r_{i-1}} c_0^* (x_i - x_i^*) \leqslant \frac{1}{3}|\xi_{i-1}|^2 + |\xi_i|^2 h_{i1}, \tag{11.64}$$

其中，$h_{i1} \geqslant 0$是一个光滑函数。

式（11.34）的证明。

由式（11.6）、式（11.29）和引理11.2.2，可得

$$|\Delta_i| \leqslant \bar{\varphi}_i \sum_{j=1}^{i} (|\xi_i| + \alpha_{j-1}^{\frac{1}{r_j}} |\xi_{j-1}|)^{r_i+\tau} \leqslant \bar{\varphi}_i \sum_{j=1}^{i} |\xi_j|^{r_i+\tau}, \tag{11.65}$$

其中，$\bar{\varphi}_i$和$\hat{\varphi}_i$是非负的光滑函数。

基于式（11.65）和引理11.2.3，可得

$$|[\xi_i]^{2-r_{i+1}}|\Delta_i \leqslant \frac{1}{3}\sum_{j=1}^{i-1} |\xi_j|^2 + |\xi_i|^2 h_{i2}, \tag{11.66}$$

其中，$h_{i2} \geqslant 0$是一个光滑函数。

式（11.35）的证明。

注意到

$$x_2^* = -\alpha_1 \lceil \xi_1 \rceil^{r_2}, \tag{11.67}$$

利用归纳论证，很容易得出

$$\lceil x_i^* \rceil^{\frac{1}{r_i}} = -\sum_{l=1}^{i-1} B_{il} \lceil \xi_l \rceil^{\frac{1}{r_l}}, \tag{11.68}$$

对一些非负的光滑函数$B_{il}, l = 1, \cdots, i-1$成立。

因此，由式（11.29）、式（11.65）、式（11.68）和引理11.2.2，得到

$$\sum_{j=1}^{i-1} \frac{\partial W_i}{\partial x_j}(c_0^* x_{j+1} + \Delta_j) \leqslant (2 - r_{i+1})|\xi_i|^{1-r_{i+1}}|x_i - x_i^*| \times$$

$$\sum_{j=1}^{i-1}\left|\frac{\partial(\lceil x_i^*\rceil^{\frac{1}{r_i}})}{\partial x_j}\right|\left|c_0^* x_{j+1}+\Delta_j\right|$$
$$\leqslant \frac{1}{3}\sum_{j=1}^{i-1}|\xi_i|^2+|\xi_i|^2 h_{i3}, \tag{11.69}$$

其中，$h_{i3}\geqslant 0$ 是一个光滑函数。

附录 2　第 12 章命题 12.3.1 的证明

首先，通过一些简单的求导可得

$$\begin{cases} \dfrac{\partial W_i}{\partial \zeta_i} = \lceil \pi_i \rceil^{\frac{2\rho - r_i}{\rho}}, \\ \dfrac{\partial W_i}{\partial \zeta_j} = -\dfrac{2\rho - r_i}{\rho} \dfrac{\partial(\lceil \zeta_i^* \rceil^{\frac{\rho}{r_i}})}{\partial \zeta_j} \times \displaystyle\int_{\zeta_i^*}^{\zeta_i} |\lceil \sigma \rceil^{\frac{\rho}{r_i}} - \lceil \zeta_i^* \rceil^{\frac{\rho}{r_i}}|^{\frac{\rho - r_i}{\rho}} \mathrm{d}\sigma, \\ \dfrac{\partial W_2}{\partial s} = -\dfrac{2\rho - r_i}{\rho} \dfrac{\partial(\lceil \zeta_i^* \rceil^{\frac{\rho}{r_i}})}{\partial s} \times \displaystyle\int_{\zeta_i^*}^{\zeta_i} |\lceil \sigma \rceil^{\frac{\rho}{r_i}} - \lceil \zeta_i^* \rceil^{\frac{\rho}{r_i}}|^{\frac{\rho - r_i}{\rho}} \mathrm{d}\sigma, \end{cases} \tag{12.56}$$

其中，$j = 1,2,\cdots,i-1$ 。由 $\rho \geqslant \max_{1 \leqslant i \leqslant n}\{r_i\}$ 和 β_j 的光滑性，可知 W_i 和 $\boldsymbol{U}_i$ 是 C^1 的。

接着，类似于第 12 章参考文献［51］中使用分类讨论的思想，可以知道当 $m_j > 0$ 时

$$W_j \geqslant m_j |\zeta_j - \zeta_i^*|^{\frac{\rho - r_j}{\rho}} \boldsymbol{E}, \tag{12.57}$$

成立。

从而，容易验证

$$\boldsymbol{U}_i = \boldsymbol{U}_{i-1} + \boldsymbol{W}_i \geqslant \boldsymbol{U}_{i-1} + m_i |\zeta_i - \zeta_i^*|^{\frac{\rho - r_i}{\rho}} \boldsymbol{E}, \tag{12.58}$$

而且 $\boldsymbol{U}_i$ 是正定、恰当的。

最后，由式（12.30）和式（12.56），可得

$$\begin{aligned} \dot{\boldsymbol{U}}_i \leqslant & -(n-i+2)\sum_{j=1}^{i-1} |\pi_j|^{\frac{2\rho+\tau_k}{\rho}} + l d_{i-1,k} \lceil \pi_{i-1} \rceil^{\frac{2\rho - r_i - 1}{\rho}} (\lceil \zeta_i \rceil^{p_{i-1,k}} - \lceil \zeta_i^* \rceil^{p_{i-1,k}}) + \\ & l d_{i,k} \lceil \pi_i \rceil^{\frac{2\rho - r_i}{\rho}} \lceil \zeta_{i+1} \rceil^{p_{i,k}} + l d_{i,k} \lceil \pi_i \rceil^{\frac{2\rho - r_i}{\rho}} g_{i,k} + \sum_{j=1}^{i-1} \frac{\partial W_i}{\partial \zeta_j} + \\ & l(d_{j,k} \lceil \zeta_{j+1} \rceil^{p_{j,k}} + g_{j,k}) + \frac{\partial W_i}{\partial s}。 \end{aligned} \tag{12.59}$$

接下来，根据引理 12.2.2—12.2.4 给出式（12.59）右边一些项的估计。

第2项的界。注意到 $0<r_i<1$，从式（12.29）、引理12.2.3和12.2.4可以得到

$$
\begin{aligned}
l d_{i-1,k}\lceil\pi_{i-1}\rfloor^{\frac{2\rho-r_i-1}{\rho}}\left(\lceil\zeta_i\rfloor^{p_{i-1,k}}-\lceil\zeta_i^*\rfloor^{p_{i-1,k}}\right) &\leqslant 2^{1-\frac{r_i p_{i-1,k}}{\rho}} l\bar{d}_{i-1,k}\left|\pi_i\right|^{\frac{r_i p_{i-1,k}}{\rho}}\\
&\leqslant \frac{1}{4}\left|\pi_{i-1}\right|^{\frac{2\rho+\tau_k}{\rho}}+\left|\pi_i\right|^{\frac{2\rho+\tau_k}{\rho}}\varpi_{i,1,k},
\end{aligned}
\tag{12.60}
$$

其中，$\varpi_{i,1,k}\geqslant 0$ 是光滑函数。

第4项的界。由式（12.2）、式（12.29）和引理12.2.2，可得

$$
\begin{aligned}
\left|g_{i,k}\right| &\leqslant \varphi_{i,k}\sum_{j=1}^{i}\left|\zeta_j\right|^{\frac{r_i+\tau_k}{r_j}+\lambda_{i,j,k}}\\
&\leqslant \bar{\varphi}_{i,k}\sum_{j=1}^{i}\left(\left|\pi_j\right|^{\frac{r_i+\tau_k}{\rho}}+\beta_{j-1}^{\frac{r_i+\tau_k}{\rho}}\left|\pi_{j-1}\right|^{\frac{r_i+\tau_k}{\rho}}\right)\\
&\leqslant \tilde{\varphi}_{i,k}\sum_{j=1}^{i}\left|\pi_j\right|^{\frac{r_i+\tau_k}{\rho}},
\end{aligned}
\tag{12.61}
$$

其中，$\bar{\varphi}_{i,k}$、$\tilde{\varphi}_{i,k}$ 是非负的光滑函数。

总之，由式（12.61）和引理12.2.3可得

$$
l\lceil\pi_i\rfloor^{\frac{2\rho-r_i}{\rho}}g_{i,k}\leqslant\frac{1}{4}\sum_{j=1}^{i-1}\left|\pi_j\right|^{\frac{2\rho+\tau_k}{\rho}}+\left|\pi_i\right|^{\frac{2\rho+\tau_k}{\rho}}\varpi_{i,2,k},
\tag{12.62}
$$

其中，$\varpi_{i,2,k}\geqslant 0$ 是光滑函数。

第5项的界。由上述归纳容易验证，存在光滑函数 $\Xi_{i,j}(\bar{\zeta}_{i-1})\geqslant 0$ 使得

$$
\left|\frac{\partial\lceil\zeta_i^*\rfloor^{\frac{\rho}{r_i}}}{\partial\zeta_j}\right|\leqslant\left(\sum_{l=1}^{i-1}\left|\pi_l\right|^{\frac{\rho-r_j}{\rho}}\right)\Xi_{i,j},j=1,2,\cdots,i-1。
\tag{12.63}
$$

从而，由引理12.2.3和引理12.2.4可得

$$
\begin{aligned}
\sum_{j=1}^{i-1}\frac{\partial W_i}{\partial\zeta_j}l\left(d_{j,k}\lceil\zeta_{j+1}\rfloor^{p_{j,k}}+g_{j,k}\right) &\leqslant \sum_{j=1}^{i-1}\frac{2\rho-r_i}{\rho}\left|\pi_i\right|^{\frac{\rho-r_i}{\rho}}\left|\zeta_i-\zeta_i^*\right|\\
&\quad\left|\frac{\partial\left(\lceil\zeta_i^*\rfloor^{\frac{\rho}{r_i}}\right)}{\partial\zeta_j}\right|\left|l\left(d_{j,k}\lceil\zeta_{j+1}\rfloor^{p_{j,k}}+g_{j,k}\right)\right|\\
&\leqslant \frac{1}{4}\sum_{j=1}^{i-1}\left|\pi_j\right|^{\frac{2\rho+\tau_k}{\rho}}+\left|\pi_i\right|^{\frac{2\rho+\tau_k}{\rho}}\varpi_{i,3,k},
\end{aligned}
\tag{12.64}
$$

其中，$\varpi_{i,3,k}\geqslant 0$ 是光滑函数。

第6项的界。与上述过程类似，可得到

$$
\left|\frac{\partial\lceil\zeta_i^*\rfloor^{\frac{\rho}{r_i}}}{\partial s}\right|\leqslant\left(\sum_{l=1}^{i-1}\left|\pi_l\right|^{\frac{\rho-r_j}{\rho}}\right)\Xi_{i,i}(\bar{\zeta}_{i-1}),
\tag{12.65}
$$

和

$$\frac{\partial W_i}{\partial s} \leqslant \sum_{j=1}^{i-1} \frac{2\rho - r_i}{\rho} |\zeta_i|^{\frac{\rho - r_i}{\rho}} |\zeta_i - \zeta_i^*| \left| \frac{\partial(\lceil \zeta_i^* \rceil^{\frac{\rho}{r_i}})}{\partial s} \right| \tag{12.66}$$

$$\leqslant \frac{1}{4} \sum_{j=1}^{i-1} |\pi_j|^{\frac{2\rho+\tau_k}{\rho}} + |\pi_i|^{\frac{2\rho+\tau_k}{\rho}} \varpi_{i,4,k},$$

其中，$\Xi_{i,i}$、$\varpi_{i,4,k}$ 是非负光滑函数。

把式（12.60）、式（12.62）、式（12.64）和式（12.66）代入式（12.59）得到

$$\dot{U}_i \leqslant -(n-i+1) \sum_{j=1}^{i-1} |\pi_j|^{\frac{2\rho+\tau_k}{\rho}} + l d_{i,k} \lceil \pi_i \rceil^{\frac{2\rho - r_i}{\rho}} (\lceil \zeta_{i+1} \rceil^{p_{i,k}} - \lceil \zeta_i^* \rceil^{p_{i,k}}) + \\ l d_{i,k} \lceil \pi_i \rceil^{\frac{2\rho - r_i}{\rho}} \lceil \zeta_{i+1}^* \rceil^{p_{i,k}} + \lceil \pi_i \rceil^{\frac{2\rho+\tau_k}{\rho}} (\varpi_{i,1,k} + \varpi_{i,2,k} + \varpi_{i,3,k} + \varpi_{i,4,k})。 \tag{12.67}$$

从而，状态反馈控制器为

$$\zeta_{i+1}^* = -\lceil \pi_i \rceil^{\frac{r_{i+1}}{\rho}} \beta_i^{\frac{r_{i+1}}{\rho}} (\bar{\zeta}_i, s), \tag{12.68}$$

其中，β_i 是光滑函数且满足

$$\beta_i(\bar{\zeta}_i, s) \geqslant \max_{k \in M} \left(\frac{n - i + 1 + \varpi_{i,1,k} + \varpi_{i,2,k} + \varpi_{i,3,k} + \varpi_{i,4,k}}{l \underline{d}_{i,k}} \right)^{\frac{\rho}{p_{i,k} r_{i+1}}} \tag{12.69}$$

进而得到

$$\dot{U}_i \leqslant -(n-i+1) \sum_{j=1}^{i} |\pi_j|^{\frac{2\rho+\tau_k}{\rho}} + l d_{i,k} \lceil \pi_i \rceil^{\frac{2\rho - r_i}{\rho}} (\lceil \zeta_{i+1} \rceil^{p_{i,k}} - \lceil \zeta_{i+1}^* \rceil^{p_{i,k}})。 \tag{12.70}$$

证毕。